Biossegurança Aplicada a
Laboratórios de Pesquisa e
Serviços de Saúde

3ª edição

Biossegurança Aplicada a Laboratórios de Pesquisa e Serviços de Saúde

3ª edição

Marco Fabio Mastroeni
Biólogo pela Universidade Federal de Santa Catarina – UFSC. Mestre em Ciência e Tecnologia de Alimentos pela Universidade Federal de Viçosa – UFV. Doutor em Saúde Pública pela Universidade de São Paulo – USP. Pós-doutorado em Epidemiologia pela University of Alberta, Canadá. Professor Titular da Universidade da Região de Joinville – UNIVILLE. Docente da Área da Saúde e Ciências Biológicas, e do Programa de Pós-graduação em Saúde e Meio Ambiente da UNIVILLE.

Rio de Janeiro • São Paulo
2022

EDITORA ATHENEU

São Paulo	— *Rua Maria Paula, 123 – 18° andar*
	Tel.: (11) 2858-8750
	E-mail: atheneu@atheneu.com.br
Rio de Janeiro —	*Rua Bambina, 74*
	Tel.: (21) 3094-1295
	E-mail: atheneu@atheneu.com.br

CAPA: Equipe Atheneu
PRODUÇÃO EDITORIAL: MWS Design

Dados Internacionais de Catalogação na Publicação (CIP)
(Câmara Brasileira do Livro, SP, Brasil)

M383b
3. ed.

Mastroeni, Marco Fabio
   Biossegurança aplicada a laboratórios de pesquisa e serviços de saúde / Marco Fabio Mastroeni. - 3. ed. - Rio de Janeiro : Atheneu, 2022.
   il. ; 24 cm.

Inclui bibliografia e índice
ISBN 978-65-5586-507-3

   1. Biossegurança. 2. Laboratórios médicos - Medidas de segurança. 3. Instalações de saúde - Medidas de segurança. I. Título.

21-75143   CDD: 363.15
                             CDU: 608.3

Camila Donis Hartmann - Bibliotecária - CRB-7/6472
16/12/2021   17/12/2021

MASTROENI M. F.
Biossegurança Aplicada a Laboratórios de Pesquisa e Serviços de Saúde – 3ª edição

©*Direitos reservados à Editora Atheneu – Rio de Janeiro, São Paulo, 2022.*

Colaboradores

ALCYONE ARTIOLI MACHADO

Graduação em Medicina pela Universidade de São Paulo – USP. Mestrado em Medicina (Clínica Médica) pela USP. Doutorado em Medicina (Clínica Médica) pela USP. Pós-Doutorado (HIV/AIDS) em Marselha, França. Livre Docência pela Faculdade de Medicina de Ribeirão Preto da Universidade de São Paulo – FMRP-USP. Professora Associada aposentada pelo Departamento de Clínica Médica da FMRP-USP.

ANA JULIA CORRÊA

Farmacêutica Bioquímica pela Universidade da Região de Joinville – UNIVILLE. Especialista em Microbiologia Clínica pela Pontifícia Universidade Católica do Paraná – PUC-PR. Mestre em Saúde e Meio Ambiente pela UNIVILLE. Doutora em Saúde e Meio Ambiente na UNIVILLE.

ANA MARIA TUCCI GAMMARO BALDAVIRA FERREIRA

Enfermeira. Mestre em Saúde Pública pela Universidade de São Paulo – USP. Doutora em Saúde Pública pela USP. Docente do Curso de Graduação em Enfermagem do Centro Universitário de Araraquara – UNIARA.

ÂNGELA MITSUYO HAYASHI

Engenheira Química. Mestre em Engenharia e Processos Ambientais pela Universidade Estadual de Campinas – UNICAMP. Doutora em Engenharia de Processos Ambientais pela UNICAMP.

CARLOS JOSÉ DE CARVALHO PINTO

Biólogo pela Universidade Federal de Santa Catarina – UFSC. Mestre em Parasitologia pela Universidade Federal de Mina Gerais – UFMG. Doutor em Biologia Parasitária pelo Instituto Oswaldo Cruz, FIOCRUZ/RJ. Pós-doutorado no Institut National de Recherche pour L'Agriculture, L'Alimentation et L'Environnement, Bordeaux, França. Docente do Departamento de Microbiologia, Imunologia e Parasitologia do Centro de Ciências Biológicas da UFSC.

CELL REGINA DA SILVA NOCA

Enfermeira pela Universidade de São Paulo – USP. Mestre em Administração de Serviços de Saúde e Gestão em Saúde pela Faculdade de Saúde Pública da Universidade de São Paulo – FSP-USP. Doutora em Administração de Serviços de Saúde e Gestão em Saúde pela FSP-USP. Professora Adjunta da Faculdade de Ciências Médicas da Santa Casa de São Paulo – FCM-SCSP.

DAYANE CLOCK

Enfermeira pelo Instituto Superior Luterano de Educação de Santa Catarina – IELUSC. Mestre em Engenharia da Produção pelo Instituto Superior Tupy – IST. Doutora em Saúde e Meio Ambiente pela Universidade da Região de Joinville – UNIVILLE. Professora do Instituto Federal de Santa Catarina – IFSC – Campus Joinville.

ELISABETH WISBECK

Doutorado e Mestrado em Engenharia Química pela Universidade Federal de Santa Catarina – UFSC. Graduação em Engenharia Química pela Fundação Universidade Regional de Blumenau – FURB. Professora Titular da Universidade da Região de Joinville – UNIVILLE.

FERNANDO GUILHERME DA COSTA

Mestre em Defesa e Segurança Civil pela Universidade Federal Fluminense – UFF. Especialização em Biossegurança em Instituições de Saúde – IPEC/FIOCRUZ. Especialização em Gestão de Emergências em Saúde Pública pelo Hospital Sírio-Libanês – Projeto Força Nacional do SUS – Ministério da Saúde. Especialização em Saúde do Trabalhador e Ecologia Humana pela ENSP/FIOCRUZ. Graduação em Fisioterapia pela Universidade Castelo Branco. Professor Convidado da Escola de Defesa Civil do Estado do Rio de Janeiro. Professor Convidado do Núcleo de Biossegurança – NUBIO/FIOCRUZ. Professor do Curso de Pós-Graduação de Engenharia de Segurança do Trabalho da Escola Politécnica da Universidade Federal do Rio de Janeiro. Instrutor Homologado para Resposta em Emergências para Bombeiros de Aeroportos pela Agência Nacional de Aviação Civil – ANAC. Elaborador técnico do Curso de Prevenção e Combate a Incêndio do Centro Hospitalar Covid-19- INI/Fiocruz.

GILMAR SIDNEI ERZINGER

Graduação em Farmácia e Bioquímica pela Universidade Federal de Santa Catarina – UFSC. Mestrado e Doutorado em Tecnologia Bioquímica Farmacêutica pela Universidade de São Paulo – USP. Pós-Doutorado em Fotobiologia pela FAU, Alemanha. Professor Titular da Universidade da Região de Joinville – UNIVILLE.

LESLIE ECKER FERREIRA

Bióloga pela Universidade do Vale do Paraíba – UNIVAP. Mestre em Saúde e Meio Ambiente pela Universidade da Região de Joinville – UNIVILLE. Doutora em Saúde e Meio Ambiente pela UNIVILLE. Professora Titular da UNIVILLE.

Maria Meimei Brevidelli

Enfermeira. Doutora em Enfermagem pela Escola de Enfermagem da Universidade de São Paulo – EE-USP. Professora Titular do Curso de Graduação da Universidade Paulista – UNIP. Consultora em Pesquisa Científica na Área de Saúde do Hospital 9 de Julho, São Paulo. Membro do Grupo de Estudos e Práticas Baseados em Evidências da Escola Paulista de Enfermagem, Universidade Federal de São Paulo – GEPEBE-EPE/UNIFESP.

Maria Rosa Rodrigues Rissi

Psicóloga pela Universidade de São Paulo – USP. Mestre em Psicologia pela USP. Doutora em Psicologia pela USP. Professora Titular da Universidade de Araraquara – UNIARA.

Meuris Gurgel Carlos da Silva

Engenheira Química pela Universidade Federal do Ceará – UFC. Especialista em Engenharia de Segurança pela Pontifícia Universidade Católica de Campinas – PUC-Campinas. Mestre em Engenharia Química pela Universidade Estadual de Campinas – UNICAMP. Doutora em Engenharia Mecânica pela UNICAMP. Professora Titular da UNICAMP.

Ninive Aguiar Colonello

Doutora e Mestre em Ciências pela Universidade de São Paulo – USP. Atualmente, é Tecnologista em Gestão de Políticas Públicas em Saúde do Ministério da Saúde – MS, exercendo suas atividades na Coordenação-Geral de Inovação Tecnológica na Saúde. Coordena a Comissão de Biossegurança em Saúde do MS, atuando na elaboração e a formulação de diretrizes e normas de biossegurança. É membra titular no Conselho Nacional de Controle de Experimentação Animal – CONCEA, no Conselho de Gestão do Patrimônio Genético – CGen, e na Comissão de Biossegurança – ComBioLab, do Ministério da Agricultura, Pecuária e Abastecimento.

Ozair Souza

Engenheiro Químico pela Universidade do Sul de Santa Catarina – Unisul. Mestre e Doutor em Biotecnologia pela Universidade de São Paulo – USP. Professor Titular dos Cursos de Graduação em Engenharia Química e Engenharia Ambiental e Sanitária. Docente do Programa de Pós-Graduação em Engenharia de Processos da Universidade da Região de Joinville – UNIVILLE. Professor Titular da UNIVILLE.

Paula Raquel dos Santos

Bacharel em Enfermagem e Obstetrícia pela Universidade Federal do Estado do Rio de Janeiro – UNIRIO. Com Habilitação em Saúde Pública. Especialista em Enfermagem do Trabalho pela Universidade Gama Filho – UGF. Mestre em Saúde Pública pela ENSP/FIOCRUZ. Doutora em Saúde Pública pela ENSP/FIOCRUZ. Pós-Doutorado em Ecologia Humana, Parentalidade, Família e Trabalho (CNPq-Brasil/UQO/Sante Quebec – Gouvernement du Canada/Canadá). Professora Adjunta da UERJ. Docente da Faculdade de Enfermagem do Departamento de Enfermagem e Saúde Pública. Pesquisadora em Saúde Ambiental do Instituto Estadual do Ambiente INEA/RJ.

Paulo Henrique Condeixa de França

Engenheiro Químico pela Universidade Federal do Paraná – UFPR. Mestre em Biologia Celular e Molecular pela Fundação Oswaldo Cruz – FIOCRUZ. Doutor em Ciências (Microbiologia) pela Universidade Federal do Rio de Janeiro – UFRJ. Professor Titular da Universidade da Região de Joinville – UNIVILLE.

Pedro Canisio Binsfeld

Doutor em Biotecnologia (Summa cum Laude) pela Rheinische Friedrich Wilhelms Universität Bonn, Alemanha. Doutor em Biotecnologia pela Universidade Federal de Pelotas – UFPEL. Pós-doutor em Biologia Celular e Molecular pela Universidade de Sydney, Austrália. Habilitação em Ciências pela Universidade de Bonn. Docente, Pesquisador e Colaborador em Programas de Pós-Graduação em Biotecnologia e Políticas Públicas. Diretor Adjunto do Departamento do Complexo Industrial e Inovação em Saúde e Coordenador Geral de Assuntos Regulatórios no Ministério da Saúde – MS. Assessor Chefe na Diretoria de Controle e Monitoramento Sanitário e na Diretoria de Regulação Sanitária da Agência Nacional de Vigilância Sanitária – ANVISA. Conselheiro Titular do Ministério da Saúde no Conselho Nacional de Controle e Experimentação Animal. Conselheiro do Conselho de Gestão do Patrimônio Genético. Membro do Conselho de Administração da Empresa Brasileira de Hemoderivados e Biotecnologia – HEMOBRÁS.

Rodolfo Coelho Prates

Geógrafo pela Universidade de São Paulo – USP. Mestre em Geografia Humana pela USP. Doutor em Economia pela USP. Professor Pesquisador do Programa de Pós-Graduação em Saúde e Meio Ambiente da Universidade da Região de Joinville – UNIVILLE. Professor Pesquisador do Programa de Mestrado Profissional em Desenvolvimento Econômico da Universidade Federal do Paraná – UFPR. Professor Visitante do Middlebury College, EUA.

Therezinha Maria Novais de Oliveira

Engenheira Sanitária pela Universidade Federal de Santa Catarina – UFSC. Mestrado em Engenharia de Produção pela UFSC. Doutorado em Engenharia de Produção – Gestão Ambiental pela UFSC. Pós-Doutorado na Faculdade de Engenharia do Porto da Universidade do Porto – FEUP, Portugal, no Departamento de Engenharia Civil – Instituto de Hidráulica e Recursos Hídricos. Docente do Programa de Pós-Graduação em Saúde e Meio Ambiente da Universidade da Região de Joinville – UNIVILLE. Professora Titular da UNIVILLE. Conselheira no Conselho Municipal de Meio Ambiente do Município de Joinville – COMDEMA. Coordenadora da Entidade Executiva dos Comitês das Bacias Hidrográficas dos Rios Cubatão e Cachoeira e Itapocu e avaliadora do banco de avaliadores institucionais e de curso do Instituto Nacional de Estudos e Pesquisas Educacionais Anísio Teixeira do Ministério da Educação – INEP/MEC.

UBIRAJARA ALUIZIO DE OLIVEIRA MATTOS

Engenheiro de Produção pela Universidade Federal do Rio de Janeiro – UFRJ. Mestre em Engenharia de Produção pelo Instituto Alberto Luiz Coimbra de Pós-Graduação e Pesquisa de Engenharia COPPE/UFRJ. Doutor em Arquitetura e Urbanismo pela Faculdade de Arquitetura e Urbanismo da Universidade de São Paulo – FAU/USP. Pós-Doutorado em Engenharia de Segurança do Trabalho (CNEA/Argentina e JNIOSH/Japão). Professor Titular da Universidade do Estado do Rio de Janeiro – UERJ. Docente e Pesquisador da Faculdade de Engenharia, lotado no Departamento de Engenharia Sanitária e Meio Ambiente. Leciona nos Cursos de Graduação de Engenharia e Mestrado/Doutorado dos Programas de Pós-Graduação em Engenharia Ambiental (PEAMB e DEAMB) e em Meio Ambiente (PPG-MA). Consultor de diversas instituições e órgãos nacionais e internacionais, destacando-se: MPRJ, CUT, SES/RJ, OMS, OPAS, JICA. Áreas de interesse para consultorias e pesquisas: Segurança do Trabalho, Ergonomia e Saúde Ambiental.

Dedicatória

Dedico esta obra a todos os pesquisadores, professores, estudantes, profissionais das mais variadas áreas e aqueles que, de alguma maneira, buscam conhecimento para melhorar a vida neste planeta!

Agradecimentos

À Atheneu, pela insistência em manter esta obra viva e atualizada.

Aos colaboradores desta obra, colegas e amigos, pela confiança depositada.

À minha mãe, pela sabedoria, simplicidade e incondicional apoio ao longo de minha carreira.

Em especial, à minha esposa Silmara, e meus filhos Luca e Valentina, pela paciência em dividir as horas de lazer com meu trabalho.

Epígrafe

Man is the most insane species. He worships an invisible God and destroys a visible Nature. Unaware that this Nature he's destroying is this God he's worshiping.

O homem é a mais insana das espécies. Adora um Deus invisível e mata a natureza visível, sem perceber que a natureza que ele mata é esse Deus invisível que ele adora.

Hubert Reeves

Prefácio à 3ª edição

O substancial avanço da biotecnologia nas últimas décadas criou um novo cenário global no campo da pesquisa científica e tecnológica. Discussões técnicas, ambientais e éticas de sua utilização têm requerido a difusão de conhecimentos e a adoção de práticas em biossegurança. No Brasil, a Comissão de Biossegurança em Saúde (Portaria MS nº 343, de 19 de fevereiro de 2002) e a Lei Brasileira de Biossegurança (Lei nº 11.105, de 24 de março de 2005) são marcos legais que disciplinam, por exemplo, o uso da tecnologia do DNA recombinante, de células-tronco e a aplicação da metodologia de edição gênica, dentre outras.

As discussões sobre biossegurança no Brasil remontam a década de 1980 e, desde então, avanços significativos em termos de capacitação de recursos humanos no âmbito de instituições de ensino e de pesquisa públicas e privadas foram alcançados, destacando-se a tendência de integração da biossegurança como disciplina nos currículos de cursos de graduação e de pós-graduação. Nesse sentido, o Ministério da Ciência, Tecnologia e Inovação (MCTI), o Conselho Nacional de Desenvolvimento Científico e Tecnológico (CNPq) e a Comissão Técnica Nacional de Biossegurança (CTNBio) têm envidado esforços na promoção de cursos de capacitação de recursos humanos em biossegurança, na formação de multiplicadores e, consequentemente, na difusão do tema no meio acadêmico e no setor privado. Aliado a esses esforços, é notável o crescimento quantitativo e qualitativo do acervo bibliográfico relacionado à normatização de procedimentos, técnicas e legislação em biossegurança, assim como discussões de aspectos éticos nas diferentes atividades que envolvem a biossegurança.

Há mais de duas décadas, o Prof. Dr. Marco Fábio Mastroeni vem se dedicando ao ensino da biossegurança, tendo promovido e participado de inúmeros cursos de formação de recursos humanos no País. A terceira edição da obra Biossegurança Aplicada a Laboratórios de Pesquisa e Serviços de Saúde foi amplamente revisada e atualizada, leva em conta os avanços científicos mais recentes e engloba os aspectos históricos, éticos, educacionais, psicológicos, ambientais, técnicos e aplicados da biossegurança em laboratórios de pesquisa e serviços de saúde de maneira clara e objetiva. A obra, voltada para profissionais e estudantes de cursos de graduação e pós-graduação, trata dos aspectos de biossegurança desde a organização do local de trabalho, aborda a identificação e minimização de riscos advindos do uso da tecnologia e alcança as condutas frente a acidentes aos quais estão expostos os profissionais, estudantes e a população em geral no âmbito dos laboratórios de ensino, pesquisa e em serviços de saúde.

O livro, de leitura agradável e informativa, está estruturado em 18 capítulos cuidadosamente elaborados por especialistas de diferentes áreas do conhecimento, abrange os diversos aspectos da biossegurança dentro de uma visão moderna e atual, ofertando uma visão compreensiva e abrangente da biossegurança.

Edmundo Carlos Grisard
Professor titular do Departamento de Microbiologia, Imunologia e Parasitologia da Universidade Federal de Santa Catarina – UFSC.

Mário Steindel
Professor titular aposentado do Departamento de Microbiologia, Imunologia e Parasitologia da Universidade Federal de Santa Catarina – UFSC.

Apresentação à 3ª edição

Com o vertiginoso avanço da biotecnologia e das consequentes discussões técnicas, ambientais e éticas de sua utilização, a difusão de conhecimentos e práticas em biossegurança tem sido cada vez mais requerida. Após a criação da Comissão de Biossegurança em Saúde (Portaria MS nº 343, de 19 de fevereiro de 2002) e, considerando a elaboração da Lei Brasileira de Biossegurança (Lei nº 11.105, de 24 de março de 2005), a biossegurança está definitivamente inserida no cotidiano daqueles que atuam em laboratórios ou unidades de pesquisa e saúde. Desde o surgimento da biossegurança no Brasil, em meados da década de 1980, muito tem sido feito no país em termos de capacitação de recursos humanos, no âmbito de instituições públicas e privadas, destacando-se a tendência de integração da biossegurança como disciplina nos currículos de cursos de pós-graduação e graduação. Nesse sentido, o Ministério da Ciência e Tecnologia (MCT), o Conselho Nacional de Desenvolvimento Científico e Tecnológico (CNPq) e a Comissão Técnica Nacional de Biossegurança (CTNBio) têm participado de maneira decisiva na realização de cursos de capacitação de recursos humanos em biossegurança, atuando na formação de multiplicadores. Aliado a esse fato, observa-se um crescimento em quantidade e qualidade do acervo bibliográfico relacionado à normatização de procedimentos, técnicas e legislação em biossegurança, assim como discussões de aspectos éticos nas diferentes atividades relacionadas à saúde.

Acompanhando a evolução do conhecimento em biossegurança, sobretudo nos últimos anos, com o advento da pandemia do COVID-19, a nova edição da obra "Biossegurança aplicada a laboratórios de pesquisa e serviços de saúde", está estruturada em 18 capítulos, escritos por 23 especialistas de diferentes áreas do conhecimento, e engloba os aspectos históricos, éticos, técnicos e aplicados da biossegurança de uma maneira clara e objetiva. Esta terceira edição, amplamente revisada e atualizada, apresenta aspectos de biossegurança desde a organização do local de trabalho, passando pela identificação e minimização de riscos e alcançando condutas frente a acidentes aos quais estão expostos os profissionais, estudantes e a população em geral no âmbito dos laboratórios de ensino, pesquisa e em serviços de saúde.

Sumário

1 Introdução à Biossegurança, 1
Marco Fabio Mastroeni

2 Preparo de Soluções Químicas em Laboratórios de Pesquisa, 9
Elisabeth Wisbeck
Ozair Souza

3 Mapa de Risco, 23
Ubirajara Aluizio de Oliveira Mattos
Paula Raquel dos Santos

4 Roteiro de Inspeção de Segurança, 37
Marco Fabio Mastroeni

5 Riscos Físicos, 47
Meuris Gurgel Carlos da Silva
Ângela Mitsuyo Hayashi

6 Biossegurança em Laboratórios de Biologia Molecular, 61
Leslie Ecker Ferreira

7 Gerenciamento de Resíduos Biológicos, 69
Therezinha Maria Novais de Oliveira
Dayane Clock

8 Boas Práticas em Laboratórios de Pesquisa e Serviços de Saúde, 81
Marco Fabio Mastroeni

9 Manuseio de Perfurocortantes, 91
Maria Meimei Brevidelli

10 Acidente com Material Biológico em Laboratórios de Pesquisa e Saúde, 107
Ana Julia Corrêa
Paulo Henrique Condeixa de França

11 Aspectos Psicológicos Associados ao Acidente Ocupacional com Material Biológico Potencialmente Contaminado, 115
Maria Rosa Rodrigues Rissi
Alcyone Artioli Machado

12 Noções de Primeiros Socorros, 125
Ana Maria Tucci Gammaro Baldavira Ferreira
Cell Regina da Silva Noca

13 Prevenção e Combate a Princípios de Incêndio, 141
Fernando Guilherme da Costa

14 Conduta Ética nas Pesquisas com Material Biológico Humano: Biorrepositórios e Biobancos, 155
Paulo Henrique Condeixa de França

15 Ética em Pesquisa com Animais: Princípios, Diretrizes e Regulamentação, 167
Pedro Canísio Binsfeld
Nínive Aguiar Colonello

16 Poluentes Emergentes, 177
Gilmar Sidnei Erzinger

17 *Biohacking*: o Movimento Social *Do It Yourself Biology* – DIYbio, 187
Rodolfo Coelho Prates

18 Ensino de Biossegurança no Brasil, 199
Carlos José de Carvalho Pinto

Índice Remissivo, 205

Introdução à Biossegurança

1

Marco Fabio Mastroeni

A era microbiológica

A preocupação com o desenvolvimento das atividades biológicas que geram risco à saúde é uma característica antiga da humanidade. Desde 1665, quando Hobert Hooke relatou ao mundo que as menores unidades vivas eram "pequenas caixas" ou "células", como ele as chamou, a Ciência avançou na investigação dos mecanismos de geração e transmissão de várias doenças. Embora o microscópio de Hooke fosse capaz de mostrar células, o primeiro cientista a realmente observar microrganismos vivos pelas lentes de aumento foi o alemão Antoni van Leewenhoek, descrevendo-os como "animálculos". A partir de então, na medida do possível, muito se discutiu e se pesquisou sobre os microrganismos. Quase 300 anos depois dessa descoberta, rápidos avanços foram estabelecidos, dentre os quais destacam-se:

- Florence Nightingale (1863) reduziu a incidência da infecção hospitalar com medidas de higiene e limpeza.
- Louis Pasteur (1864) derrubou a teoria da geração espontânea e desenvolveu a técnica de pasteurização.
- Joseph Lister (1867) tratou os ferimentos cirúrgicos com fenol, reduzindo a infecção hospitalar.
- Robert Koch (1876) descreveu os postulados de Koch, demonstrando, pela primeira vez, que uma doença infecciosa específica é causada por um microrganismo específico.
- Alexander Fleming (1928), em um de seus experimentos para testar antissépticos, identificou acidentalmente que o fungo *Penicillium* inibia o crescimento da bactéria Estafilococos, causadora de diversas doenças. Surgiu, então, o antibiótico Penicilina.

Nos últimos 60 anos, o advento da biotecnologia possibilitou ao homem desenvolver técnicas para a "construção" e o manuseio de organismos capazes de resistir aos tradicionais métodos químicos e físicos de controle do crescimento biológico. Deu-se início à era genética!

A era genética

A evolução dos conhecimentos científico e tecnológico, principalmente após a segunda metade do século passado, trouxe, destacadamente para as ciências biológicas, grandes avanços pelo uso e aplicação na pesquisa e produção das técnicas da engenharia genética e da biologia molecular. A aplicação dessas técnicas levou, consequentemente, à necessidade do debate de natureza ética e de biossegurança, temas fundamentais na área da saúde.

A primeira discussão sobre os impactos da engenharia genética na sociedade ocorreu na década de 1970, na reunião de Asilomar nos EUA, em que voluntariamente foram suspensos alguns experimentos relacionados com as alterações de microrganismos em pesquisas de doenças. Desde então, o conceito de biossegurança vem sendo cada vez mais difundido e valorizado. Isso ocorre na medida em que o entendimento da responsabilidade do profissional envolvido em atividades que manipulam agentes biológicos, microbiológicos, químicos, dentre outros, não se limita às ações de prevenção de riscos derivados de sua atividade específica, mas, também, do colega que labuta ao seu lado, do técnico que o auxilia e de outras pessoas que participam direta ou indiretamente dessa atividade. Adicionalmente, todo o meio ambiente que o circunda e a comunidade onde está localizada a instituição devem ser considerados espaços importantes a serem preservados e protegidos de ameaças e riscos.

No Brasil, a primeira legislação que poderia ser classificada como de biossegurança foi a resolução nº 1 do Conselho Nacional de Saúde, de 13 de junho de 1988, a qual aprovou as normas de pesquisa e saúde (BRASIL, 1988). Mas, a biossegurança surgiu com a força que se fazia necessária somente em 1995, com a Lei nº 8.974 (BRASIL, 1995b)

e o Decreto nº 1.752 (BRASIL, 1995a), que regulamenta essa lei. A partir de então, criou-se a Comissão Técnica Nacional de Biossegurança (CTNBio), vinculada à Secretaria Executiva do Ministério da Ciência e Tecnologia (BRASIL, 1995b).

Responsável pela política nacional de biossegurança, a CTNBio propõe o Código de Ética de Manipulações Genéticas; estabelece os mecanismos de funcionamento das Comissões Internas de Biossegurança (CIBio) – a partir de agora, obrigatoriamente presente em qualquer instituição que se dedique ao ensino, à pesquisa, ao desenvolvimento e à utilização das técnicas de engenharia genética; emite Certificado de Qualidade em Biossegurança (CQB) referente às instalações destinadas a qualquer atividade ou projeto que envolva organismos geneticamente modificados (OGM) ou derivados, dentre outras funções, que objetivam o crescimento ordenado em pesquisas de qualidade no país (BRASIL, 2021). A Lei nº 8.974 é limitada à manipulação de OGMs. Mas, por meio da Portaria nº 343/GM, de 19 de fevereiro de 2002, foi criada a Comissão de Biossegurança em Saúde. Essa Portaria visa, dentre outras atribuições, acompanhar e participar da elaboração e reformulação de normas de biossegurança bem como promover debates públicos sobre o tema (BRASIL, 2002). Ainda que seja instituída de modo discreto, a criação da Comissão de Biossegurança em Saúde representou um passo importante para o início das atividades em biossegurança no âmbito da saúde, e não somente OGMs, como regulamenta a Lei nº 8.974.

Mas a Lei nº 8.974, apesar de ter sido um marco para a ciência no país, apresenta algumas falhas e – como a maioria das leis em saúde – necessita ser atualizada. Mesmo antes da Lei nº 8.974 ser sancionada, em 1995, a tecnologia do DNA recombinante já era considerada o novo paradigma biológico, sendo incorporada nos diversos segmentos do setor produtivo, como na saúde, na agricultura, na pecuária e no meio ambiente, visando à adequação do desenvolvimento industrial às novas demandas sociais e econômicas. Com isso, de modo a adequar o necessário avanço da ciência às leis brasileiras, no dia 2 de março de 2005, a Câmara dos Deputados, após um exaustivo conflito com representantes de religiões contrárias as novas diretrizes da lei, aprovou o Projeto da Lei de Biossegurança nº 2401-C/2004 e, três semanas depois, a lei foi sancionada pelo presidente da República (BRASIL, 2005). O presidente fez sete vetos ao texto, porém, os pontos mais polêmicos aprovados foram mantidos, dentre os quais estão (BRASIL, 2005):

– A liberação da pesquisa, cultivo, armazenamento, venda, consumo, importação e exportação dos organismos geneticamente modificados.

– A criação do Conselho Nacional de Biossegurança (CNBS), ligado à Presidência da República, que será incumbido de formular e implementar políticas para o tema.

– Com base na opinião da Comissão Técnica de Biossegurança (CTNBio), o Conselho Nacional de Biossegurança terá poder deliberativo e decisório para decidir, em última instância, se uma pesquisa ou um plantio de produto transgênico é ou não degradante para o meio ambiente.

– A perda da prerrogativa de vetar uma decisão da CTNBio, que antes da lei os ministérios possuíam, mas manteve-se ainda o direito de recorrer da decisão a um conselho de ministros de Estado.

– A liberação do uso de embriões humanos para pesquisas de células-tronco, que pode ser utilizado apenas o material que estiver congelado há mais de três anos.

– A necessidade de autorização dos genitores e do comitê de ética do instituto que realizará o procedimento, antes da realização de qualquer pesquisa com embrião.

Um aspecto importante da lei diz respeito ao CNBS que, após o parecer emitido pela CTNBio a respeito da biossegurança de cada produto geneticamente modificado, tem a função de emitir pareceres exclusivamente de ordem de conveniência e oportunidades socioeconômicas sobre a comercialização, o que garante, para a sociedade, a agilidade necessária para manter o agronegócio competitivo. Essa característica evitará a situação de plantios ilegais que tem ocorrido no Brasil.

Mas, sem dúvida, o item que mais causou controvérsia na aprovação da lei foi o artigo 5º, o qual dispõe sobre a realização de procedimento com finalidade de diagnóstico, prevenção e tratamento de doenças e agravos, e a clonagem terapêutica com células-tronco embrionárias. As pesquisas com tais células assumem outro marco na ciência brasileira e mundial, pois abrem novas perspectivas de tratamento para inúmeras doenças degenerativas e lesões, como doenças neuromusculares. Muitas delas são letais na infância e na juventude: o diabetes e o Parkinson, dentre outras. As pesquisas auxiliarão, também, as vítimas de acidentes ou violência que tiveram lesões físicas irreversíveis. O que ficou estabelecido, e não poderia ser menos lógico, é o uso apenas das células-tronco embrionárias provenientes do conjunto de células descartadas pelas clínicas de fertilização *in vitro*, ou daquelas congeladas por mais de três anos. Caso a pesquisa não utilize essas células, as mesmas devem ser descartadas por tais clínicas, visto que não possuem mais utilidade. É nesse sentido que a lei tomou força: diante de milhões de crianças, jovens e adultos afetados por doenças ge-

Capítulo 1

néticas ainda incuráveis ou lesões até hoje irreversíveis, o descarte das células-tronco embrionárias seria uma perda lastimável à humanidade, face ao potencial de cura nelas existente.

Princípios de biossegurança

Biossegurança ou segurança biológica refere-se à aplicação do conhecimento, técnicas e equipamentos com a finalidade de prevenir a exposição do indivíduo, laboratório e ambiente a agentes potencialmente infecciosos ou biorriscos. Biossegurança define as condições sobre as quais os agentes infecciosos podem ser manipulados e contidos de maneira segura. Basicamente, existem três mecanismos de contenção (CDC, 2020; WHO, 2020):
- Técnicas e práticas de laboratório.
- Equipamentos de segurança.
- *Design* do laboratório.

Técnicas e práticas de laboratório

O mais importante elemento de contenção refere-se à aplicação das práticas e técnicas consideradas padrão em microbiologia. Pessoas que manipulam agentes infecciosos devem receber treinamento e atualizações constantes com relação às técnicas de biossegurança. Cada laboratório e/ou instituição deve desenvolver seu próprio manual de biossegurança, identificando os riscos e procedimentos de como contorná-los de modo a garantir segurança ao indivíduo, ambiente e processo (CDC, 2020; WHO, 2020).

Equipamentos de segurança

Os equipamentos de segurança são considerados barreiras primárias de contenção, visando proteger o indivíduo e o ambiente laboratorial junto às boas práticas em microbiologia (laboratório). São classificados como equipamentos de proteção individual (EPI), que consistem em óculos, luvas, calçados, jaleco etc., e equipamentos de proteção coletiva (EPC), que consistem em cabines de segurança biológica, chuveiros de descontaminação, extintores de incêndios etc. É importante salientar que os equipamentos de proteção não devem ser inseridos de maneira autoritária na rotina de trabalho. É fundamental que a pessoa tenha um prazo para se adaptar a essa rotina, caso contrário, ao invés de proteger, tais equipamentos acabarão se tornando elementos geradores de acidentes. Cada indivíduo deve receber as informações necessárias ao manuseio adequado desses equipamentos, obedecendo sempre aos prazos de validade determinados pelos fabricantes (CDC, 2020; MSU, 2018; UCL, 2020).

Design do laboratório

O *design* do laboratório é considerado importante, na medida em que proporciona uma barreira física capaz de proteger o indivíduo dentro do laboratório, contribuindo tanto para a confiabilidade dos experimentos realizados, como para a proteção da saúde humana e do meio ambiente. Sua estrutura irá depender dos tipos de agentes a serem manipulados e do nível de segurança desejado (CDC, 2020; MSU, 2018; UCL, 2020).

Normalmente, o *design* do laboratório é construído mediante um esforço conjunto por parte dos pesquisadores, técnicos de laboratório, arquitetos e engenheiros, de modo a se estabelecerem padrões e normas que assegurem o cumprimento das condições de segurança espaciais e ambientais necessárias àquele espaço físico.

Exposição ao risco

Risco pode ser definido como uma condição biológica, química ou física que apresenta potencial para causar dano ao trabalhador, produto ou ambiente. Devido à variabilidade da natureza do trabalho e às substâncias e materiais manipulados, o potencial de gerar riscos também se modifica de acordo com o tipo de trabalho desenvolvido (CDC, 2020; MSU, 2018; UCL, 2020).

Os acidentes de trabalho com exposição a material biológico entre os profissionais de saúde ainda são frequentes e podem acarretar consequências à saúde do trabalhador (Gomes & Caldas, 2019). Os agentes biológicos constituem-se no mais antigo risco ocupacional de que se tem notícia. Antes mesmo dos riscos químicos e físicos, as pessoas já experimentavam exposição a grande número de agentes biológicos, que se constituem, *grosso modo*, em agentes etiológicos ou infecciosos, como as bactérias, fungos, vírus, parasitas etc.

A exposição aos agentes biológicos é o risco ocupacional mais comum a que o profissional da área de saúde está sujeito, e esse risco aumentou consideravelmente após o surgimento da síndrome da imunodeficiência adquirida – AIDS. Os materiais perfuro cortantes são os mais envolvidos nos acidentes, e o sangue é o principal agente biológico (Gomes & Caldas, 2019). O crescimento do número de indivíduos infectados pelo HIV, bem como pelos vírus das hepatites B e C na população geral, tem aumentado o risco para o profissional de saúde, visto que, muitas vezes, esses indivíduos infectados necessitam de atendimento em unidades de assistência de saúde e são submetidos a procedimentos diagnósticos e terapêuticos nos quais o sangue e os fluidos corpóreos podem estar envolvidos.

À luz da evolução da Ciência, foram sendo descobertas várias doenças infecciosas e seus mecanismos de transmissão. Nos hospitais, as medidas preventivas para o bloqueio da transmissão de doenças aos pacientes têm sido amplamente estudados. Paralelamente, vêm sendo publicados relatos de transmissão e surtos de infecção em trabalhadores da saúde, provando que eles podem transmitir ou adquirir doenças em razão do trabalho. Nos dias atuais, ainda deparamos com profissionais que não valorizam as medidas de proteção, individuais e coletivas, de eficácia amplamente comprovada. Mais recentemente, após a pandemia causada pelo coronavírus SARS-CoV-2, onde centenas de milhares de pessoas morreram no mundo, foi preciso alterar drasticamente toda a maneira de convivência pessoal, nas mais diversas áreas que se possa imaginar: comercial, educação, social, entretenimento, transporte, alimentação, e até mesmo em nossos lares.

De modo geral, os meios de transmissão dos agentes biológicos são por contato direto ou indireto, por vetor biológico ou mecânico e pelo ar, sendo as rotas de entrada por inalação, ingestão, penetração através de pele e por contato com as mucosas dos olhos, nariz e boca (CDC, 2020; MSU, 2018).

A hipótese mais trivial de risco biológico refere-se aos profissionais da saúde – incluindo nesses, os patologistas, cirurgiões-dentistas, flebotomistas, pessoal que lida com emergências, banco de sangue, diálise e oncologia – com pacientes, particularmente os infectocontagiosos. A atmosfera do interior de um hospital possui grande carga microbiana, expondo não só os pacientes, que, por sua vulnerabilidade, tornam-se um alvo fácil, mas também, os trabalhadores, os quais, em algumas oportunidades, atuam como vetores de agentes. Não menos importantes são os laboratórios clínicos, que recebem com frequência várias espécies de materiais contaminados para diagnóstico clínico. Tipicamente, a natureza infecciosa do material clínico é desconhecida, e os microrganismos costu-

Capítulo 1

5

mam ser submetidos a uma série de exames microbiológicos para a determinação de múltiplos agentes (CDC, 2020).

Mesmo em diferentes ambientes de laboratórios, provavelmente sempre teremos situações de perigo e risco. Nossa atitude se concentra, portanto, no princípio básico da biossegurança: **a prevenção**. Quando possuímos o conhecimento do perigo, ao desenvolvermos determinada atividade, certamente precisamos fazer uso dos equipamentos de proteção individual (EPI), os quais são desenvolvidos para proporcionar segurança ao indivíduo. Aliado a utilização dos EPIs faz-se necessária, também, a adoção das normas e dos procedimentos de biossegurança elaboradas com o intuito de propiciar trabalho seguro e minimizar a geração de riscos. Essas duas características: utilização de EPI e prática das normas de biossegurança, consequentemente, só poderão trazer resultado se houver treinamento adequado para seu desenvolvimento. Caso contrário, possivelmente ocorrerá o estabelecimento da situação inversa: geração do risco. É fácil identificarmos essa situação quando, por exemplo, trabalhamos sob tensão e ansiedade, ou quando o pensamento não está concentrado na atividade que se está desenvolvendo. Quando esse tipo de situação estiver presente, devemos ter o profissionalismo de interrompermos a atividade que estamos desenvolvendo até que sejamos capazes de restabelecer a indispensável atenção ou, o mais correto, reiniciarmos a atividade no dia seguinte, depois de merecido descanso.

Assim, de modo a reduzir ou eliminar desnecessária exposição a riscos de acidentes, torna-se de fundamental importância que cada setor (laboratório, instituição, ou outros afins) tenha como uma das normas de segurança, a implementação de um trabalho de análise de riscos, garantindo com isso, o total conhecimento dos possíveis danos que podem ser gerados naquele ambiente e a melhor maneira de controlá-los em caso de acidentes (CDC, 2020; MSU, 2018).

Avaliação dos riscos

A "espinha dorsal" da prática de biossegurança é a avaliação dos riscos. Mesmo existindo diferentes maneiras para se avaliar os riscos em um determinado procedimento ou experimento, o componente mais importante a ser considerado é a competência profissional. O processo de avaliação dos riscos deve ser desenvolvido pelos indivíduos mais familiarizados com as características específicas do organismo utilizado, com os equipamentos e procedimentos empregados, com os modelos animais que podem ser utilizados, com os equipamentos de proteção disponíveis e com a estrutura física do ambiente. O diretor do laboratório ou pesquisador principal possui a responsabilidade de garantir uma avaliação adequada e periódica dos riscos em seu laboratório e, em um trabalho conjunto com a equipe de biossegurança, certificar-se de que os equipamentos de segurança estejam disponíveis e sejam adequados às atividades desenvolvidas. Uma vez concluída, a avaliação de riscos deve ser refeita periodicamente e revisada quando necessário, levando-se em consideração a aquisição de novos equipamentos e materiais que eventualmente alteram o grau de risco anteriormente avaliado. Por exemplo, em um laboratório de microbiologia, alguns fatores importantes que devem ser considerados incluem (WHO, 2020):

- A patogenicidade do agente e dose infecciosa.
- A rota natural da infecção.
- Outras rotas de infecção, resultantes da manipulação em laboratório (parenteral, ingestão e transmissão pelo ar).
- Estabilidade do agente no ambiente.

- Concentração do agente e volume do material concentrado a ser manipulado.
- Presença de hospedeiro susceptível (animal e humano).
- Informação disponível sobre infecções adquiridas em laboratórios do microrganismo utilizado.
- Disponibilidade, local, de profilaxia e intervenção terapêutica.

Educação em biossegurança

A falta de uma cultura prevencionista tem sido o principal obstáculo para as pessoas agirem com precaução nos locais de trabalho. Muitos indivíduos são admitidos sem treinamento e passam a exercer funções sem estarem familiarizados com os procedimentos dos serviços, contribuindo para o aumento do risco nas atividades. Esses fatores ampliam-se por ignorância e dificuldade de compreensão, aceitação e cumprimento das medidas preventivas. Pessoas que atuam na área da saúde devem ter as noções, hábitos e cuidados necessários para não contraírem enfermidades ocupacionais, sofrerem algum acidente ou contaminarem os pacientes, área de trabalho ou os próprios colegas de trabalho.

Em virtude de o fator humano ser a principal causa de acidentes em laboratórios, o maior esforço deve ser concentrado na sua educação, visto que alguns indivíduos tendem a menosprezar os riscos, levando em consideração somente a execução do experimento. Essa atitude é equivocada e inconcebível nos dias de hoje. A melhor proteção que podemos oferecer ao indivíduo é a informação e treinamento. Não há retorno prático e seguro no uso de equipamentos de proteção se esses forem incorretamente empregados.

A educação à biossegurança deve começar pelas escolas, que precisam urgentemente oferecer aos seus estudantes disciplinas importantes e fundamentais que os preparem para a vida profissional. É fundamental que ao adentrar em qualquer estabelecimento, seja um laboratório de um instituto de pesquisa, de uma universidade ou de uma empresa, o indivíduo deve sentir-se suficientemente seguro para o desenrolar de suas atividades.

Cabe lembrar que as normas de segurança biológica confiáveis e aplicáveis são consideradas pré-requisito para os investimentos privados em biotecnologia e áreas afins, e, mais recentemente, vêm sendo adotadas como medidas indispensáveis à apresentação de propostas à obtenção de bolsas de pós-graduação ou projetos de pesquisa financiados por instituições de fomento à pesquisa no Brasil.

Considerações finais

Desde a aprovação da Lei nº 8.974, de 5 de janeiro de 1995, o Brasil tem evoluído, consideravelmente, no que se refere ao uso de normas e técnicas seguras em laboratórios e serviços de saúde. Livros foram lançados, cursos de qualidade estão disponíveis em várias instituições do país, e muito conteúdo sobre o assunto está disponível na internet, o que possibilitou grande aproximação do público em geral ao tema em questão. Mas há ainda muito por fazer. O profissional de saúde precisa adquirir uma postura efetiva no uso de procedimentos que garantam o máximo de segurança, não só a esse profissional, mas, também, à equipe que o cerca e ao paciente. Esse último, na maioria das vezes, sem conhecimento do assunto. Precisamos exigir um serviço de qualidade, independentemente do profissional ser médico, dentista, enfermeiro, pesquisador, professor, estagiário ou outro profissional que exerça qualquer atividade que possa gerar risco à saúde. Cabe a você, leitor, disseminar esse conhecimento e dar continuidade à melhoria da qualidade em laboratórios e serviços de saúde no país.

Capítulo 1

Bibliografia consultada

- BRASIL. (1988). Brasil. Ministério da Saúde. Conselho Nacional de Saúde. Resolução nº 01, de 13 de junho de 1988. Aprovação das normas de pesquisa em saúde. Diário Oficial da República Federativa do Brasil, Brasília, 14 de junho 1988. Seção I, pp. 10713-9.
- BRASIL. (1995a). Decreto-Lei nº 1.752, de 20 de dezembro de 1995. Dispõe sobre a vinculação, competência e composição da Comissão Técnica Nacional de Biossegurança – CTNBio, e dá outras providências. Diário Oficial da República Federativa do Brasil, Brasília, 21 de dezembro 1995. Seção I, pp. 21648-9.
- BRASIL. (1995b). Lei nº 8.974, de 5 de janeiro de 1995. Estabelece o uso das normas técnicas de engenharia genética e liberação no meio ambiente de organismos geneticamente modificados, autoriza o Poder Executivo a criar, no âmbito da Presidência da República, a Comissão Técnica Nacional de Biossegurança, e dá outras providências. Diário Oficial da República Federativa do Brasil, Brasília, 6 de janeiro 1995. Seção I., 337-346.
- BRASIL. (2002). Brasil. Ministério da Saúde. Portaria nº 343, de 19 de fevereiro de 2002. Institui a Comissão de Biossegurança em Saúde. Diário Oficial da União, Brasília, Seção I, 19 de fevereiro 2002.
- BRASIL. (2005). Câmara dos Deputados. PL 2401/2003. Nova Lei de Biossegurança. Disponível em: https://www.camara.leg.br/proposicoes-Web/fichadetramitacao?idProposicao=140375.
- BRASIL. (2021). Comissão Técnica Nacional de Biossegurança. Disponível em https://ctnbio.mctic.gov.br/inicio.
- CDC. (2020). Biosafety in microbiological and biomedical laboratories. Centers for Disease Control and Prevention. U.S. Department of Health and Human Services. National Institute of Health. (6th ed.).
- Gomes, S. C. S., & Caldas, A. J. M. (2019). Incidence of work accidents involving exposure to biological materials among healthcare workers in Brazil, 2010–2016. Rev Bras Med Trab, 17(2), 188-200.
- MSU. (2018). Bloodborne Pathogens Exposure Control Plan. Michigan Statte University (MSU) Occupational Health/University Physician's Office. Environmental Health & Safety (EHS). Disponível em: https://www.osha.gov/sites/default/files/publications/osha3186.pdf. Lansing,MI.
- UCL. (2020). Biosafety Manual. University of California (UCL) Environmental Health & Safety. Biosafety Officer. Disponivel em: https://ehs.uci.edu/programs/_pdf/biosafety/biosafety-manual.pdf.
- WHO. (2020). Laboratory biosafety manual. World Health Organization. Disponível em: https://www.who.int/publications/i/item/9789240011311 (4th ed.).

Preparo de Soluções Químicas em Laboratórios de Pesquisa

Elisabeth Wisbeck
Ozair Souza

Introdução

Antes de iniciar um experimento em um laboratório de pesquisa, precisamos preparar os reagentes necessários. Assim, nossa intenção neste capítulo é apresentar os principais tópicos para realizar o preparo de soluções a partir de reagentes sólidos e líquidos. Para tanto, vamos primeiro definir alguns conceitos.

Uma **solução** é uma mistura homogênea de substâncias chamadas de soluto e solvente. **Soluto** são substância(s) que se dissolvem em uma solução e estão presente(s) em menor quantidade(s), enquanto o **solvente** é a substância na qual o(s) soluto(s) será(ão) dissolvido(s) e está presente em maior quantidade em uma solução. É muito comum a utilização da água como solvente, originando soluções aquosas.

O estado físico de uma solução pode ser **sólido**, **líquido** ou **gasoso**, e corresponde ao estado físico do solvente. Uma solução no estado **sólido** tem solvente sólido e o soluto pode ser sólido, líquido ou gasoso. Uma solução no estado **líquido** tem solvente líquido e soluto sólido, líquido ou gasoso. Já, uma solução no estado **gasoso** tem solvente e soluto gasosos. Cabe lembrar que neste capítulo vamos tratar somente de soluções no estado **líquido** com soluto sólido ou líquido.

As soluções podem ser **insaturadas**, **saturadas** ou **supersaturadas**, de acordo com a quantidade de soluto dissolvido no solvente. Sabemos que a **solubilidade** é o quanto que um soluto pode dispersar-se em uma certa quantidade de solvente a uma dada temperatura.

Uma solução **insaturada** contém uma quantidade de soluto menor que a sua solubilidade. Já, uma solução **saturada** possui uma quantidade de soluto igual à sua solubilidade. Uma solução saturada pode ou não apresentar uma certa quantidade de soluto precipitado. Uma solução **supersaturada** contém uma quantidade de soluto maior que a sua solubilidade, portanto é instável e tende a cristalizar-se.

As soluções saturadas e supersaturadas também podem ser chamadas de soluções **concentradas**, enquanto as soluções insaturadas são chamadas de soluções **diluídas**. Porém, o termo **concentração** de uma solução é utilizado para a relação entre a quantidade de soluto e a quantidade de solvente em uma solução, enquanto **diluição** refere-se à adição de solvente em uma solução, diminuindo a concentração do soluto. Existe ainda a solução **estoque**, que é uma solução concentrada que pode ser armazenada e diluída conforme necessário, fornecendo soluções de menor concentração. Esse é um procedimento muito comum em laboratórios.

Densidade e concentração

Dando sequência no preparo de soluções químicas, é importante relembrar a definição de **densidade** (ρ), definida como o quociente entre a massa e o volume de um corpo ($\rho = m/V$). Cuidado para não confundir **densidade** e **concentração**, pois esses dois termos relacionam massa com volume. Lembre-se que a **concentração** é a relação entre a massa de soluto e o volume da solução e, a **densidade** refere-se a massa da solução com relação ao volume da solução. Como exemplo podemos citar a água, um dos solventes mais utilizados em laboratórios de ensino e pesquisa. À temperatura ambiente e no estado líquido, a água possui densidade 1,0 g/cm³, ou seja, 1,0 g/mL.

Um exemplo clássico de uma solução é a mistura de NaCl (cloreto de sódio) e água. O NaCl é também conhecido como sal de cozinha. Nessa solução, o soluto é o sal e o solvente é a água. A mistura dessas duas substâncias forma uma solução diluída com menor quantidade de sal, ou uma solução concentrada com maior quantidade de sal (Figura 2.1).

FIGURA 2.1 – *Exemplo de solução de NaCl e água.*

Principais vidrarias utilizadas em laboratórios de pesquisa

Em laboratório podemos usar utensílios plásticos e vidrarias próprias para o preparo de uma solução, principalmente balões volumétricos e pipetas (volumétricas, graduadas ou automáticas), além de provetas e béquer (Figura 2.2).

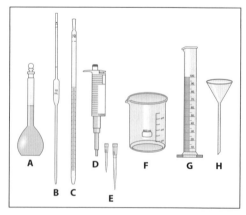

FIGURA 2.2 – *Exemplos das principais vidrarias de laboratório.* **A.** *Balão volumétrico,* **B.** *Pipeta volumétrica,* **C.** *Pipeta graduada,* **D.** *Pipeta automática,* **E.** *Ponteiras para pipeta automática,* **F.** *Béquer,* **G.** *Proveta, e* **H.** *Funil de vidro.*

Os balões volumétricos, pipetas volumétricas e pipetas graduadas existem em diferentes volumes. Balões e pipetas volumétricas possuem um sinal (traço) de aferição situado no gargalo. Esse sinal determina o limite da sua capacidade. Quando o solvente atingir o traço de aferição, observa-se a formação de um menisco, cuja leitura deve ser realizada corretamente (Figura 2.3). Isso vale para as pipetas graduadas.

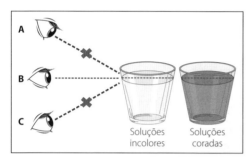

FIGURA 2.3 – *Formação de menisco no traço de aferição.* **A.** *Leitura de um volume menor que o correto,* **B.** *Leitura correta,* **C.** *Leitura de um volume maior que o correto. Fonte: Autores.*

Para obtermos medidas mais exatas e precisas é importante utilizar materiais de vidro por possuírem calibração mais duradoura aos de plástico. No entanto, vidrarias fabricadas à base de borossilicatos se expandem cerca de 0,001% a cada aumento de 1 ºC, ou seja, se a temperatura de um recipiente aumentar em 10 ºC, o seu volume vai aumentar em 0,01%. Essa variação não é expressiva, porém, se as vidrarias forem submetidas, por exemplo, à esterilização (121 ºC) repetidas vezes, poderão ter sua calibração comprometida.

Pesagem

Um equipamento importante para o preparo de soluções é a balança analítica ou semianalítica. A balança analítica tem precisão de até quatro casas decimais (0,0001 g), enquanto a semianalítica possui precisão de até três casas decimais (0,001 g). É fundamental que a balança permaneça sempre nivelada. Deve-se ajustar o zero antes de qualquer pesagem. Os recipientes adequados para pesagem são pesa-filtro, béquer pequeno, cadinho e, vidros de relógio. O recipiente e a substância submetido à pesagem devem estar na mesma temperatura da balança, pois, se a temperatura estiver elevada poderá haver dilatação do prato da balança, podendo ocorrer pesagem errônea e risco de danificar o aparelho. Deve-se verificar a máxima carga a qual a balança pode ser seguramente usada, pois ela não deve ser sobrecarregada.

Preparo de soluções

O preparo de soluções a partir de **solutos sólidos** deve seguir, basicamente, a ordem exposta na Figura 2.4.

1. Pesar o soluto em vidro relógio e utilizando-se balança analítica.
2. Dissolver o soluto em um béquer com o auxílio de um bastão de vidro e uma pisseta, ou com o auxílio de uma barra magnética e um agitador, usando uma pequena quantidade de solvente, geralmente água. Evite usar a proveta para dissolver o soluto sólido, pois a base da proveta é muito alta e impede que o agitador magnético funcione corretamente. A água utilizada para fazer as soluções deve ser destilada ou deionizada.
3. Transferir a solução aos poucos para o balão volumétrico com o auxílio de um funil e um bastão de vidro.
4. Completar o volume com o solvente, aferindo o menisco.
5. Homogeneizar a solução, tampar o balão volumétrico e efetuar movimentos suaves de cima para baixo.

O preparo de soluções a partir de **solutos líquidos** deve seguir a ordem exposta na Figura 2.5.

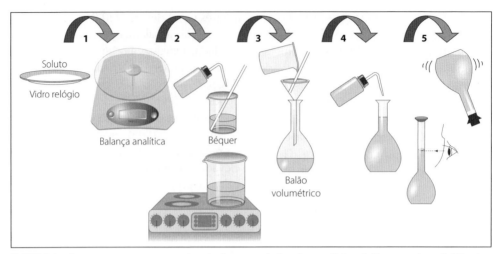

FIGURA 2.4 – *Esquema para o preparo de soluções a partir de solutos sólidos:* **1.** *Pesar o soluto;* **2.** *Dissolver o soluto;* **3.** *Transferir quantitativamente para o balão volumétrico;* **4.** *Completar o volume com o solvente, aferindo o menisco;* **5.** *Homogeneizar a solução.*

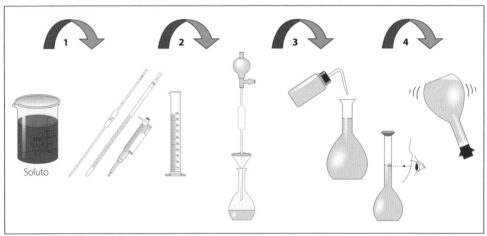

FIGURA 2.5 – *Esquema do preparo de soluções a partir de soluto líquido:* **1.** *Medir o volume do soluto;* **2.** *Transferir quantitativamente para o balão volumétrico;* **3.** *Completar o volume com o solvente, aferindo o menisco;* **4.** *Homogeneizar a solução.*

1. Medir o volume do soluto em uma pipeta volumétrica, graduada ou automática e até mesmo, em uma proveta, para volumes maiores. Utilizar pipetas volumétricas ou graduadas com o auxílio de uma pera de sucção e transferência, nunca sugar ou soprar a pipeta diretamente com a boca.

2. Transferir quantitativamente para o balão volumétrico com o auxílio de um funil e pera de transferência.

3. Completar o volume com o solvente, aferindo o menisco.

4. Homogeneizar a solução, tampando o balão volumétrico e fazendo suaves movimentos de cima para baixo.

Lembrar que, para o preparo de soluções a partir de solutos sólidos ou líquidos deve-se, primeiro, dissolver o soluto em menor volume de água e completar até o volume final de solução.

Principais cálculos utilizados para o preparo de soluções químicas

Para o preparo de soluções com concentração preestabelecida é fundamental que sejam realizados cálculos das quantidades necessárias de solutos sólidos ou líquidos, também chamados de reagentes.

As unidades de concentração mais utilizadas são:

– mol/L (mol.L⁻¹): número de moles (mol) do soluto por litro (L) de solução.
– g/L (g.L⁻¹): massa em gramas (g) do soluto por litro (L) de solução.

– Percentual (%): expressa a quantidade em frequência relativa, ou seja, 1 parte em 100 partes.
– ppm: expressa a quantidade por milhão, ou seja, partes em 1 milhão de partes.

Concentração molar (M) ou molaridade

Soluções em mol/L ou molar (M) são muito utilizadas em laboratórios. Para tanto, precisamos conhecer a massa molar (MM) do reagente, a partir de sua fórmula química e de uma tabela periódica para obter-se os valores das massas atômicas de cada átomo. Para saber qual a massa de regente a ser adicionada a um determinado volume de solvente em uma dada concentração molar, utiliza-se a Equação (1):

$$M = \frac{massa}{massa\ molar.volume} = \frac{m(g)}{MM\left(\frac{g}{mol}\right).V(L)} \tag{1}$$

Exemplo 1

Para prepararmos 500 mL de uma solução 1,25 M de NaOH, primeiro deve-se calcular a massa molar (MM) de NaOH. A tabela periódica indica que a massa atômica de Na é 23 g, a de O é 16 g e a de H é 1 g. A soma desses valorem é 40 g/mol (40 g em cada molécula de NaOH). Como 500 mL equivalem a 0,5 L, então:

$$M(mol/L) = \frac{m(g)}{MM\left(\frac{g}{mol}\right).V(L)}$$

$$1,25\ (\frac{mol}{L}) = \frac{m}{40\left(\frac{g}{mol}\right).0,5(L)}$$

$$1,25\ (\frac{mol}{L}) = \frac{m}{20\left(\frac{g.L}{mol}\right)}$$

$$1,25\ \left(\frac{mol}{L}\right).20\left(\frac{g.L}{mol}\right) = m$$

$$m = 25\ g$$

Exemplo 2

Qual a massa necessária para obter 10 L de uma solução de NaCl a 5 mol/L? Para obter a massa molar (MM) de NaCl basta somar Na = 23 g + Cl = 35,5 g, ou seja 58,5 g/mol. Dessa maneira, para obter a massa de NaCl a ser dissolvida utiliza-se a seguinte equação:

$$M(mol/L) = \frac{m(g)}{MM\left(\frac{g}{mol}\right).V(L)}$$

$$5\left(\frac{mol}{L}\right) = \frac{m}{58,5\left(\frac{g}{mol}\right).10(L)}$$

$$5\left(\frac{mol}{L}\right) = \frac{m}{585\left(\frac{g.L}{mol}\right)}$$

$$5\left(\frac{mol}{L}\right).585\left(\frac{g.L}{mol}\right) = m$$

$$m = 2925\ g\ ou\ 2,925\ kg$$

Exemplo 3

É possível, também, transformar uma concentração M em outra concentração. A partir do exemplo anterior, e utilizando-se uma solução de NaCl a 5 M, tem-se:

$$M(mol/L) = \frac{m(g)}{MM\left(\frac{g}{mol}\right).V(L)}$$

$$5\left(\frac{mol}{L}\right) = \frac{m(g)}{58,5\left(\frac{g}{mol}\right).V(L)}$$

$$5\left(\frac{mol}{L}\right).58,5\left(\frac{g}{mol}\right) = \frac{m(g)}{V(L)}$$

$$292,5 = \frac{m(g)}{V(L)} = C$$

$$C = 292,5\ \frac{g}{L}$$

Ou seja, uma solução de NaCl 5 M é equivalente a mesma solução de NaCl na concentração de 292,5 g/L.

Concentração (C) em g/L

Soluções em g/L também são muito utilizadas em laboratórios para calcular a quantidade de massa de soluto que devemos adicionar a um determinado volume, e com isso obter uma dada concentração. Para esse cálculo utiliza-se a Equação (2):

$$C = \frac{massa}{volume} = \frac{m(g)}{V(L)} \tag{2}$$

Exemplo 4

Para o preparo de 1 L de solução salina 9 g/L, basta pesar 9 g de NaCl:

$$C\left(\frac{g}{L}\right) = \frac{m(g)}{V(L)}$$

$$9\left(\frac{g}{L}\right) = \frac{m}{1\,(L)}$$

$$9\left(\frac{g}{L}\right) \cdot 1\,(L) = m$$

$$m = 9\,g$$

Exemplo 5

No entanto, para o preparo de 200 mL de solução, deve-se pesar apenas 1,8 g de NaCl. Lembrar que o volume deve ser em L, e por isso é preciso transformar 200 mL em L, ou seja, 0,2 L:

$$C\left(\frac{g}{L}\right) = \frac{m(g)}{V(L)}$$

$$9\left(\frac{g}{L}\right) = \frac{m}{0,2\,(L)}$$

$$9\left(\frac{g}{L}\right) \cdot 0,2\,(L) = m$$

$$m = 1,8\,g$$

Exemplo 6

Muitas vezes é preciso preparar soluções com mais de um soluto, por exemplo, um meio de cultivo para microrganismos. Nesse caso, deve-se conhecer a concentração de cada reagente utilizado para preparar o meio de cultivo e calcular cada um separadamente, como nos exemplos 1 e 2. Por exemplo, preparar 500 mL de meio de cultivo caldo nutriente, que possui a seguinte formulação: 3 g/L de extrato de carne e 5 g/L de peptona. Como 500 mL equivale a 0,5 L, deve-se utilizar a Equação 1 para obter a massa de cada reagente:

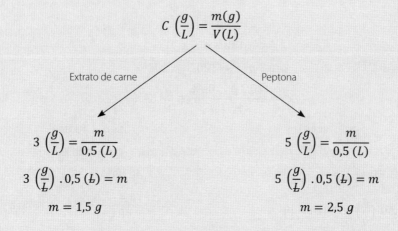

Exemplo 7

Para aumentar a precisão de uma solução deve-se verificar o grau de pureza do reagente que será utilizado, informação que está disponível no rótulo do frasco. Por exemplo, se o objetivo é preparar 1 L de uma solução de NaOH 50 g/L, mas o reagente tem 98% de pureza, proceder da seguinte maneira:

$$C\left(\frac{g}{L}\right) = \frac{m(g)}{V(L)}$$

$$50\left(\frac{g}{L}\right) = \frac{m}{1\,(L)}$$

$$50\left(\frac{g}{L}\right).1\,(L) = m$$

$$m = 50\,g$$

Como o reagente tem 98% de pureza, pode-se aumentar a precisão dessa solução fazendo a seguinte correção com uma simples regra de três:

$$50\,g - 98\%$$

$$x - 100\%$$

$$x\,.98\% = 50\,g\,.100\%$$

$$x = \frac{50\,g\,.100\%}{98\%} \cong 51{,}0204\,g$$

Nesse sentido, o correto é pesarmos 51,0402 g de NaOH, e não apenas 50 g.

Exemplo 8

Outra atividade também muito comum em laboratório é o cálculo de solutos sólidos não hidratados a partir de produtos hidratados. Para fazer 500 mL de solução na concentração de 50 g/L de sulfato de magnésio ($MgSO_4$) não hidratado a partir de sulfato de magnésio hepta-hidratado ($MgSO_4.7H_2O$), proceder da seguinte maneira: a massa atômica de uma molécula de $MgSO_4$ é 120,3 g [24,3 g Mg + 32g S + (4 x 16 g O) = 120,3g]. No entanto, a massa atômica de uma molécula de $MgSO_4.7H_2O$ é 246,3 g:

$$246{,}3\,g - 100\%$$

$$120{,}3\,g - x$$

$$246{,}3\,g\,.x = 120{,}3\,g\,.100\%$$

$$x = \frac{120{,}3\,g\,.100\%}{246{,}3\,g} \cong 48{,}84\%$$

$$C\left(\frac{g}{L}\right) = \frac{m\,(g)}{V(L)}$$

$$50\left(\frac{g}{L}\right) = \frac{m}{0{,}5\,(L)}$$

$$50\left(\frac{g}{L}\right).0{,}5\,(L) = m$$

$$m = 25\,g$$

$$25\,g - 48{,}84\%$$

$$x - 100\%$$

$$x\,.48{,}84\% = 25\,g\,.100\%$$

$$x = \frac{25\,g\,.100\%}{48{,}84\%} \cong 51{,}1876\,g$$

Ou seja, o $MgSO_4$ corresponde a 48,84% da massa total. Assim, em vez de pesarmos 25 g, vamos pesar 51,1876 g de $MgSO_4.7H_2O$.

Cálculo de soluções em percentual (%)

A composição percentual da solução também é muito utilizada em laboratórios para o cálculo de diversas soluções. Geral-mente, a solução em percentual é conside-rada como massa/volume (% m/v: massa (g) de soluto em 100 mL de solução), e m/v é presumido se nada for indicado. Soluções com percentual em massa/massa (% m/m: massa em g de soluto em 100 g de solução) e em volume/volume (% v/v: volume em mL de soluto em 100 mL de solução) também são utilizadas, no entanto não é comum.

Exemplo 9

O percentual em massa/volume é quando determinadas gramas de soluto estão diluídos em 100 mL de solução. Qual a massa de NaCl deve ser pesada para prepararmos 100 mL de uma solução de soro fisiológico (0,9%)? Para esse cálculo, pode-se utilizar a Equação (3), onde é a massa (g) de soluto e (mL) o volume de solução considerando-se a densidade da água igual a 1 g/L, quando essa é o solvente utilizado.

$$\% \left(\frac{m}{V}\right) = \frac{m_1}{V} * 100 \qquad (3)$$

$$0,9 = \frac{m_1}{100} * 100$$

$$m_1 = \frac{0,9 . \cancel{100}}{\cancel{100}} = 0,9 \ g$$

Ou seja, deve-se pesar 0,9 g de NaCl e dissolver em água completando o volume para 100 mL. No entanto, se o objetivo for preparar 1 L dessa solução, basta multiplicar 0,9 g por 10, uma vez que 100 mL x 10 correspondem a 1000 mL (1 L), ou seja 9 g de NaCl, como demonstrado pela regra de três ou pela Equação (3).

Observa-se, desse modo, que uma solução 0,9% também é uma solução 9 g/L.

$$0,9 \ g - 100 \ mL$$

$$x - 1000 \ mL$$

$$x . 100 \ mL = 0,9 \ g . 1000 \ mL$$

$$x = \frac{0,9 \ g . 1000 \ \cancel{mL}}{100 \ \cancel{mL}} = 9 \ g$$

$$\% \left(\frac{m}{V}\right) = \frac{m_1}{V} * 100$$

$$0,9 = \frac{m_1}{1000} * 100$$

$$m_1 = \frac{0,9 . \cancel{1000}}{\cancel{100}} = 9 \ g$$

Exemplo 10

A partir do que foi exposto no exemplo anterior, para preparar 100 mL de uma solução de glicose a 30% é preciso pesar 30 g de glicose. Qual a massa de glicose necessária para preparar 800 mL de solução? Veja o cálculo a seguir:

$$30\ g - 100\ mL$$

$$x - 800\ mL$$

$$x \cdot 100\ mL = 30\ g \cdot 800\ mL$$

$$x = \frac{30\ g \cdot 800\ mL}{100\ mL} = 240\ g$$

$$\% \left(\frac{m}{V}\right) = \frac{m_1}{V} * 100$$

$$30 = \frac{m_1}{800} * 100$$

$$m_1 = \frac{30 \cdot 800}{100} = 240\ g$$

Ou seja, pesar 240 g de glicose, dissolver em água e completar o volume para 800 mL.

Exemplo 11

O percentual em massa/massa é quando gramas de soluto estão diluídos em 100 g de solução. Qual a massa de água necessária para obter uma solução de KCl 16% (m/m)? Nesse caso tem-se 16 g de KCl. Para completar 100 g é preciso pesar 84 g de água, ou 84 mL, devido a densidade da água ser aproximadamente 1 g/mL.

Agora, considerando uma solução contendo 2 g de KCl e 38 g de água, qual a concentração em % (m/m) dessa solução? Nesse caso pode-se utilizar a Equação (4), onde é a massa de soluto e é a massa de água.

$$\% \left(\frac{m}{m}\right) = \frac{m_1}{m_1 + m_2} * 100 \qquad (4)$$

$$\% \left(\frac{m}{m}\right) = \frac{2\ g}{2\ g + 38g} * 100$$

$$\% \left(\frac{m}{m}\right) = \frac{2\ g}{40\ g} * 100$$

$$\% \left(\frac{m}{m}\right) = 5\ \%$$

Exemplo 12

O percentual em volume/volume é quando mililitros (mL) de soluto estão diluídos em 100 mL de solução. Ou seja, em uma solução de sacarose 10% (m/m) tem-se 10 g de sacarose e 90 g de água. No entanto, não é usual utilizar essa relação para o preparo de soluções.

- Soluções em ppm

A concentração de uma solução pode, também, ser expressa em ppm (partes por milhão), o que significa que as quantidades de reagentes são muito pequenas. Da mesma maneira que em percentual (%), as soluções aqui podem ser expressas em m/v, m/m ou v/v. A relação matemática para determinar ppm é dada por:

$$1\ ppm = \frac{1\ parte\ de\ soluto}{10^6\ partes\ de\ solução}$$

Na Tabela 2.1 estão apresentadas diferentes relações de ppm em m/v, m/m e v/v.

Tabela 2.1. Exemplos de relações de ppm em massa por volume (m/v), massa por massa (m/m) e volume por volume (v/v)		
Relação em massa por volume (m/v)	*Relação em massa por massa (m/m)*	*Relação em volume por volume (v/v)*
$1\ ppm = \dfrac{1\ g}{1.000\ L}$	$1\ ppm = \dfrac{1\ g}{1\ t}$	$1\ ppm = \dfrac{1\ L}{10^6\ L}$
$1\ ppm = \dfrac{1\ mg}{1\ L}$	$1\ ppm = \dfrac{1\ mg}{1\ kg}$	$1\ ppm = \dfrac{1\ mL}{1.000\ L}$
$1\ ppm = \dfrac{1\ \mu g}{1\ mL}$	$1\ ppm = \dfrac{1\ \mu g}{1\ g}$	$1\ ppm = \dfrac{1\ \mu L}{1\ L}$

Fonte: Autores.

Exemplo 13

Para preparar uma solução de selenito de sódio a 35 ppm, primeiro deve-se verificar qual a relação em g/L. A partir da Tabela 2.1 é possível identificar que 1 ppm equivale a 1 g/1.000 L, ou seja, 10^{-3} g/L.

$$1\ ppm - 10^{-3}g/L$$

$$35\ ppm - x$$

$$x \cdot 1\ ppm = 35\ ppm \cdot 10^{-3}g/L$$

$$x = \frac{35\ \cancel{ppm} \cdot 10^{-3}g/L}{1\ \cancel{ppm}} = 0{,}035\ g/L$$

Então, preparar uma solução 35 ppm basta preparar uma solução 0,035 g/L. Soluções em g/L já foram vistas anteriormente.

Exemplo 14

Consultando a Tabela 2.1 identifica-se que 1 ppm equivale a 1 mL/1.000 L, ou, 1 mL/10^6 mL, ou ainda, 1 x 10^{-6}. Em 250 mL de uma solução contendo 0,01 mL de etanol tem-se 0,01 mL/250 mL, ou seja, 4 x 10^{-5} e sua concentração em ppm será de:

$$1\ ppm - 1x10^{-6}$$

$$x - 4x10^{-5}$$

$$x \cdot 1x10^{-6} = 1\ ppm \cdot 4x10^{-5}$$

$$x = \frac{1\ ppm \cdot 4x10^{-5}}{1x10^{-6}} = 40\ ppm$$

Capítulo 2

Diluições simples

Diluir uma solução significa adicionar a ela mais solvente, não alterando a massa do soluto. Preparar uma solução diluída a partir de uma solução mais concentrada (solução estoque) é uma atividade muito comum em laboratórios de pesquisa. O princípio básico da diluição é que a massa do soluto é a mesma na alíquota da solução concentrada e na solução diluída final. A Equação (5) pode ser utilizada para esse cálculo.

$$C_i . V_i = C_f . V_f \tag{5}$$

Onde:

C_i = Concentração inicial

V_i = Volume inicial

C_f = Concentração final (concentração desejada)

V_f = Volume final (volume desejado)

Exemplo 15

Como preparar 100 mL de uma solução de HCl 1 M a partir de uma solução estoque de HCl 5 M? Para esse cálculo utilizar a Equação (5), onde é a concentração inicial, ou seja, a concentração da solução estoque mais concentrada:

$$C_i . V_i = C_f . V_f$$

$$5\ M . V_i = 1\ M . 100\ mL$$

$$V_i = \frac{1\ \cancel{M} . 100\ mL}{5\ \cancel{M}} = 20\ mL$$

Na prática, com auxílio de uma pipeta medir 20 mL da solução HCl 5 M e diluir em água destilada, utilizando um balão volumétrico de 100 mL. O resultado será uma solução HCl 1 M.

Exemplo 16

Preparar 50 mL de uma solução de glicose 20 g/L a partir de uma solução estoque de 100 g/L.

$$C_i . V_i = C_f . V_f$$

$$100\ g/L . V_i = 10\ g/L . 50\ mL$$

$$V_i = \frac{10\ \cancel{g/L} . 50\ mL}{100\ \cancel{g/L}} = 5\ mL$$

Com auxílio de uma pipeta medir 5 mL da solução 100 g/L de glicose e diluir em água destilada, utilizando um balão volumétrico de 50 mL. O resultado será uma solução de glicose a 20 g/L.

Fator de diluição

O fator de diluição indica quantas vezes a solução foi diluída, e, também, é um cálculo muito utilizado em laboratórios de pesquisa:

$$1 : x \quad \rightarrow \quad 1 + (x - 1)$$

Onde x é o fator de diluição, 1 é o volume da alíquota, $(x - 1)$ é o volume do solvente e $1 + (x - 1)$ volume final. A unidade de volume deve ser definida inicialmente.

Exemplo 17

Para diluir cinco vezes uma determinada solução, a nomenclatura utilizada é diluição 1:5, e refere-se a 1 parte da solução + 4 partes do solvente em volume, sendo 5 o volume final. Diluir 1:5 uma solução de 50 g/L de sacarose tem-se, como resultado, uma solução de 10 g/L. Definindo mL como unidade de volume, tem-se:

$$1 : 5 \quad \rightarrow \quad 1\ mL \ + \ 4\ mL$$

Ou seja, misturar 1 mL da solução 50 g/L de sacarose a 4 mL de água tem-se 5 mL de uma solução de sacarose a 10 g/L. Para um volume maior que 5 mL, por exemplo 50 mL, pode-se multiplicar a alíquota e o volume de água por 10 para obter um volume final de 50 mL.

$$1:5 \rightarrow 1\,mL + 4\,mL \quad (\times 10)$$
$$10\,mL + 40\,mL$$

Para isso basta misturar 10 mL da solução 50 g/L de sacarose a 40 mL de água, e tem-se 50 mL de uma solução de sacarose a 10 g/L. Caso o volume de sacarose seja inferior a 1 mL da solução a ser diluída, por exemplo, somente 0,5 mL, pode-se dividir a alíquota e o volume de água por 2.

$$1:5 \rightarrow 1\,mL + 4\,mL \quad (\div 2)$$
$$0,5\,mL + 2\,mL$$

Nesse caso deve-se misturar 0,5 mL da solução de sacarose a 50 g/L com 2 mL de água para obter, no final, um volume de 2,5 mL de uma solução a 10 g/L.

Para o preparo misturar 1 L da solução de NaOH 10 M a 1 L de água, e assim obtêm-se 2 L de uma solução de NaOH 5M.

Diluições seriadas

Uma diluição seriada ou em série é uma técnica na qual se realizam várias diluições progressivas. Inicia-se com a solução mais concentrada chegando a soluções menos concentradas.

Diluições em série são usadas para criar com precisão soluções mais diluídas, bem como soluções para experimentos que exigem uma curva de concentração com uma escala exponencial ou logarítmica. Essa técnica é amplamente utilizada para a diluição de amostras na contagem de micro-organismos.

A técnica baseia-se no preparo de frascos contendo um mesmo volume de solvente, geralmente água ou solução salina 0,9% (m/v) no caso de suspensão microbiana. O fator de diluição mais utilizado é 1:10, ou seja, 1 + 9 (Figura 2.6).

Na Figura 2.6, observa-se que o frasco 1 teve uma diluição de 1:10, também expressa como 10^{-1}. Na sequência (frasco 2), com re-

Exemplo 18

Para diluir duas vezes uma solução utiliza-se o fator de diluição 1:2, ou seja, 1 + 1 em volume. Por exemplo, para preparar uma solução de NaOH 5 M a partir de uma solução estoque de NaOH 10 M basta fazer uma diluição 1:2. Se L for a unidade de volume, então:

$$1:2 \rightarrow 1\,L + 1\,L$$

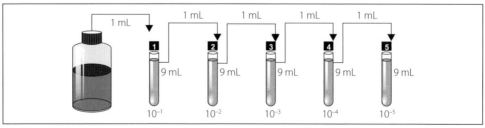

FIGURA 2.6 – *Exemplo do preparo de uma diluição seriada. Fonte: Autores.*

lação à concentração inicial, a diluição foi de 1:100 (10^{-2}), pois partiu-se de uma diluição de 1:10 que foi diluída novamente em 1:10, ou seja, foi diluída 100 vezes (1:100), e assim sucessivamente.

Cuidados no preparo de soluções

Ao preparar qualquer solução química em laboratórios de pesquisa é preciso ter em mente que sempre há risco de acidentes. É importante tomar muito cuidado no momento do preparo de soluções, e alguns desses cuidados incluem:

– Alguns produtos químicos são corrosivos ou tóxicos mesmo em solução diluída. Muito cuidado ao manusear os ácidos e álcalis concentrados. Nenhum produto químico pode ser ingerido ou em contato com a pele, mesmo que sejam sólidos. Se isso acontecer, lave a pele contaminada com muita água e remova imediatamente qualquer peça de roupa que entrar em contato com substâncias corrosivas.

– Reagentes que eliminam vapores irritantes e nocivos só devem ser manipulados na Cabine de Segurança Química.

– Máscaras e luvas podem ser utilizadas, principalmente quando o reagente for volátil ou em pó.

– Os olhos devem estar sempre protegidos durante o trabalho de laboratório. Todos devem usar óculos especiais de segurança, pois constituem proteção indispensável para os olhos contra respingos e explosões.

– As roupas devem ser protegidas pelo uso de jaleco.

– Use sapatos e roupas apropriadas para o laboratório e prenda os cabelos para evitar que fiquem presos em peças móveis de equipamentos ou mergulhem em frascos contendo soluções.

– Nenhum frasco de reagente deve permanecer aberto por um intervalo de tempo mais longo do que o necessário.

– Não coloque a tampa do frasco do reagente sobre a bancada e esteja atento para não fechar um frasco com a tampa de um outro reagente.

– Uma vez retirado, não retorne qualquer quantidade do reagente para o frasco original de modo a evitar contaminação.

– Se necessitar manusear soluções esterilizadas, esse manuseio deve ser feito na Cabine de Segurança Biológica.

Bibliografia consultada

• Barker, K. Preparo de reagentes e de tampões. In: Na Bancada: Manual de iniciação científica em laboratório de pesquisas biomédicas. Porto Alegre: Artmed Editora S.A., 2002. pp. 145-178.

• Constantino, M.G., Silva, G.V.J., Donate, P.M. Fundamentos de química experimental. São Paulo: Edusp: Editora da Universidade de São Paulo, 2011. 278 p.

• Goldani, E., De Boni, L.A.B., Santos, A.M. Manual para o preparo de reagentes e soluções. Porto Alegre: Grupo Tchê Química. Disponível em: http://www.deboni.he.com.br/revistanepreview.pdf. Acessado em jun. 2020.

• Morita, T., Assumpção, R.M.V. Manual de soluções, reagentes e solventes: padronização, preparação, purificação. São Paulo: Edgard Blücher, 2005. 627 p.

• Russel, J.B. Soluções. In: Química geral. São Paulo: McGraw-Hill do Brasil, 1982. pp. 343-387.

Mapa de Risco

Ubirajara Aluizio de Oliveira Mattos
Paula Raquel dos Santos

Introdução

O objetivo deste capítulo é apresentar e discutir uma metodologia que possa ser utilizada na identificação e análise de riscos dos ambientes de trabalho. Trata-se do mapa de risco (MR), ferramenta desenvolvida a partir da experiência operária, cujo intuito era melhorar as condições de trabalho nas fábricas e, assim, prevenir a ocorrência de acidentes e doenças ocupacionais.

A identificação e avaliação dos riscos, bem como a adoção de medidas preventivas requerem, frequentemente, o uso de metodologias. Ressalta-se a importância do uso de metodologias que viabilizem a implantação de programas preventivos e auxiliem na integração deles, preconizados nas normas regulamentadoras NR-7 – Programa de Controle Médico e de Saúde Ocupacional (PCMSO), e NR-9 – Programa de Prevenção de Riscos Ambientais (PPRA), da Portaria nº 3.214, de 8/6/78, do Ministério do Trabalho e Emprego. O MR pode ser o ponto de partida para a elaboração dessas normas regulamentadoras.

Inicialmente, neste capítulo, conceituam-se metodologia, riscos e metodologias para a identificação dos riscos, bem como discute-se o mapa de risco como um instrumento de mudança nas condições de trabalho. Apresenta-se uma aplicação dessa metodologia em um setor de hemodinâmica de um hospital de cardiologia e, finalmente, tecem-se considerações finais acerca das potencialidades e limitações dessa metodologia.

Metodologias para a identificação de riscos

Método e metodologia

As metodologias são estudos dos métodos aplicados à solução de problemas teóricos e práticos. O termo método, deriva do conceito greco-latino *méthodos*, que significa caminho para alguma coisa; seguir alguma coisa e andar ao longo de um caminho.

O uso de metodologias faz-se necessário, quando se têm problemas complexos, impossíveis de serem resolvidos apenas com a experiência individual, necessitando de um desenvolvimento lógico sistemático.

Os métodos e as metodologias apresentam algumas limitações com relação aos seus usos. A metodologia é apenas um suporte lógico. O bom resultado é função da capacidade técnica e criativa de quem resolve o problema. Além disso, o uso indiscriminado de uma metodologia pode gerar mudanças de objetivos. Um método não é um instrumento neutro, autônomo. Ele é a manifestação de um pensamento, de uma ideologia.

Riscos ocupacionais e cargas de trabalho

O estudo dos fatores que levam à ocorrência dos acidentes e doenças pode ser feito por meio de duas abordagens distintas, porém complementares. A primeira, mais tradicional e oriunda da medicina, baseia-se no conceito de *riscos ocupacionais*; a outra, com origem na ergonomia, no conceito de *cargas de trabalho*.

Riscos ocupacionais

Os riscos ocupacionais consistem em fatores existentes no processo de trabalho com origem em seus componentes (materiais, máquinas/ferramentas, instalações, espaço físico, operações, métodos de trabalho etc.) e no modo de organização do trabalho (espacial, temporal etc.), capazes de gerar acidentes, doenças e outros agravos à saúde do trabalhador. Os riscos podem ser caracterizados segundo a natureza da fonte, a área de alcance ou ação, a relação com o exercício da atividade e a relação com o tipo de lesão (crônica ou aguda).

A literatura apresenta diferentes classificações de riscos ocupacionais, o que pode gerar dúvidas ao leitor no momento da seleção. No caso dos laudos técnicos e/ou periciais, sugere-se o uso da classificação

adotada pela Portaria 3.214, de 8/6/1978, denominada Normas Regulamentadoras de Segurança e Medicina do Trabalho, do extinto Ministério do Trabalho e Emprego.

Cargas de trabalho

A carga de trabalho é entendida como sendo a resultante de diversos elementos que interatuam dinamicamente no processo de trabalho. Por esse conceito, procura-se expressar as condições de trabalho de maneira mais integrada e global. As cargas de trabalho são consideradas em três dimensões: *físicas*, *cognitivas* e *psíquicas* – não havendo exatamente uma separação entre elas, pois, por exemplo, a existência de um fator relativo à carga física vai implicar cargas cognitivas e psíquicas, e vice-versa.

Para a ergonomia, as cargas de trabalho são determinadas por fatores relativos ao *processo de trabalho*, como a organização do trabalho e as condições ambientais, bem como por fatores relativos ao *indivíduo*, como o gênero, idade e condições de inserção na produção, nível de aprendizagem, condições de vida, estados de saúde e emocional, motivação e interesse.

Metodologias para o levantamento de riscos

Podemos caracterizar essas metodologias em dois grupos: as que se baseiam em antecedentes (fatos já ocorridos), chamadas de *retrospectivas*; as que possuem um caráter exploratório, que permite a antecipação (correção de falhas antes de se manifestarem concretamente, na forma de acidentes ou de doenças), denominadas *prospectivas*.

Os métodos retrospectivos mais conhecidos são a *lista de atos e condições inseguras* bem como a *árvore de causas*. Os métodos prospectivos que mais se destacam são o método LEST e mapa de risco. O mapa de risco tem sido a metodologia mais utilizada no mundo.

24

Mapa de Risco

Originada na Itália, essa metodologia foi desenvolvida por trabalhadores a partir da sua vivência nas fábricas, constituindo-se, como podemos ver a seguir, em um valioso instrumento para mudanças nas condições de trabalho.

O mapa de risco como instrumento de mudanças das condições de trabalho

Breve histórico

O mapa de risco (MR) não foi desenvolvido nos meios acadêmicos. Ele tem a sua origem no modelo operário italiano (MOI). O MR tinha como objetivo auxiliar os trabalhadores na investigação e controle dos ambientes de trabalho. A sua importância técnica e política no processo de reforma sanitária italiana, ocorrido nos anos 70 do século XX, possibilitou a sua incorporação na legislação italiana por meio da Lei nº 833, de 23/9/78 que instituiu o *Serviço Sanitário Nacional* no seu artigo 20.

O MR tornou-se obrigatório no Brasil para todas as empresas do país que possuam empregados regidos pela Consolidação das Leis Trabalhistas (CLT), pela Portaria nº 5, de 17/8/92, do Ministério do Trabalho, que alterou a NR-9, atribuindo à Comissão Interna de Prevenção de Acidentes (CIPA) a sua confecção. Depois, o texto original passou por uma revisão, sendo transferido da NR-9 para a NR-5 por meio da Portaria nº 25, de 29/12/94. Com essa modificação, foi introduzido o Anexo IV na NR-5, apresentando um roteiro para a construção do mapa de risco. Em 1999, a Portaria nº 25 foi alterada pela Portaria nº 8 (23/09/99) do MTE, modificando a NR-5 e retirando o Anexo IV. A nova NR-5 sugere que a construção do MR seja realizada por meio de outras metodologias, não impedindo, no entanto, o uso daquela estabelecida na antiga NR-5.

Definição

Existem diversas definições de MR. Originalmente, foi definido como "...um critério de abordagem da pesquisa do grupo operário para conhecimento e a definição científica das próprias condições de trabalho, um esquema de análise que possa enfrentar globalmente os problemas do ambiente e da prevenção do risco em todo o contexto social".

Embora a definição legal considere o MR como "...uma representação gráfica do reconhecimento dos riscos existentes nos diversos locais de trabalho...", entendemos que se trata de um processo educativo e organizativo que pode abrir espaço para que as pessoas envolvidas reflitam sobre o seu próprio trabalho e aprendam sobre o trabalho dos colegas, quebrando, parcialmente, o caráter fragmentado do processo de trabalho encontrado nas empresas. O caráter pedagógico é a essência desse modelo. O MR trabalha a percepção do risco com identificação, cores e dimensões, que de maneira lúdica e criativa, ajuda a expressar as subjetividades e objetividades que envolvem a abrangência do tema sobre riscos.

A partir das discussões em grupo, organizadas em média em quatro rodas de conversa com diálogos sobre os elementos, fontes e fatores de riscos, o que propicia o desenvolvimento do **processo ensino-aprendizado**, gerando assim, espaços de **comunicação organizacional e de planejamento participativo**. São também importantes as visitas aos locais de trabalho, análise de casos de acidentes e doenças, bem como de outras atividades. Assim, os trabalhadores podem identificar os problemas comuns a todos e os específicos de cada local de trabalho, facilitando a formação de uma visão mais completa e integral do quadro das condições de trabalho da empresa, e afastando-se da antiga e incorreta visão de que a prevenção da saúde no trabalho é uma questão apenas individual.

Construção do MR

A supressão do Anexo IV da NR-5 tornou necessário um roteiro para quem pretende construir o MR. O roteiro consiste nas seguintes etapas:

– Levantamento e sistematização do processo de produção:

- Fluxograma de produção.
- Descrição dos equipamentos e instalações.
- Descrição dos produtos, materiais e resíduos.
- Descrição das equipes de trabalho.
- Descrição das atividades dos trabalhadores.
- Preenchimento da tabela: grupos de riscos; local/atividade; sintomas/sinais; acidentes/doenças; recomendações.

– Construção da representação gráfica.

Essas etapas são abordadas considerando o processo de trabalho nos serviços de saúde.

Levantamento e sistematização do processo de produção

• Fluxograma de produção

Visa a identificar e detalhar os passos do processo de trabalho dos produtos ou serviços executados no setor estudado. Descrevem-se as atividades executadas nos postos de trabalho. Para análise do trabalho no ambiente hospitalar, podem-se considerar os métodos de trabalho e as ações (operações, transportes, armazenagens, esperas e inspeções/verificações) envolvendo as técnicas e os procedimentos de preparação dos clientes, equipamentos/instrumentos e materiais, relacionados com consultas, exames e/ou cirurgias.

• Descrição dos equipamentos e instalações

Visa a identificar os principais equipamentos e instalações existentes em um setor e relacioná-los com os passos do processo de trabalho, apresentando suas dimensões, origem, características funcionais, o tipo de energia utilizada, sua capacidade produtiva e informações quanto ao seu funcionamento além de outras observações que sejam modos de se estabelecer o elo entre os equipamentos de trabalho de um setor hospitalar e o desenrolar de uma atividade. Para tal momento, é importante citar os riscos provenientes desses equipamentos, se são conhecidos, sua importância para o setor e as habilidades necessárias ao seu funcionamento. Quando se trata de equipamentos de origem estrangeira, deve-se também tecer considerações quanto aos aspectos antropotecnológicos envolvidos, que possam levar às incompatibilidades e inadequações ergonômicas. Os equipamentos que incorporam novas tecnologias têm sido uma constante nas unidades hospitalares, demandando novo comportamento dos trabalhadores de saúde frente às mudanças para um novo modo de trabalhar e de observar clinicamente um paciente, sem que haja a perda do saber avaliá-lo. Essas novas exigências e instalações, mobiliário e equipamento hospitalares trazem, também, outros riscos e cargas de trabalho, bem como requerem treinamentos e novos conhecimentos para um bom desempenho.

• Descrição dos produtos, materiais e resíduos

Objetiva descrever os produtos resultantes de um processo de trabalho. Em um setor de esterilização, por exemplo,

Mapa de Risco

são executadas várias atividades. Para processar 200 pacotes de gaze estéril, correspondendo ao produto final do processo de esterilização.

Os materiais de consumo (descartáveis ou não) e os permanentes (como rouparia) requerem identificação, principalmente para o descarte dos utilizados em procedimentos bem como da lavagem e esterilização dos materiais permanentes a serem novamente utilizados em outros procedimentos em outras atividades. A listagem da matéria-prima para a atividade também é importante. No caso do serviço de enfermagem, os referidos materiais são conhecidos como a "bandeja contendo", uma linguagem própria de tais trabalhadores, que, para executar um procedimento, têm como norma organizar uma bandeja contendo todos os materiais de consumo e permanentes necessários, a fim de evitar perda de tempo, gasto desnecessário de energia, risco de iatrogenia e de contaminação para si e para o cliente, bem como a exposição desnecessária do cliente.

Deve-se atentar para os materiais auxiliares e os resíduos provenientes de um processo de trabalho em um setor hospitalar, uma vez que os resíduos hospitalares requerem normas específicas de biossegurança. Vale ressaltar a importância da sua identificação como sujo, contaminado e/ou infectado, de acordo com as normas do controle de infecção hospitalar, para evitar os riscos biológicos de contaminação por parte dos trabalhadores de saúde e dos demais trabalhadores no ambiente hospitalar.

O estoque é outro momento importante, pois obedece a uma demanda de serviços prestados, sendo o número de determinadas atividades de um processo específico de trabalho, como, por exemplo, a sonda vesical nº 16 para o cateterismo vesical feminino ou um jelco de nº 18 para uma punção venosa periférica, que garan-

te um acesso venoso seguro e de grande volume para um cardiopata. Vale ressaltar a importância das quantidades estocadas, consumo semanal ou mensal, seu modo de armazenamento, grau de toxicidade, tempo de permanência para a vida útil e modo de tratamento para o seu reprocessamento, uma vez que esse representa em si um novo processo.

• Descrição das equipes de trabalho

Tem como objetivo identificar as equipes de trabalho (se possível, por equipamento) e o tipo de vínculo do trabalhador com a empresa. A grande maioria dos setores hospitalares possui suas equipes de trabalho formadas a partir do número necessário de funcionários, estabelecidos por um cálculo de funcionários que obedece à razão entre número de leitos de um setor, ou de atribuições e procedimentos, e o número de pacientes a serem atendidos.

O tipo de vínculo com o hospital é muito importante também, uma vez que estabelece o grau de organização dos trabalhadores e assegura os seus direitos trabalhistas, o que tem-se intensificado frente ao processo de terceirização das unidades hospitalares e dos seus funcionários. A caracterização do pessoal permite o levantamento do perfil da mão de obra desse setor do hospital, dando referência para os termos de quantidade de mão de obra, gênero, faixa etária, grau de escolaridade, vínculo empregatício, tempo de trabalho no hospital e no setor, bem como nível salarial.

É importante investigar quantas jornadas de trabalho possui os trabalhadores de saúde estudados, os setores em que já trabalharam e quantos empregos possuem, estabelecendo, assim, o fato de que o trabalhador de saúde que esteja em 36 horas consecutivas de trabalho não se encontra "inteiro" e completo em nenhuma delas,

Capítulo 3

visto que é humanamente impossível estabelecer tantas horas sequenciais de trabalho, sem que se tenham realizado os hábitos mais comuns de vida, como se alimentar e dormir.

• Descrição das atividades dos trabalhadores

Visa a levantar as atividades e tarefas executadas por cada trabalhador, os locais onde são exercidas e sua frequência de realização, bem como realizar um levantamento dos níveis de atenção e de responsabilidade envolvidos com a atividade executada, a jornada de trabalho, os turnos de trabalho e os esquemas de revezamento de turnos, quando for o caso.

• Preenchimento do quadro: grupos de riscos; local/atividade; sintomas/sinais; acidentes/ doenças; recomendações

Esse quadro sintetiza a situação das condições de trabalho do processo de produção estudado. O seu preenchimento deve ser feito com a participação dos trabalhadores dos locais estudados e cada fator de risco deverá ser identificado em cada linha.

Os *riscos* podem ser classificados em grupos, de acordo com as tipologias apresentadas na literatura existente da área. Quando se tratar de um laudo pericial, sugerimos que seja adotada a classificação utilizada pela legislação trabalhista brasileira:

– Grupo 1 – riscos físicos: identificados pela cor verde. Exemplo: ruído, calor, frio, pressões atmosféricas, umidade, radiações ionizantes e não ionizantes, bem como vibração.

– Grupo 2 – riscos químicos: identificados pela cor vermelha. Exemplo: poeiras, fumos, gases, vapores, névoas, neblinas e substâncias compostas ou produtos químicos em geral nos estados sólidos, líquidos e gasosos.

– Grupo 3 – riscos biológicos: identificados pela cor marrom. Exemplo: fungos, bactérias, parasitas, vírus, protozoários e bacilos.

– Grupo 4 – riscos ergonômicos: identificados pela cor amarela. Exemplo: esforço físico intenso, levantamento e transporte manual de peso, controle rígido de produtividade, imposição de ritmos excessivos, trabalho em turno e noturno, jornadas de trabalho prolongadas, monotonia e repetitividade, bem como outras situações de estresse físico e/ou mental.

– Grupo 5 – riscos de acidentes: identificados pela cor azul. Exemplo: arranjo físico inadequado, máquinas e equipamentos sem proteção, iluminação inadequada, contato com elementos eletricamente energizados, probabilidade de incêndio e explosão, armazenamento inadequado, animais peçonhentos e outras situações de risco que possam contribuir para a ocorrência de acidentes.

Os *locais*, nessa coluna do quadro, podem ser assinalados como setores, na forma de postos de trabalho ou outras fontes de geração do risco (máquinas/equipamentos/ferramentas/materiais).

Preencher a coluna *sintomas/sinais*, após ouvir os trabalhadores do setor e consultar a literatura médica sobre o assunto. O mercúrio, por exemplo, pode apresentar um sintoma de intoxicação, gerando alterações na coloração das mucosas e na gengiva. Por isso, pode ser importante a realização de exames clínicos e laboratoriais, para identificá-lo.

Os *acidentes/doenças* podem ser efeitos dos riscos identificados, necessitando, assim, de consulta a especialistas e/ou pesquisa na literatura sobre as doenças ocupacionais.

As *recomendações* consistem nas medidas de prevenção aos acidentes e doenças identificadas, bem como de proteção ao trabalhador. Torna-se necessário ouvir a opinião dos trabalhadores do local bem como consultar especialistas e/ou realizar pesquisa na literatura sobre segurança do trabalho, a fim de definir quais serão as melhores maneiras de intervenção para a eliminação e/ou controle dos riscos levantados. Como uma das referências para consulta, sugerimos o *Manual de segurança no ambiente hospitalar* do Ministério da Saúde.

Para um mesmo problema, podem existir diferentes alternativas de solução. Recomenda-se selecionar as consideradas como de melhor qualidade para a preservação da saúde e conforto dos trabalhadores, independentemente do investimento que possam requerer.

• Construção da representação gráfica

Após o preenchimento do quadro relacionando os grupos de riscos; local/atividade; sintomas/sinais; acidentes/doenças e recomendações, deve-se proceder à etapa de construção da representação gráfica dos riscos que deverá ser feita sobre uma planta baixa que contenha o arranjo físico (*layout*) do setor. Os riscos devem ser indicados, de acordo com a sua gravidade, na forma de círculos coloridos, segundo o seu grupo, e em três diferentes tamanhos. Sugere-se que as dimensões dos círculos possuam as proporções 1, 2 e 4, respectivamente, para as gravidades pequena, média e grande. É importante ressaltar que a construção da representação gráfica deverá ser feita de acordo com a finalidade de uso do mapa. Se a finalidade for modificar o ambiente, por meio de medidas preventivas, cada fator de risco deverá ser indicado pela sua fonte

de geração. Se a finalidade for para um laudo visando o pagamento de adicional de insalubridade ou periculosidade a indicação do risco deverá ser feita pela sua área de ação no local de trabalho. Recomenda-se não misturar as duas finalidades em um único mapa, dificultando a sua interpretação. Existem, ainda, outras convenções que podem ser adotadas na construção do MR, dentre as quais destacamos as seguintes:

– Riscos diferentes com a mesma gravidade, existentes em um mesmo local ou fonte, podem ser representados por um círculo único, dividido pelas suas cores.

– Os riscos que não tenham ação em pontos específicos, mas que estejam presentes em todo o ambiente, podem ser indicados fora do mapa, como poderá ocorrer quando se tratar de arranjo físico inadequado.

– Para facilitar a identificação do risco no mapa, pode ser colocada uma numeração dentro do círculo correspondente, a qual, também, ser indicada no quadro.

Aplicação do mapa de risco: estudo em um setor de hemodinâmica

Como exemplo, é apresentado um mapa de risco do setor de hemodinâmica de um hospital de cardiologia do Rio de Janeiro. Os dados foram obtidos e adaptados da dissertação de mestrado intitulada *Estudo do processo de trabalho da enfermagem em hemodinâmica: cargas de trabalho e fatores de riscos à saúde do trabalhador.*

O processo e a organização do trabalho no setor de hemodinâmica

O setor de hemodinâmica realiza atualmente as seguintes técnicas para diagnóstico: cateterismo cardíaco; arteriografia; e de tratamento, como a angioplastia. As técnicas utilizadas em maior frequência são

Capítulo 3

as de cateterismo cardíaco, pelo membro superior direito (artéria braquial) e pelos membros inferiores (artéria femoral).

São apresentados os riscos relativos ao processo de trabalho do exame de cateterismo cardíaco pela técnica de Sones, por ser o tipo de exame mais realizado e representar a grande parte do faturamento do setor.

Para ser admitido na sala cirúrgica, há um preparo prévio de todo o material cirúrgico e de uso para o exame (cateteres), devidamente exposto na posição e no local esperado, bem como o material de consumo, distribuído no setor e na mesa cirúrgica.

Nesse setor, trabalha uma única equipe de enfermagem, composta por oito funcionários que se dividem em dois plantões de 12 horas semanais, com o início do plantão às 7h30. Tal equipe é formada por dois auxiliares de enfermagem, cinco técnicos de enfermagem e um enfermeiro (diarista). Os auxiliares e técnicos de enfermagem são escalados nos diferentes dias da semana, tendo uma carga horária de 36 horas semanais. A equipe foi composta após um longo período de treinamento no serviço de cateterismo cardíaco da clínica especializada em hemodinâmica que presta serviços ao hospital.

Para cada plantão são distribuídos em torno de dois ou três funcionários de enfermagem. A equipe médica é composta por quatro médicos hemodinamicistas. Compõem, ainda, o serviço dois técnicos em raios X, e os demais funcionários são ligados ao serviço de secretaria (três funcionários terceirizados), serviço de copa (um funcionário) e um funcionário do serviço de limpeza, ambos também terceirizados. Os demais serviços são ligados aos serviços do hospital (nutrição, manutenção, segurança, transporte, suporte de emergências e transferências etc.). O setor de Hemodinâmica possui uma manutenção exclusiva do seu equipamento de exame, feita por uma empresa argentina que o vendeu ao hospital. O setor funciona no horário comercial, o que não ocorre de fato devido à sua grande demanda. Está prevista a ampliação do seu horário de funcionamento para 24 horas, de segunda a sexta-feira.

Riscos ocupacionais e cargas de trabalho identificados na sala de exames

A seguir, são apresentados os quadros onde são identificados os grupos de riscos; local/atividade; sintomas/sinais; acidentes/doenças e recomendações, relativos à sala de exames do setor (Tabelas 3.1 a 3.5).

Tabela 3.1 – Identificação dos riscos físicos, locais/atividades, sintomas/sinais, acidentes/doenças e recomendações para a sala de exames do setor de hemodinâmica

Riscos físicos	Local/atividade	Sintomas/sinais	Acidentes/doenças	Recomendações
1. Raios X	Salas de exame (durante o exame)	• Plaquetopenia; leucopenia; perda ou decréscimo da capacidade reprodutiva do homem e da mulher • Efeitos teratogênicos ao feto durante gravidez	• Exposição direta sem o uso de EPI • Acidentalmente (entrada súbita e permanência na sala, preparando material sem que o técnico perceba que estão sem capotes de chumbo)	• Sinalização[1] • Controle hematológico do sangue[2] • Afastamento da sala de exames[2] • Uso de capote e colar de chumbo[3] • Implementação urgente do dosímetro[4] • Rotatividade entre os funcionários[5] • Modernização dos equipamentos de raios X[6]

Continua...

Tabela 3.1 – Identificação dos riscos físicos, locais/atividades, sintomas/sinais, acidentes/doenças e recomendações para a sala de exames do setor de hemodinâmica – continuação

Riscos físicos	Local/atividade	Sintomas/sinais	Acidentes/doenças	Recomendações
2. Ruídos (70 dB (A), com o ar condicionado ligado)	• Salas de exame (durante o exame pelo equipamento de raios X, por meio da escopia; • No preparo do paciente na sala de exames por meio da solicitação de material entre a equipe)	• Irritação • Dispersão • Pouca concentração	• Erro técnico • Exposição a acidente perfurocortante • Estresse • Acidente pela troca de informações sobre os pacientes, que pode gerar iatrogenias	• Reduzir os níveis de intensidade dos ruídos por meio do controle das conversas
3. Frio (IBUTG = 19,4 °C)	• Salas de exame (durante o exame)	• Tosse, rouquidão e espirros	• Hipotermia Problemas respiratórios agudos (rinites, resfriados)	• Climatização geral dos ambientes de todo o setor com regulagem da temperatura e da umidade

[1] No momento da radiação.
[2] Durante o período gestacional, durante a realização de exames.
[3] Em estado adequado de uso, sem fissuras e dobras.
[4] Para todos os funcionários.
[5] Quanto à exposição à fonte geradora do risco (aparelho), no tocante ao tempo de exposição, com planejamento do número de exames e exposição que caberá a cada funcionário por semana.
[6] Reduzindo a exposição dos trabalhadores durante os exames (com maior controle da fonte geradora).

Tabela 3.2 – Identificação dos riscos químicos, local/atividade, sintomas/sinais, acidentes/doenças e recomendações para a sala de exames do setor de hemodinâmica

Riscos químicos	Local/atividade	Sintomas/sinais	Acidentes/doenças	Recomendações
4. Vapores anestésicos	• Salas de exame (antes do exame)	• Irritação nas mucosas nasal e ocular	• Doenças pulmonares	• Uso de máscaras com filtro de proteção
5. Líquidos inflamáveis	• Salas de exames (antes do exame)	• Inalação	• Dermatoses	• Uso de máscaras com filtro de proteção

Tabela 3.3 – Identificação dos riscos biológicos, local/atividade, sintomas/sinais, acidentes/doenças e recomendações para a sala de exames do setor de hemodinâmica

Riscos biológicos	Local/atividade	Sintomas/sinais	Acidentes/doenças	Recomendações
6. Microrganismos (sangue e ambiente)	• Salas de exame (durante e após exame)	• Febre, mal-estar, dor no corpo, vômito	• Infecções diversas e desenvolvimento de patologias pulmonares	• Uso de protetor facial (visor de acrílico)

Capítulo 3

Tabela 3.4 – Identificação dos riscos ergonômicos, físicos, local/atividade, sintomas/sinais, acidentes/doenças e recomendações para a sala de exames do setor de hemodinâmica

Riscos ergonômicos	Local/atividade	Sintomas/sinais	Acidentes/doenças	Recomendações
7. Atenção	• Sala de exames (cateterismo)	• Nervosismo	• Estresse	• Aumento do efetivo • Planejamento do número de exames e rotatividade para os funcionários
8. Vigilância	• Sala de exames (cateterismo)	• Ansiedade	• Estresse	• Aumento do efetivo • Planejamento do número de exames e rotatividade para os funcionários
9. Repetitividade	• Sala de exames (preparo de material para esterilização)	• Irritação • Fadiga	• Estresse • Esgotamento psíquico	• Aumento do efetivo • Planejamento do número de exames e rotatividade para os funcionários
10. Erguimento de paciente	• Sala de exames (após exame)	• Lombalgias • Dor nas pernas	• Desvio da coluna	• Equipamento para a sustentação e erguimento de pacientes
11. Transporte de material	• Da sala de repouso feminino para a sala de exames (esterilização do material)	• Lombalgias • Dor nas pernas • Dores na região cervical	• Comprometimento e lesões do sistema musculoesquelético	• Equipamento adequado para o transporte de cargas e admissão de funcionários para o serviço de transporte hospitalar
12. Posturas de trabalho bem como longa permanência em pé e intensos deslocamentos	• Sala de exames (antes de e durante exame)	• Longa permanência em pé • Dores nas pernas • Queimação e dores nos pés	• Lesões de tendões nos MMII • Deficiência na circulação (formação de varizes)	• Orientações para os funcionários • Alongamentos e uso de cadeiras • Mobiliário e espaço físico adequado[7] • Uso de palmilha de água[8] • Ativação da circulação local com o uso de meias elásticas para a prevenção de varizes e promoção do conforto físico
13. Ritmo de trabalho intenso	• Hemodinâmica (diversas)	• Fadiga	• Esgotamento físico e mental: • Distúrbios gastrintestinal e neurovegetativo	• Redução do ritmo de trabalho • Planejamento do número de procedimentos e das atividades de trabalho

Continua...

Tabela 3.4 – Identificação dos riscos ergonômicos, físicos, local/atividade, sintomas/sinais, acidentes/doenças e recomendações para a sala de exames do setor de hemodinâmica – continuação

Riscos ergonômicos	Local/atividade	Sintomas/sinais	Acidentes/doenças	Recomendações
14. Peso dos capotes de chumbo	• Salas de exame (durante exame)	• Lombalgias • Dor cervical	• Distúrbio musculoesquelético	• Adequação dos capotes (uso dos princípios antropométricos)
15. Esforço físico excessivo	• Hemodinâmica (diversas)	• Queixa de dores em diversos pontos do corpo	• Distúrbio musculoesquelético	• Organização do trabalho[9]
16. Trabalho em turno	• Hemodinâmica (diversas)	• Queixas inespecíficas de mal-estar geral • Alterações dos ritmos circadianos • Alterações dos hábitos alimentares e do sono	• Distúrbio musculoesquelético, gastrintestinal e neurovegetativo	• Modificar a organização dos turnos, se possível, fixando os horários de trabalho
17. Controle rígido da produtividade	• Hemodinâmica	• Tensão musculoesquelética • Tensão psíquica e emocional	• Estresse	• Modificar o modo de incentivo à produtividade
18. Tomadas de decisões sobre pressão e com urgência	• Hemodinâmica (diversas)	• Fadiga • Esgotamento psíquico e mental	• Estresse	• Modificar os procedimentos pré-exame[10] • Treinamento permanente da equipe[11] • Uso correto dos materiais de consumo e equipamentos[12]
19. Jornadas de trabalho prolongadas (horas extras)	• Hemodinâmica (diversas)	• Falência geral com extenuação e fadiga	• Baixa imunidade e distúrbios gerais do organismo, gerando falta de apetite, sono desencontrado, inapetência, hipovigília, desgaste físico, mental e psíquico	• Aumentar o efetivo • Reduzir a duração das jornadas de trabalho

[7] Com bancadas adequadas ao preparo da medicação e do material para esterilização. A cama do paciente não deve ser utilizada para preparo de material.

[8] Para a redução da pressão e distensão dos tendões dos pés.

[9] Prevendo o número de exames com a carga horária de trabalho e o número de exames a serem realizados.

[10] Com a introdução de consulta de enfermagem prévia para os pacientes a serem submetidos ao exame.

[11] Sobre as técnicas, manobras, sinais/sintomas e condutas para situações de emergência e urgência, com orientações para as prioridades e organização.

[12] Para as situações de emergência, como carrinho de PCR, desfibrilador, bombas infusoras, eletrocardiograma e outros itens.

Capítulo 3

Tabela 3.5 – Identificação dos riscos de acidentes, local/atividade, sintomas/sinais, acidentes/doenças e recomendações para a sala de exames do setor de hemodinâmica

Riscos de acidentes	Local/Atividade	Sintomas/Sinais	Acidentes/Doenças	Recomendações
20. Perfurocortantes	• Sala de exames (antes e após exame)	• Perfuração de tecidos e mucosas por objetos perfurocortantes	• Contaminação com agentes patogênicos, desenvolvimento de doenças como AIDS, hepatite C e outras	• Uso de bandejas[13] • Retirada do material perfurocortante das bandejas e mesas de exame[14] • Profilaxia para hepatite15 • Orientações para os funcionários[16] • Uso do EPI[17]
21. Níveis de iluminância insuficientes (variando de 120/900 luxes)18	• Exceto sala de imagens (diversas)	• Forçar o globo ocular • Risco de acidente • Maior demanda de concentração e observação	• Distúrbios visuais • Tensão e ansiedade	• Modificar o sistema de iluminação artificial
22. Arranjo físico inadequado	• Hemodinâmica (diversas)	• Deslocamentos excessivos • Preocupação com os pacientes distantes • Falar mais alto • Atividades de deslocamento desnecessário	• Distúrbio musculoesquelético • Fadiga • Estresse • Desgaste físico	• Novo projeto de arranjo físico • Mudar a disposição dos equipamentos • Aumentar os espaços de circulação e movimentação

[13] Para o procedimento de punção venosa.

[14] Sempre manter prioridade. Acondicioná-los em recipientes rígidos, estanques e adequados para tal procedimento, respeitando os limites de capacidade máxima

[15] Com a implementação da vacina a todos os funcionários.

[16] Sobre o protocolo para acidente biológico anti-HIV.

[17] Máscara, luvas, óculos de acrílico.

[18] Ausência de luz natural (luzes acesas), iluminação geral com lâmpadas fluorescentes, luminárias com quatro lâmpadas de luz do dia especial (40W cada uma). Medido em 16/12/2000, de 14h10 às 14h55.

Representação gráfica dos riscos ocupacionais e das cargas de trabalho identificados na sala de exames

Ver Figura 3.1.

Considerações finais

O MR é um modelo que sempre valoriza a participação dos trabalhadores nas questões relacionadas com a sua saúde a partir do reconhecimento do seu saber e papel no processo de trabalho. Por isso, a sua eficácia como um instrumento voltado à melhoria das condições de trabalho depende da participação dos trabalhadores na sua construção. Trata-se de valiosa ferramenta que permite ao trabalhador descobrir o seu ambiente de trabalho e o dos seus colegas, bem como refletir sobre os problemas das condições de trabalho, o que lhe confere um caráter pedagógico.

Essa metodologia pode ser aprimorada quando inserida pelos diferentes atores e interlocutores que compõem as comissões

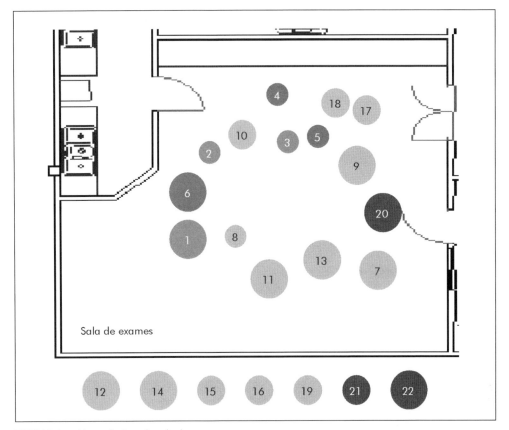

FIGURA 3.1 — *Mapa de risco da sala de exames.*

de gerência de risco, infecção e de segurança do paciente. Essas comissões podem, em conjunto, empregar o método aos coletivos de trabalhadores e desse modo integrar ao método a organização, os processos de trabalho e o planejamento da administração dos serviços e setores. Garantindo assim o gerenciamento de riscos voltado para a segurança do trabalhador e do paciente.

Além disso, o MR é um instrumento político que permite a socialização dos problemas da relação trabalho–processo produtivo–riscos ambientais e de suporte nas negociações com a empresa, entidades e instituições locais, uma vez que pode ser aplicado também em estudos regionais.

Apesar desses atributos, é um método que possui limitações quanto à sua construção, aplicabilidade e abrangência.

A utilização do MR não deve ser pensada apenas com relação a cada empresa e serviços, mas sim, deve-se procurar estabelecer programas de melhorias das condições de trabalho, integrando as empresas com processos produtivos semelhantes.

O MR é um instrumento técnico que permite estudar e propor intervenções, mas não consegue apreender a totalidade das questões encontradas dentro de uma empresa. Essa técnica deve fazer parte de um movimento mais amplo que crie condições políticas para que o conhecimento dos trabalhadores possa ser efetivamente utilizado para promover a saúde do trabalhador.

Finalizando, deve-se sempre considerar que essa ou qualquer outra metodologia, voltada à melhoria das condições de trabalho, somente terão sucesso efetivo, quando estiverem acompanhadas de condições objetivas para o exercício real da democracia e da cidadania nos ambientes de trabalho, com livre possibilidade de organização dos trabalhadores, com contratação coletiva de trabalho, com liberdade e autonomia sindical, conferindo a ambas as partes as condições propícias para o diálogo e o entendimento na organização do trabalho e da produção, fazendo com que o "risco" deixe de ser um fenômeno predeterminado socialmente.

Bibliografia consultada

- Albert. Metodologia para elaboración del mapa de riesgos a nível de empresa. Madri INSHT, 1988; Doc. téc. 46: 88.
- Brasil. Boletim Informativo Segurança do Paciente e Qualidade em Serviços de Saúde. Brasília: Anvisa; 2011.
- Brasil. Decreto nº 7.602, de 7 de novembro de 2011. Dispõe sobre a Política Nacional de Segurança e Saúde no Trabalho – PNSST. Diário Oficial da União 8 nov 2011; nº 214: seção 1.
- Brasil. Manual de segurança no ambiente hospitalar. Coord. Da Rede Física, Equipamentos e Materiais Médico hospitalares do Serviço de Engenharia. Ministério da Saúde (Departamento de Normas Técnicas). Brasília; 1995.
- Brasil. Portaria 5 de 18/6/92. Ministério do Trabalho e Emprego, Brasília: DOU, 20/08/92, p.11327.
- Brasil. Portaria no 3.214 de 8/6/78. Normas regulamentadoras de segurança e medicina do trabalho. Ministério do Trabalho e Emprego, São Paulo: Atlas; 2000.
- Brito JC, Porto MFS. Processo de trabalho, riscos e cargas à saúde. Rio de Janeiro: CESTEH/ FIOCRUZ, 1991. 23 p.
- Daniellou, F, organizador. A ergonomia em busca de seus princípios: debates epistemológicos. São Paulo: Editora Edgard Blücher, 2004.
- Lima DA. Livro do professor da CIPA. São Paulo. FUNDACENTRO, 1993.
- Mattos UAO, Freitas NBB. Mapa de risco no Brasil: As limitações da aplicabilidade de um modelo operário. Cad. Saúde Púb. 1994; 10(2): 251-8.
- Mattos UAO, Queiroz A. Mapa de risco. In: Biossegurança: Uma abordagem multidisciplinar. Rio de Janeiro: FIOCRUZ: 111-122, 1996.
- Mattos UAO, Simoni M. Roteiro para construção de mapa de risco. Rio de Janeiro. CESTEH/ FIOCRUZ – COPPE/UFRJ, apost. 17 p., 1993.
- Mattos UAO. Introdução a questão saúde e trabalho. Rio de Janeiro. Apost. 1996. 25 p.
- Oddone I, Marri G, Gloria S, Briante G, Chiattela M, Re A. Ambiente de Trabalho: A luta dos trabalhadores pela saúde. São Paulo: HUCITEC: 53, 1986.
- Santos PR. Estudo do processo de trabalho da enfermagem em hemodinâmica: cargas de trabalho e fatores de riscos à saúde do trabalhador. Rio de Janeiro, Escola Nacional de Saúde Pública, Fundação Oswaldo Cruz (ENSP/FIOCRUZ – Saúde Pública). Dissertação de Mestrado. 141 p. 2001.
- Simoni M. Formação em segurança do trabalho e ergonomia para trabalhadores sindicalizados. In: Anais XII ENEGEP. São Paulo: ABEPRO. 1992.
- Sivieri LH. Saúde no trabalho e mapeamento de riscos. In: Saúde, meio ambiente e condições de trabalho – conteúdos básicos para uma ação sindical. São Paulo: CUT/FUNDACENTRO: 75-111, 1996.

Roteiro de Inspeção de Segurança

4

Marco Fabio Mastroeni

Introdução

O Roteiro de Inspeção de Segurança é uma técnica simples e que pode ser utilizada por qualquer pesquisador ou profissional. Nessa técnica, uma pessoa (ou um grupo de pessoas que se revezam periodicamente) irá inspecionar todos os laboratórios (ou outros ambientes que forem considerados de risco) da instituição, anotando todos os itens potencialmente geradores de risco, como por exemplo, uma lâmpada queimada, um vidro quebrado ou um fio desencapado. O procedimento ideal para ser utilizada a técnica de inspeção de segurança estabelece-se, em geral, após a aplicação do plano de gerenciamento de riscos. Nesse, os riscos existentes e possíveis de ocorrer já devem estar descritos e serem conhecidos por todos os indivíduos que executam suas atividades em determinado laboratório ou serviço de saúde. Junto a esses riscos, encontram-se também descritos os respectivos modos de controle e procedimentos a serem utilizados, caso se tornem acidentes.

Tendo sido os riscos devidamente identificados e controlados em um ambiente de trabalho, o responsável pelo local deve conduzir uma rotina de inspeção de segurança, de modo a monitorar a efetividade desse controle e identificar o surgimento de novos ou previamente não detectados riscos.

Além de requerer pouco tempo para conduzir à inspeção de segurança, essa técnica não demanda a presença de profissionais com maiores titulações para seu desenvolvimento, mas, apenas de trabalhadores que façam parte do ambiente de trabalho no qual será aplicada a técnica e que tenham recebido o treinamento básico em segurança.

Aliado ao fato de proporcionar a identificação e controle dos riscos, a inspeção de segurança visa, também, a olhar pela manutenção dos equipamentos. Atualmente, com o grande número de equipamentos sofisticados e sensíveis que vêm sendo utilizados nas áreas de ciências biológicas e da saúde, atenção especial deve ser fornecida à manutenção, evitando danos por meio da inspeção periódica do seu funcionamento (Furr, 2000).

As inspeções devem ser realizadas periodicamente, de preferência, uma vez ao mês ou a critério da equipe de profissionais responsáveis pela segurança da instituição. É importante que as inspeções não sejam desenvolvidas sempre pelo mesmo profissional, já que, sabidamente, as pessoas tendem a apresentar percepções diferenciadas de riscos, característica que possibilita maior amplitude na identificação dos riscos.

Aplicando a técnica de inspeção de segurança

Para conduzir a técnica de inspeção de segurança, a equipe de profissionais responsável pela segurança da instituição deve, junto a seus colegas, desenvolver uma lista de questões relativas à saúde e segurança dos funcionários. Essas questões compreendem práticas de trabalho, equipamentos de proteção individual e coletiva, estoque e manipulação dos produtos químicos, instalações, descarte e manipulação dos resíduos, ventilação, dentre outras, que irão investigar a existência de riscos em todas as áreas da instituição.

No momento em que a pessoa destacada para aplicar a inspeção de segurança – o investigador – realizar a inspeção, em um ou vários ambientes de trabalho, é fundamental a participação efetiva dos trabalhadores, levantando a existência de algum risco novo ou não percebido pelo próprio investigador. Essa característica é importante devido ao fato de que, muitas vezes, os indivíduos que trabalham em um setor específico conseguem visualizar melhor os riscos existentes naquele ambiente do que uma pessoa que não trabalhe no setor.

Finalmente, cada inspeção deve ser identificada pelo investigador que a conduziu, incluindo data, observação das situações inadequadas e dos riscos novos identificados. Terminada a coleta das informações e conclusão da inspeção, dela devem também constar, os dados da instituição, os dados do investigador e a respectiva assinatura. Todas as informações devem ser apresentadas aos trabalhadores, para que possam estar cientes e atualizados sobre a situação do ambiente em que trabalham e, eventualmente, sugerirem possíveis modificações que possam contribuir para o bom andamento das atividades.

A seguir, é apresentado um modelo de roteiro de inspeção de segurança que pode ser utilizado como exemplo nos vários ambientes de uma instituição, mas é importante salientar que cada ambiente de trabalho, seja um laboratório de pesquisa ou serviço de saúde, deve desenvolver seu próprio roteiro de inspeção de segurança, submetido à análise da comissão de biossegurança, antes de ser apresentado aos funcionários. À medida que as inspeções forem efetuadas, periodicamente o roteiro deverá, necessariamente, passar por atualizações por meio do acréscimo ou retirada de alguns itens, em virtude das constantes modificações efetuadas no ambiente de trabalho.

Roteiro para inspeção de segurança

Ver Tabelas 4.1 a 4.14

Tabela 4.1 – Instalações		
Quesitos	Sim/não	Observações
1. Existe a presença de luz natural no ambiente de trabalho?		
2. A temperatura do ambiente é confortável aos trabalhadores?		
3. Os banheiros são separados por sexo?		

Continua...

Tabela 4.1 – Instalações – continuação

Quesitos	Sim/não	Observações
4. Os vestiários ou banheiros possuem chuveiro quente funcionando?		
5. Existe vestiário para guardar os objetos pessoais dos trabalhadores fora do ambiente de trabalho?		
6. Há um local específico para as refeições?		
7. Os níveis de ruído obedecem à Norma Regulamentadora nº 15 (NR 15) do Ministério do Trabalho e Emprego (MET)?		
8. Existem papel-toalha, sabão e água disponíveis para uso nos banheiros?		
9. A luz solar incide diretamente sobre os equipamentos?		
10. Há ventilação adequada para manter o ar limpo no ambiente de trabalho?		
11. Existe água potável próxima aos trabalhadores?		
12. As portas dos laboratórios são adequadas à necessidade das atividades (a porta abre e fecha com visor)?		
13. As superfícies das bancadas são resistentes a choque mecânico, calor e produtos químicos?		
14. O piso do ambiente de trabalho é de fácil limpeza com mínima porosidade?		
15. Existe proteção contra a entrada de insetos e roedores no ambiente de trabalho?		
16. As escadas (quando houver) apresentam corrimão e sistema antiderrapante nos degraus?		
17. Nos ambientes em que se manipulam organismos geneticamente modificados e organismos contaminados, as pias estão providas com torneiras de acionamento automático?		
18. Há defeitos estruturais nos pisos, escadarias, paredes e telhados?		
19. Os corredores da instituição são adequados para a circulação de pessoas e materiais?		
20. As linhas de serviço (gás, água, vapor, ar etc.) estão identificadas segundo as cores padrões da NR-26 do MET?		
21. Existe espaço para trabalhar com segurança no ambiente de trabalho?		
22. Cada laboratório está equipado com pia para a lavagem das mãos?		
23. Há algum tipo de sistema de isolamento ou proteção no(s) ambiente(s) em que se manipulam produtos radioativos?		
24. As tubulações de vapor são cobertas com material isolante?		
25. As tubulações de ar limpo possuem filtros adequados à atividade?		
26. Existe o símbolo de risco biológico afixado na porta de entrada dos ambientes em que se manipulam agentes infecciosos?		
27. A água para uso geral é de boa qualidade?		
28. Todas as instalações da instituição estão protegidas contra alagamentos?		
29. Nas áreas confinadas (câmara fria, laboratório fotográfico e outras), os sistemas de intercomunicadores estão funcionando de maneira adequada?		
30. Existe sinalização compatível nas áreas de manipulação dos produtos radioativos?		

Tabela 4.2 – Cuidados relacionados com a eletricidade

Quesitos	Sim/não	Observações
1. A iluminação geral é adequada ao ambiente de trabalho?		
2. A instituição conta com gerador e no break caso haja queda de energia elétrica?		
3. A instituição dispõe de um sistema de segurança contra raios?		
4. Existem tomadas para os aparelhos de 110V e 220V?		
5. Há alguma tomada com mais de um aparelho conectado?		
6. Os interruptores de acionamento das luzes estão em locais visíveis e devidamente identificados?		
7. Todos os circuitos dos ambientes de trabalho possuem interruptores para o caso de falha do aterramento?		
8. Existem cabos elétricos dos equipamentos atravessando a área de trabalho?		
9. Há extensões elétricas para o funcionamento dos equipamentos?		

Capítulo 4

Tabela 4.3 – Equipamentos de Proteção Individual (EPIs)

Quesitos	Sim/não	Observações
1. Existem EPIs disponíveis a todos os trabalhadores para os diferentes tipos de atividade desenvolvidos?		
2. Os EPIs são vistoriados periodicamente quanto à sua integridade física?		
3. Os EPIs estão dentro da validade?		
4. Os EPIs disponíveis são considerados confortáveis pelos trabalhadores?		
5. Os jalecos são trocados e higienizados periodicamente?		
6. As máscaras de proteção respiratória são imediatamente descontaminadas após o seu uso?		
7. As máscaras de proteção contra aerossóis e respingos são imediatamente descontaminadas após o seu uso?		
8. Existem diferentes tamanhos de luvas disponíveis para uso?		
9. O jaleco e demais EPIs permanecem sempre dentro do ambiente de trabalho nas ocasiões de saída dos trabalhadores?		
10. Existem luvas especiais para o manuseio dos objetos aquecidos?		

Tabela 4.4 – Equipamentos de Proteção Coletiva (EPCs)

Quesitos	Sim/não	Observações
1. Existe chuveiro de descontaminação próximo ao ambiente de trabalho?		
2. Há lava-olhos no ambiente de trabalho?		
3. A solução dos lava-olhos é trocada periodicamente?		
4. Existe balde de areia ou solução absorvente de soluções químicas dentro do ambiente de trabalho?		
5. As cabines de segurança biológica (CSB) são vistoriadas periodicamente?		
6. É realizado o expurgo do chuveiro de descontaminação semanalmente?		
7. Estão sendo estocados reagentes dentro das cabines de segurança química (CSQ)?		
8. As CSBs são imediatamente desinfetadas após o seu uso?		
9. Estão sendo estocados objetos dentro das CSBs?		
10. Os recipientes coletores de lixo infectante possuem pedal para o acionamento da tampa?		

Tabela 4.5 – Aspectos ergonômicos

Quesitos	Sim/não	Observações
1. Existe carrinho para o transporte de materiais?		
2. As bancadas, mesas, cadeiras e bancos estão na altura e profundidade adequadas para o trabalho segundo a NR-17 do MET?		
3. Há descansos para os pés?		
4. As pias para a lavação dos materiais utilizados apresentam profundidade adequada?		
5. Junto às estantes e armários, existem escadas ou bancos apropriados para uso em caso de se alcançarem objetos nas prateleiras mais altas?		
6. Existem atividades repetitivas e monótonas no ambiente de trabalho?		

Tabela 4.6 – Prevenção de incêndio

Quesitos	Sim/não	Observações
1. A instituição conta com um sistema de alarme de incêndio?		
2. As saídas de emergência estão desobstruídas, sinalizadas e em condições de uso, caso necessário?		
3. Os extintores de incêndio são em número e tipo adequados aos diferentes ambientes de trabalho segundo a NR-23 do MTE?		
4. A instituição possui treinamento de combate e prevenção aos princípios de incêndio periódico?		
5. Os extintores de incêndio situam-se em locais visíveis e sinalizados?		
6. Os extintores de incêndio encontram-se dentro da validade?		
7. O sistema de mangueira de incêndio está em local de fácil acesso e pronto para uso, caso necessário?		
8. Existe um hidrante próximo à instituição?		
9. Os laboratórios possuem luzes de emergência?		
10. As portas dos ambientes de trabalho são dispostas, de modo a abrirem de dentro para fora?		

Tabela 4.7 – Manuseio e descarte de resíduos

Quesitos	Sim/não	Observações
1. Os resíduos infectantes são descartados em sacos plásticos resistentes, com coloração branco leitosa e sinalizados com o símbolo de risco biológico?		
2. Os resíduos químicos são neutralizados antes de serem descartados?		
3. Os diferentes tipos de resíduo são manipulados com EPIs adequados?		
4. A instituição possui um plano de gerenciamento de resíduos?		
5. Os trabalhadores são atualizados periodicamente quanto ao descarte dos diferentes tipos de resíduo?		
6. Existe um local apropriado para o armazenamento temporário dos resíduos químicos fora do ambiente de trabalho?		
7. O serviço de terceiros responsável pela coleta do lixo infectante efetua a coleta e descarte do material de acordo com as normas sanitárias vigentes?		
8. Existe um local diferenciado e devidamente sinalizado para o armazenamento temporário do resíduo infectante?		
9. A coleta do lixo comum é realizada diariamente?		
10. Existem recipientes seguros para o descarte dos vidros quebrados?		
11. Culturas, colônias e demais resíduos similares são devidamente descontaminados, antes de serem descartados?		
12. Os materiais enviados para a descontaminação fora da instituição são embalados de acordo com as normas municipais, estaduais e federais, antes de serem removidos?		

Tabela 4.8 – Serviços

Quesitos	Sim/não	Observações
1. Existe material de primeiros socorros disponível e em local de fácil acesso aos trabalhadores?		
2. Há serviço de alimentação próximo à instituição?		
3. Existe transporte público próximo à instituição?		
4. A instituição mantém horário de trabalho compatível com o do transporte público?		
5. Existe equipe de manutenção disponível na instituição?		

Capítulo 4

Tabela 4.9 – Limpeza e condições sanitárias

Quesitos	Sim/não	Observações
1. Os banheiros são limpos e desinfetados diariamente?		
2. O piso dos ambientes de trabalho é limpo diariamente?		
3. As tampas do sistema de esgoto estão devidamente lacradas, sendo capazes de impedir a saída de insetos e roedores?		
4. As janelas são limpas periodicamente?		
5. Existe a permanência de objetos sujos na pia por mais de um dia?		
6. Os recipientes coletores de lixo são higienizados periodicamente?		
7. O sistema de filtros do condicionamento de ar é higienizado periodicamente?		
8. A descontaminação das superfícies das bancadas e das áreas de trabalho é realizada diariamente?		
9. No fluxo de trabalho, existe o cruzamento de materiais limpos e sujos?		
10. O sistema de filtros dos bebedouros é trocado periodicamente?		
11. É feita a higienização das caixas de água a cada seis meses?		

Tabela 4.10 – Armazenamento e estoque de produtos

Quesitos	Sim/não	Observações
1. Dentro do ambiente de trabalho, são armazenadas quantidades superiores a 2kg de cada produto?		
2. Existe o armazenamento de algum cilindro de gás próximo aos cilindros que estão sendo utilizados?		
3. A central de gás está localizada fora do ambiente de trabalho e protegida pelas ações do tempo?		
4. Os cilindros de gás estão dispostos verticalmente e presos por correntes junto à parede?		
5. Os cilindros de gás são estocados de acordo com a compatibilidade?		
6. As tampas de proteção dos cilindros de gás são utilizadas quando eles não estão em uso ou quando estão sendo transportados?		
7. Os produtos químicos são armazenados em ambiente escuro e fresco, e protegidos da ação dos insetos e roedores?		
8. Os produtos químicos são estocados de acordo com a compatibilidade química?		
9. Nos locais de armazenamento e estoque de produtos químicos e gases, o sistema de exaustão emana o ar exaurido a uma distância segura do ambiente de trabalho?		
10. Nos locais de armazenamento e estoque de produtos químicos e gases, existe sistema de exaustão de emergência, caso o principal pare de funcionar?		
11. Todos os produtos estão devidamente rotulados contendo dados de validade, periculosidade, precauções e fonte?		
12. Os produtos corrosivos e inflamáveis são armazenados e estocados na parte inferior da estante (abaixo do nível dos olhos)?		
13. Os produtos inflamáveis são armazenados e estocados de forma a estarem protegidos de fontes de ignição?		
14. O profissional responsável pelo estoque dos produtos químicos e gases possui treinamento adequado para o desenvolvimento da atividade?		
15. Novos reagentes desenvolvidos no dia a dia são devidamente rotulados de acordo com a sua periculosidade?		
16. O material armazenado no freezer está rotulado com data, tipo de material e responsável?		
17. O rótulo das embalagens armazenadas no freezer encontra-se protegido da ação da umidade, de modo que permaneçam constantemente afixados?		

Continua...

Tabela 4.10 – Armazenamento e estoque de produtos – continuação

Quesitos	Sim/não	Observações
18. O material infectante está separado dos outros materiais armazenados na geladeira e no freezer?		
19. As prateleiras e estantes possuem proteção frontal contra eventuais quedas dos produtos armazenados?		
20. Nos locais de armazenamento e estoque de materiais, existe o acúmulo de lixo, de materiais indesejáveis e de objetos que possa acarretar o perigo de tropeço, de incêndio ou de abrigo a roedores e insetos?		
21. Os locais de armazenamento e estoque de produtos químicos são equipados com plugues e lâmpadas antiexplosão segundo a NR 10 do MET?		
22. Existe armazenamento de materiais radioativos em armários, geladeiras e freezers sem a devida licença liberada pelo CNEN?		

Tabela 4.11 – Segurança

Quesitos	Sim/não	Observações
1. Existe livre acesso de pessoas estranhas (não autorizadas) nos diferentes setores?		
2. O segurança noturno possui treinamento adequado para lidar em situações de emergência na área da saúde?		
3. Cada setor ou laboratório possui, visivelmente anexado à porta de entrada, um telefone de emergência e dados do responsável para os casos de emergência?		
4. É realizado o monitoramento periódico da radiação nos setores ou laboratórios que manipulam produtos radioativos?		
5. Existe algum dano físico nas instalações elétricas que possa acarretar perigo de incêndio?		
6. Há o mapa de riscos afixado em cada ambiente de trabalho?		
7. Os visitantes recebem algum tipo de orientação, antes de entrarem nas dependências restritas?		
8. Os trabalhadores que manipulam produtos radioativos possuem treinamento adequado?		
9. Os trabalhadores fazem uso de capa e dosímetro, quando manipulam os produtos radioativos?		

Tabela 4.12 – Saúde

Quesitos	Sim/não	Observações
1. O monitoramento da imunização dos trabalhadores é realizado periodicamente?		
2. As mulheres em idade fértil estão cientes das consequências de trabalho com determinados organismos bem como substâncias carcinogênicas e teratogênicas?		
3. A instituição conta com ambulatório médico ou profissional qualificado e disponível para atendimento em caso de emergência?		
4. Existe o registro das doenças e eventuais acidentes de trabalho?		
5. As mulheres continuam trabalhando na mesma função de risco, após comunicarem estar no período gestacional?		
6. O material de primeiros socorros encontra-se em local visível e de fácil acesso?		
7. Existe algum trabalhador desenvolvendo atividades normais de trabalho e que apresente lesão na pele?		

Capítulo 4

Tabela 4.13 – Equipamentos

Quesitos	Sim/não	Observações
1. Os refrigeradores que estocam produtos químicos são específicos para tal atividade?		
2. As centrífugas são higienizadas após o uso de material infectante?		
3. As autoclaves passam por controle periódico de esterilização?		
4. As balanças estão em local fresco, protegidas da vibração e passagens de ar?		
5. Os refrigeradores e freezers possuem o sistema de degelo controlado periodicamente?		
6. Os equipamentos que geram radiações são seguros à manipulação?		
7. Existem equipamentos ou instrumentos sendo utilizados em condições precárias?		
8. As mangueiras dos microincineradores e bicos de Bunsen estão em adequadas condições de uso?		
9. As amostras são dispostas de maneira balanceada nos rotores das centrífugas, antes de serem processadas?		
10. A água contida no banho-maria é trocada periodicamente?		
11. Os equipamentos elétricos possuem aterramento conectado?		
12. Existe um registro diário de uso dos equipamentos?		
13. Os microscópios e seus componentes são higienizados após cada utilização?		
14. Os ambientes de trabalho que apresentam freezers, refrigeradores, autoclaves, fornos para esterilização e demais equipamentos que geram calor possuem adequado sistema de exaustão?		
15. Os profissionais da área clínica estão utilizando equipamentos tecnologicamente compatíveis com a demanda?		

Tabela 4.14 – Boas práticas de laboratório

Quesitos	Sim/não	Observações
1. São observados hábitos de fumar, de beber ou de se alimentar no local de trabalho?		
2. Comida e bebida são estocadas dentro do laboratório?		
3. Os procedimentos de pipetagem são efetuados com o auxílio de peras e pipetadores automáticos?		
4. Os produtos químicos perigosos e nocivos à saúde são manipulados na CSQ?		
5. Todos os trabalhadores fazem uso de calçados fechados e confortáveis para trabalho?		
6. Os equipamentos de proteção individual são de uso rotineiro dos trabalhadores e adequados a cada atividade desenvolvida?		
7. Os objetos perfurocortantes são descartados em recipiente apropriado imediatamente após o seu uso?		
8. Os profissionais que trabalham com luvas possuem as unhas sempre cortadas?		
9. Após a utilização de pipetas, ponteiras e demais artigos de trabalho em contato com sangue, eles são mantidos em desinfetante, antes de serem esterilizados?		
10. Existe o hábito de pipetar com a boca?		
11. As pias para a lavação dos materiais apresentam protetor contra choque mecânico em seu interior?		
12. Os trabalhadores apresentam o hábito de lavar as mãos várias vezes ao dia?		
13. Existe o hábito de algum profissional trabalhar sozinho no período noturno?		
14. Novos estagiários, bolsistas ou funcionários recebem treinamento, antes de iniciarem as atividades de trabalho?		
15. Os objetos de vidro trincados ou lascados estão sendo inutilizados?		
16. Há um manual de biossegurança e materiais educativos relacionados disponíveis na instituição?		
17. Existe o hábito de atendimento do telefone calçando luvas?		
18. Existe o hábito de utilizar assessórios sob as luvas, como anéis, pulseiras e relógios?		
19. Há plantas decorando os laboratórios de saúde?		
20. Existe um registro diário de uso dos produtos químicos?		

Considerações finais

A elaboração de um Roteiro de Inspeção de Segurança é uma ferramenta de extrema valia para o gerenciamento de riscos de acidentes nos mais diversificados tipos de ambientes. Quando bem aplicada, possibilita a identificação rápida de possíveis acidentes capazes de gerar sérias consequências aos indivíduos que ali atuam. A característica dessa técnica está baseada na facilidade de sua elaboração, não necessitando de pessoas com elevado grau de conhecimento em segurança, o que a coloca também como um instrumento de aprendizagem e interação entre os funcionários.

Bibliografia consultada

- BRASIL. (2020a). Norma Regulamentadora no 10 (NR 10). Instalações e serviços em eletricidade. Ministério do Trabalho e Previdência. Disponível em: https://www.gov.br/trabalho-e-previdencia/pt-br/composicao/orgaos-especificos/secretaria-de-trabalho/inspecao/seguranca-e--saude-no-trabalho/ctpp-nrs/norma-regulamentadora-no-10-nr-10.
- BRASIL. (2020b). Norma Regulamentadora no 15 (NR 15). Atividades e operações insalubres. Ministério do Trabalho e Previdência. Disponível em: https://www.gov.br/trabalho-e-previdencia/pt-br/composicao/orgaos-especificos/secretaria-de-trabalho/inspecao/seguranca-e-saude-no-trabalho/ctpp-nrs/norma-regulamentadora-no-15-nr-15.
- BRASIL. (2020c). Norma Regulamentadora no 17 (NR 17). Ergonomia. Ministério do Trabalho e Previdência. Disponível em: https://www.gov.br/trabalho-e-previdencia/pt-br/composicao/orgaos-especificos/secretaria-de-trabalho/inspecao/seguranca-e-saude-no-trabalho/ctpp-nrs/norma-regulamentadora-no-17-nr-17.
- BRASIL. (2020d). Norma Regulamentadora no 23 (NR 23). Proteção contra incêndios. Ministério do Trabalho e Previdência. Disponível em: https://www.gov.br/trabalho-e-previdencia/pt-br/composicao/orgaos-especificos/secretaria-de-trabalho/inspecao/seguranca-e-saude-no-trabalho/ctpp-nrs/norma-regulamentadora-no-23-nr-23.
- BRASIL. (2020e). Norma Regulamentadora no 26 (NR 26). Sinalização de segurança. Ministério do Trabalho e Previdência. Disponível em: https://www.gov.br/trabalho-e-previdencia/pt-br/composicao/orgaos-especificos/secretaria-de-trabalho/inspecao/seguranca-e--saude-no-trabalho/ctpp-nrs/norma-regulamentadora-no-26-nr-26.
- CDC. (2020). Biosafety in microbiological and biomedical laboratories. Centers for Disease Control and Prevention. U.S. Department of Health and Human Services. National Institute of Health. (6th ed.).
- Furr, A. K. (2000). CRC Handbook of Laboratory Safety (5th ed.): CRC Press.
- MSU. (2018). Bloodborne Pathogens Exposure Control Plan. Michigan Statte University (MSU) Occupational Health/University Physician's Office. Environmental Health & Safety (EHS). Disponível em: https://www.osha.gov/sites/default/files/publications/osha3186.pdf. Lansing,MI.
- UCL. (2020). Biosafety Manual. University of California (UCL) Environmental Health & Safety. Biosafety Officer. Disponível em: https://ehs.uci.edu/programs/_pdf/biosafety/biosafety-manual.pdf.
- WHO. (2020). Laboratory biosafety manual. World Health Organization. Disponível em: https://www.who.int/publications/i/item/9789240011311 (4th ed.).

Riscos Físicos

Meuris Gurgel Carlos da Silva
Ângela Mitsuyo Hayashi

Introdução

As atividades desenvolvidas em laboratórios e serviços de saúde, na sua maioria, envolvem riscos físicos, em decorrência da presença de agentes físicos no ambiente laboral.

Definem-se agentes físicos como aqueles que apresentam um intercâmbio brusco de energia com o ambiente em quantidade superior àquela que o organismo é capaz de suportar, levando-o a uma doença profissional.

A legislação responsável pelas definições e direitos dos indivíduos à segurança e higiene do trabalho é garantida pela Lei nº 6.514, de 22 de dezembro de 1977, do Capítulo V, Título II da Consolidação das Leis do Trabalho (CLT), regulamentada pela Portaria nº 3.214, de 8 de junho de 1978, do Ministério do Trabalho, por meio de suas normas regulamentadoras (NRs) e conjunto de textos suplementares. No caso de agentes físicos, têm-se a NR-9 e a NR-15 em seus anexos 1 a 10.

Conforme a NR-9, são considerados agentes físicos os seguintes:

– Temperaturas extremas:
  - Calor intenso.
  - Frio intenso.
– Radiações:
  - Ionizantes.
  - Não ionizantes.
– Ruídos.
– Vibrações:
  - Localizadas.
  - Corpo inteiro.
– Pressões anormais.
– Iluminação.
– Umidade.

Considerando o tipo de atividade e equipamentos mais usuais em laboratórios e serviços de saúde, verifica-se que os agentes físicos mais frequentes são a temperatura extrema, especificamente o calor, as radiações ionizantes e não ionizantes, o ruído e a iluminação, sendo essa última não diretamente ligada a uma operação específica, mas por estar relacionada com todas as atividades de trabalho.

A diversidade e a potencialidade dos riscos físicos, bem como, ainda, a descoberta de doenças profissionais vêm estimulando estudos que têm como objetivo, não somente o controle desses riscos, mas também, a sua prevenção, por meio da elaboração de programas de segurança eficientes, dinâmicos e integrados, cuja principal missão visa à eliminação ou redução dos riscos. O sucesso desses programas depende fundamentalmente do envolvimento de todos, em que cada indivíduo é responsável pelo cumprimento e por fazer cumprir as exigências deles. Aliado a isso, é necessária a participação da direção da empresa mediante apoio constante e decidido na política de segurança, e garantindo recursos adequados.

Riscos físicos principais em Laboratórios e Serviços de Saúde

A análise dos riscos físicos presentes em atividades de laboratório e serviços de saúde, à semelhança dos outros riscos, é feita considerando duas ações principais: investigação e análise ambiental fundamentada em três conceitos básicos; quais sejam, identificar ou reconhecer, avaliar e controlar os riscos, visando à sua eliminação ou redução.

Temperaturas extremas – calor

São temperaturas sob as quais o indivíduo não se sente bem. A sensação de calor ou frio deve ser colocada na forma normalizada, para servir de parâmetro no confronto entre lei – ambiente laboral, indivíduo. No caso das atividades de laboratório e de serviços de saúde, observa-se que o risco mais frequente de temperaturas extremas está relacionado com o calor.

Com isso, verifica-se a necessidade de conhecer como se processa o intercâmbio entre esses três elementos, conhecer seus efeitos e determinar como quantificar e controlar tal relação. Existem, ainda, fatores e condições que podem influenciar a intensidade e rigor, quando da exposição a tal risco, como clima, tipo de trabalho, parâmetros ambientais (temperatura, umidade relativa e velocidade do ar) e características específicas do ambiente de trabalho.

O calor é uma fonte de energia que pode ser transmitida de um corpo a outro por meio de mecanismos de trocas térmicas do organismo com o ambiente. Esses mecanismos são a condução, a convecção, a radiação e, ainda, a evaporação.

A transmissão de calor por condução ocorre por contato direto entre dois corpos em temperaturas diferentes, indo o fluxo de calor daquele de maior temperatura para o de menor temperatura. Essa transmissão é nula, quando as temperaturas se igualam.

Na convecção, a transferência de calor ocorre por meio de massas de ar que se aquecem, diminuindo sua densidade, provocando a ascensão dessas massas continuamente até o equilíbrio no meio, sendo o aquecimento do ar em decorrência do contato desse com um corpo em temperatura mais elevada. Quando o corpo está em uma temperatura mais baixa que a massa de ar, essa transferência de calor se inverte.

Na radiação, a transferência de calor ocorre por emissão de radiação infravermelha, do corpo com maior para o de menor temperatura. Tal fenômeno pode ocorrer por meio do ar e do vácuo, ou seja, mesmo não havendo um meio de propagação entre eles. Nesse mecanismo, o calor transmitido é denominado calor radiante.

Quando um líquido envolvendo um sólido a determinada temperatura se transforma em vapor e esse passa para o meio, o fenômeno é denominado evaporação, e depende da quantidade de vapor já existente no meio e da velocidade do ar na superfície do sólido, para definir o mecanismo. No caso dos indivíduos, esse fenômeno ocorre por meio da sudorese e seborreia da superfície da pele.

Identificação do risco

Em laboratórios e serviços de saúde, o calor é largamente utilizado nas operações de limpeza, desinfecção e esterilização dos materiais e áreas laborais, no preparo de soluções especiais em laboratórios empregando sistema de aquecimento, como os trocadores de calor. É usado, também, como medida terapêutica em incubadoras e em equipamentos empregados em técnicas cirúrgicas, dentre outras.

A exposição ao calor em quantidade e/ou tempo excessivo, denominada sobrecarga térmica, pode provocar diversos efeitos nos indivíduos por meio de mecanismo de reações que interferem na vasodilatação periférica e na sudorese. Dentre esses efeitos, destacam-se:

– *Golpes de calor:* ocorrem durante a realização de atividades pesadas em ambientes quentes. Se a fonte de calor for o sol, denomina-se insolação. Os sintomas são o colapso, convulsões, delírios, alucinações e coma sem aviso prévio.

– *Prostração térmica por queda do teor de água (desidratação):* esse efeito ocorre pela eliminação de água que não é reposta adequadamente no consumo de líquidos. Os sintomas manifestados são o aumento da pulsação e da temperatura do corpo.

– *Prostração térmica pelo decréscimo do teor de sal:* ocorre pela perda excessiva de cloreto de sódio durante a sudorese, sem que haja reposição desse durante o consumo de água. Tal efeito é detectado com sintomas de fadiga, náusea, tontura, vômito e câimbra muscular.

Além desses efeitos, a sobrecarga térmica pode provocar a fadiga temporária, algumas enfermidades das glândulas sudoríparas, edemas ou inchaços das extremidades, catarata, problemas cardiovasculares, dentre outros, levando à diminuição da capacidade de trabalho e expondo o indivíduo a maior condição de risco ou fator pessoal de insegurança.

Avaliação do risco

O calor associado ao conforto térmico ambiental é de difícil avaliação devido à multiplicidade de fatores ambientais e individuais que influem na sensação térmica. Esses fatores são:

– *Temperatura do ar:* avalia a defasagem positiva ou negativa da troca térmica por condução/convecção entre o organismo, mais especificamente a pele, e o ambiente.

– *Umidade relativa do ar:* avalia a perda por evaporação. Vale salientar que, quanto maior a umidade relativa do ar, menor a perda de calor por evaporação; sabe-se que em um ambiente com 0% de umidade, o organismo pode, teoricamente, perder 600 kcal/h.

– *Velocidade do ar:* é relacionada com a troca térmica por condução/convecção entre o indivíduo e o meio, bem como ainda, à perda por evaporação. No primeiro caso, um aumento na velocidade do ar acelera a troca de camadas de ar próximas ao corpo, aumentando o fluxo de calor entre esse e o ar. No segundo caso, o aumento da velocidade do ar facilita a perda de calor por evaporação. Devido às limitações fisiológicas, a taxa de evaporação não se eleva indefinidamente.

– *Calor radiante:* na existência de fontes emissoras de radiação, o organismo ganha calor por radiação, o que contribui para um aumento de sobrecarga térmica. Porém, mesmo na inexistência de fonte de calor radiante o próprio organismo humano pode perder calor por radiação.

– *Tipo de atividade:* avalia o calor produzido pelo metabolismo em função da atividade física exercida; ele é um fator relevante na quantificação da sobrecarga térmica.

Na avaliação dos cinco fatores, os quatro primeiros podem ser medidos por aparelhos e/ou instrumentos específicos, e o último pode ser estimado usando tabelas que indicam os valores relativos aos tipos de atividade executada. Pela legislação, deve ser adotada a constante na NR-15 – Anexo 3, Quadro 3. Esses cinco fatores influenciam as condições de exposição ao calor, cujo resultado fornece o índice de sobrecarga térmica (IST), utilizado para avaliar as condições limitantes de exposição ao calor do indivíduo na sua atividade laboral.

Controle de risco

Existem dois modos de atuação para controle e exposição ao risco: a primeira relacionada ao ambiente; a segunda, ao pessoal envolvido.

Em geral, recomendam-se, como medidas no ambiente, as apresentadas na Tabela 5.1, as quais influem diretamente na redução dos fatores responsáveis pelo IST.

As medidas relativas ao indivíduo devem visar à minimização da sobrecarga térmica e à preservação da sua saúde, recomendando-se a realização de exames médicos periódicos, aclimatização, ingestão de água e sal, limitação de exposição, equipamento de proteção individual (EPI) bem como educação e treinamento.

Radiações

As radiações são formas de energia emitidas que se transmite pelo espaço como ondas ou, em alguns casos, possuem comportamento corpuscular. Quando o indivíduo é submetido a ambiente com a presença de radiação acima das condições permitidas, podem ocorrer diferentes tipos de lesões e consequências graves ou irreversíveis pela sua absorção no organismo humano. Esse processo de absorção pode provocar dois efeitos: ionização e excitação.

O efeito de ionização ocorre quando a radiação atinge um átomo dividindo-o em duas partes eletricamente carregadas, chamadas de par iônico. Esse efeito é de predominância nas radiações ionizantes.

Tabela 5.1 – Medidas para a redução da intensidade de calor		
Medidas de controle	*Fatores alterados*	*Mecanismo de troca de calor*
• Isolamento das superfícies quentes com materiais isolantes • Insuflamento de ar no ambiente • Aumento da circulação de ar • Exaustão de vapores de água	• Temperatura • Velocidade do ar • Umidade do ar	• Condução • Convecção
• Utilização de anteparos refletores • Uso de barreiras absorvedoras de radiação infravermelha localizadas entre a fonte e o trabalhador	• Calor radiante	• Calor emitido por radiação
• Automatização de tarefas e redução do de atividade no ambiente de risco	• • Metabolismo	• Perda por metabolismo

O efeito de excitação ocorre, quando a radiação que atinge o átomo não possui energia suficiente para dividi-lo, ocorrendo apenas a excitação desse, o que provoca um aumento de energia interna. Tal efeito decorre de radiações não ionizantes.

É importante destacar que, a partir do conhecimento do fenômeno, torna-se possível reconhecer, avaliar e propor métodos de detecção e critérios quantitativos, de modo a controlar os riscos de radiação no ambiente de trabalho.

Existem diversos grupos de radiações que podem apresentar outros efeitos com características específicas. Contudo, as radiações ionizantes e não ionizantes, pela sua intensidade e maior ocorrência nas atividades desenvolvidas em laboratórios e serviços de saúde, são estudadas separadamente.

Radiações ionizantes

Essas radiações podem apresentar natureza corpuscular ou eletromagnética. Destacam-se, dentre as primeiras, os raios alfa (α) e beta (β), bem como os nêutrons, e na segunda têm-se os raios X, gama (γ) e aceleradores lineares. Os efeitos provocados no indivíduo submetido a radiações em condições inadequadas podem ocorrer de duas maneiras. A primeira, que produz lesões nas células germinativas, cujas alterações são transmitidas aos seus descendentes, é dita radiação de efeito hereditário. Na segunda, as lesões produzidas ocorrem exclusivamente nas células do indivíduo e não têm natureza hereditária; nesse caso, é chamada de radiação de efeito somático; os efeitos podem ser divididos em agudos e subcrônicos.

Identificação do risco

As radiações ionizantes podem ocorrer por meio de fonte natural ou artificial. Na forma natural, podem-se destacar vários elementos radioativos na crosta terrestre, como o urânio-238, tório-232, carbono-14, dentre outros. As radiações ionizantes artificiais são produzidas pelo homem a partir de elementos e tecnologias específicos. O objetivo dessa produção é atender às necessidades das atividades profissionais que utilizam materiais e equipamentos que emitem radiação ionizante, mais especificamente em serviço de saúde que apresenta uso intensivo em algumas áreas, como o radiodiagnóstico, a radioterapia e em outras que fazem uso de equipamentos de diagnóstico e de imagens médicas em tempo real, como nos centros cirúrgicos e de terapia intensiva.

Na atividade de radiodiagnóstico, os riscos são aumentados pelo uso exagerado ou desnecessário de equipamentos de raios X médico e dentário no diagnóstico de pacientes, e ainda pela manutenção inadequada dos equipamentos e de treinamento precário recebido pelos operadores ou, até mesmo, a falta de treinamento, que põe em risco não somente o indivíduo, mas também, o paciente que pode estar recebendo radiação em quantidade ou intensidade acima do limite de tolerância permitido.

Os principais tipos de radiodiagnóstico são as radiografias convencionais, que utilizam aparelhos fixos ou portáteis, a fluoroscopia, que produz imagens em tempo real, as escopias com intensificadores de imagem, os exames odontológicos e a tomografia computadorizada.

A radioterapia faz uso de equipamentos geradores de ondas eletromagnéticas e, em alguns casos, de substâncias radioativas, cujo tratamento visa à destruição das células nocivas ao organismo humano. A fonte emissora de radiação nessas operações pode estar localizada a certa distância do indivíduo, diretamente em contato ou, ainda, ter sido introduzida no paciente por meio de pequena cirurgia. A braquiterapia, a terapia de contato, a intracavitária, a intersticial, a teleterapia, dentre outras, são exemplos de radioterapia e que apresentam potencial de risco devido à utilização de fontes de radiação ionizante.

Na área de medicina nuclear, são utilizados materiais radioativos na forma líquida ou de gás, como radioisótopos e radiofarmacêuticos para injeção no paciente, cuja absorção pelos órgãos leva à emissão de radiação, que pode ser detectada e localizada, além de produzir imagens desses órgãos e suas estruturas. As informações obtidas em tal processo permitem o diagnóstico de doenças. Para a minimização dos riscos da radiação, são necessários o controle da carga radioativa no paciente e, ainda, o treinamento dos indivíduos envolvidos na manipulação de tais materiais, sua aplicação no paciente e no controle do resíduo gerado.

Avaliação do risco

Na avaliação da radiação, é importante determinar o método e a aparelhagem de medida adequados, considerando fatores, como o objetivo da avaliação, tipo de radiação, quem e o que serão avaliados, condições de exposição e outros aspectos inerentes à condição do ambiente e do pessoal.

Existem diferentes tipos e grupos de equipamentos, cujo princípio de funcionamento se baseia na capacidade ionizante das partículas, destacando-se, dentre os grupos, os detectores de campo e os detectores pessoais. Os de campo são usados na detecção e medida das radiações ionizantes em ambiente de trabalho bem como em qualquer objeto ou roupa que tenham ficado expostos à radiação. Os detectores pessoais são de uso obrigatório por indivíduos que realizam atividades que implicam a presença de fonte de radiação; têm a função de medir e quantificar a dose de radiação acumulada pelo indivíduo,

devendo ser fixados na roupa do indivíduo junto às partes do corpo mais expostas à radiação. Alguns desses equipamentos de medidas possuem sistemas de alerta com alarmes programados para acionarem em condições específicas de riscos.

Além dos equipamentos, são necessárias a certificação e a qualificação dos profissionais pela Comissão Nacional de Energia Nuclear – CNEN, para atuarem na supervisão da aplicação das medidas de radioproteção dos serviços que envolvem fontes de radiação.

No processo de avaliação e quantificação da radiação, são utilizados parâmetros de medidas relacionados com o que se necessita quantificar. As principais unidades são definidas como:

- *Curie (Ci):* unidade de medida de uma fonte radioativa que corresponde ao número de desintegrações ocorridas em qualquer material radioativo por unidade de tempo.

- *Roentgen (R):* unidade que mede a radiação emitida pela fonte, sendo, na prática, usual quantificar a taxa de exposição que relaciona a exposição por unidade de tempo.

- *Rad:* unidade de dose absorvida, definida como a quantidade de energia absorvida por unidade de massa. A exposição de um paciente é medida em termos da dose de radiação absorvida, no caso o rad.

- *Rem:* unidade de medida da dose recebida, denominada dose equivalente, que considera o efeito biológico da radiação absorvida pelo organismo. Essa medida indica uma magnitude da lesão biológica causada pela absorção de radiação.

Para a avaliação, medida e adequação das condições seguras no ambiente de trabalho e sua consonância com a legislação vigente, recomenda-se a utilização das normas técnicas gerais de radioproteção, referidas pela Resolução nº 6, de 21 de dezembro de 1988, as quais se aplicam a todas as pessoas – físicas e jurídicas, públicas e privadas – exercendo atividades no campo da saúde e que envolva instalações radioativas no Brasil.

Controle do risco

A existência de riscos físicos, cuja ação nociva às atividades humanas não pode ser totalmente eliminada, fez surgir a necessidade de desenvolver planos de segurança específicos, visando ao controle desse risco, como é o caso da radioproteção. Tal conceito tem por objetivo principal assegurar que os níveis de radiações ionizantes em ambientes de trabalho sejam aceitáveis, com o mínimo de risco à saúde e bem-estar dos indivíduos expostos.

Essas diretrizes são baseadas em normas, as quais se encontram relacionadas na Tabela 5.2, sobre as diretrizes básicas para um plano de radioproteção.

Existem muitas medidas de controle que podem ser adotadas, visando à redução dos níveis de exposição ou a sua total eliminação tanto no ambiente como nos indivíduos. Alguns exemplos de medidas em atividades com a presença de fonte radioativa efetiva e usual são:

– Redução do tempo de exposição à fonte geradora de radiação.

– Blindagem do espaço físico por meio de materiais que absorvem a radiação.

– Aumento da distância segura com relação à fonte geradora de radiação.

– Sistemas com alarmes sonoros e visuais de controle de operação, liga e desliga, automatizados que garantam a condição de segurança.

– Sinalização no acesso e nas áreas que realizem atividades com a presença de radiação.

– Treinamento dos indivíduos envolvidos nessas atividades, relacionado com a operação, manipulação dos materiais radioativos bem como realização de cursos sobre normas e procedimentos de segurança, visando às suas aplicações e supervisão no ambiente e pessoal envolvido.

– Utilização de EPIs.

– Utilização de detectores de radiação individual e no ambiente para a avaliação dos níveis de exposição.

Radiações não ionizantes

As radiações não ionizantes, como já reportado, ocorrem pela excitação dos átomos do material. Na sua forma mais

Tabela 5.2 – Diretrizes básicas para um plano de radioproteção	
Especificação	*Conteúdo*
CNEN-NE 3.01	Diretrizes básicas de radioproteção
CNEN-NE 3.02	Serviços de radioproteção
CNEN-NE 3.03	Certificação da qualificação e supervisores de radioproteção
CNEN-NE 3.05	Requisitos de radioproteção e segurança para os serviços de medicina nuclear
CNEN-NE 5.01	Transporte de materiais radioativos
CNEN-NE 6.02	Licenciamento de instalações radioativas
CNEN-NE 6.04	Funcionamento de serviços de radiografia industrial
CNEN-NE 6.05	Rejeitos de serviços de radioativos em instalações radioativas

Fonte: Centro de Informações Nucleares da Comissão Nacional de Energia Nuclear – CNEN.

simples, essa radiação decorre de um campo eletromagnético vibratório. Os efeitos produzidos pela exposição acima do limite permitido podem provocar graves lesões e doenças ocupacionais. Os principais tipos dessa radiação são as radiofrequências, ultravioleta, infravermelhos, *laser* e micro-ondas, além das radiações na faixa do visível. É importante destacar que, com exceção da parte visível do espectro, todas as outras radiações são invisíveis.

Identificação do risco

As radiações não ionizantes podem ser transmitidas não somente por meios materiais, como o ar, mas, também, através do vácuo. Neste tópico, são comentados os tipos mais usuais de radiação presentes nas atividades de laboratórios e serviços de saúde, como, as radiações infravermelha, ultravioleta e a *laser*.

- *Infravermelhas*: emitida por corpos que se encontram em temperaturas mais altas do que a do ambiente onde está localizada. É conhecida como calor radiante, e seu principal efeito no organismo humano é térmico, que pode provocar queimaduras, cataratas e até lesões na retina. Nas atividades e ambiente de serviços de saúde, é utilizada em fisioterapia e em alguns sistemas de aquecimento ambiental.

- *Ultravioleta*: ocorre em uma faixa de espectro eletromagnético aproximadamente de 400 nm a 10 nm, e seus efeitos são característicos para várias subfaixas do espectro, ou seja, luz negra (400-350 nm), eritemática (350-270 nm), germicida (270-230 nm), ozona (230-150 nm) e ação sobre os sistemas moleculares (150-100 nm). Dessas faixas, as que apresentam maiores riscos são a eritemática e a germicida, usadas no processo de esterilização e com efeitos bactericida e germicida. Em caso de

exposição excessiva, podem ocorrer queimaduras e, em algumas condições, quadro de conjuntivite.

- *Laser*: emitida exclusivamente com um único comprimento de onda, no qual a radiação é altamente concentrada com dispersão insignificante, sendo emitida em uma direção. Os equipamentos podem ser construídos para emitir a radiação dentro da faixa do infravermelho visível ou ultravioleta. Nas atividades de saúde e laboratoriais, pode ser usado em procedimentos cirúrgicos, em destruição de tumores e cauterizações, bem como em equipamentos analíticos. A radiação *laser* pode afetar os olhos e provocar queimaduras na pele mesmo a baixa potência e, mesmo em frações de segundos, uma exposição inadequada pode causar lesão grave e permanente.

Avaliação do risco

A avaliação relativa à radiação infravermelha adota o mesmo critério e metodologia empregado para a avaliação do calor, visto que seus efeitos e consequências são em decorrência do calor radiante. Nesse caso, os limites de tolerância são os mesmos apresentados na NR-15 da Portaria nº 3.214.

No caso da radiação ultravioleta, a avaliação é feita por meio de equipamentos dos tipos células fotoelétrica, fotocondutiva, fotovoltaica, dentre outros. Na medição, devem ser adotados cuidados específicos com a presença de materiais que possam absorver a radiação, como o ozônio ou vapor de mercúrio, ou que possam interferir na transmissão da luz ultravioleta. Os limites de tolerância recomendados não são adequadamente estabelecidos devido à complexidade da sua avaliação, mas, em geral, são adotados valores recomendados pela American Conference of Governmental Industry Hygienists (ACGIH).

Para a radiação laser, em função do seu elevado risco e diversidade recomenda-se que tanto os equipamentos como a avaliação sejam realizados exclusivamente por especialistas.

Controle do risco

Os modos de atuação de controle são similares às dos demais riscos físicos, ou seja, no ambiente e no pessoal envolvido.

Assim como na avaliação do risco, no caso da radiação infravermelha as medidas de prevenção e controle devem ser similares às adotadas para as temperaturas extremas de calor devido à semelhança dos seus efeitos.

Na radiação ultravioleta (UV), devem-se utilizar barreiras que possam eliminar a reflexão no ambiente e absorção direta pelo indivíduo. Essas barreiras podem ser construídas de materiais simples, como chapas metálicas, tecidos opacos etc. No indivíduo, devem-se usar EPIs, que protegem contra a radiação direta sobre a superfície exposta, principalmente os olhos e a face.

Devido à rapidez com que uma exposição a laser pode provocar dano ou lesão permanente, torna-se imprescindível que as medidas de controle sejam rigorosamente cumpridas e adequadas ao tipo de *laser*. Com isso, algumas regras de segurança específicas devem ser adotadas, como:

– Avaliar e calibrar continuamente o equipamento.

– Promover o treinamento específico do operador para cada equipamento.

– Proteger as tubulações dos equipamentos, geralmente de borracha ou plástico, contra a incidência de laser acidental.

– Não permitir a existência de superfícies refletivas próximas ao campo do *laser* e de materiais inflamáveis, como cortinas, anestésicos inflamáveis e oxigênio.

– Evitar olhar diretamente o feixe principal e as reflexões especulares do feixe.

– Usar vácuo para remover a fumaça gerada em um campo cirúrgico.

– Sinalizar o local utilizando os padrões internacionais, para identificar a existência do risco naquela área.

– Para os indivíduos expostos aos feixes, fornecer óculos protetores de densidade ótica, específica para a energia envolvida.

Ruído

Trata-se de um fenômeno físico, que em condição de risco pode provocar perturbações funcionais ao organismo de maneira temporária ou permanente, reversível ou irreversível. As consequências em decorrência da exposição inadequada ao ruído são as perdas auditivas, no caso, a redução temporária da acuidade auditiva, surdez permanente profissional e trauma acústico.

A redução temporária da acuidade auditiva, também conhecida como surdez temporária, ocorre em casos de exposição a níveis de ruídos variando entre 90 e 120 dB, mesmo por um curto período de tempo. Em geral, a condição de perda permanece temporariamente, e após algum tempo a audição retorna ao normal.

A surdez permanente, denominada surdez profissional, é caracterizada como uma doença ocupacional e decorre de exposições repetidas por longos períodos ou, ainda, de exposição a elevado nível de intensidade de ruído em curto período de tempo. A perda de audição pode ocorrer de modo progressivo e, em geral, é irreversível.

O trauma acústico é a perda repentina da acuidade auditiva pela exposição a ruído muito intenso em curto espaço de tempo, causado por explosões ou impacto sono-

Capítulo 5

55

ro similar. Nesse caso, as consequências podem ser temporárias ou permanentes, dependendo do tipo e da extensão da lesão.

Além desses efeitos, o ruído pode provocar outras alterações no organismo, como afetar os sistemas nervoso central, cardiovascular e digestivo, bem como promover mudanças comportamentais, como a fadiga, a irritabilidade, o desconforto e a dificuldade de comunicação.

Identificação do risco

A natureza e a abrangência dos efeitos provocados por esse agente físico são dependentes de suas características e fatores contribuintes, destacando-se:

– Nível de pressão sonora ou intensidade de ruído.

– Distribuição de níveis por faixa de frequência.

– Tempo de exposição.

– Número de indivíduos.

– Características do local.

– Tipo de ruído:

  • Constante (contínuos, intermitentes, flutuantes e com larga ou estreita faixa de frequência).

  • Impacto (pico de pressão acústica de curta duração).

A presença desse agente em laboratórios e serviços de saúde pode ser constatada durante as operações de determinados tipos de equipamento, como centrífugas, autoclaves e exaustores, nas centrais de compressão de ar de vácuo, em unidades dotadas dos mais variados tipos de alarme sonoro.

Avaliação do risco

A avaliação do risco deve ser realizada considerando, além dos fatores mencionados no item anterior, a avaliação da exposição individual, a descrição do campo acústico, o estudo das condições de comunicação, e tendo como objetivo fornecer subsídio para a elaboração de métodos de controle e técnicas estruturados para a avaliação contínua desses.

Os níveis de ruídos são determinados por equipamentos medidores do nível de pressão sonora (NPS) ou nível sonoro (NS), denominados na prática, embora incorretamente, de "decibelímetros", analisador por faixas de frequência, medidor de ruído de impacto, dosímetro de bolso, dentre outros. Essas medidas devem ser efetuadas tanto na fonte direta de ruído como na refletida.

Os níveis máximos aceitáveis, denominados de limite de tolerância são regulamentados pela NR-15 da Portaria nº 3.214, que considera a intensidade de ruído e o tempo que o indivíduo pode ficar exposto, sem que isso resulte em efeito adverso à sua saúde.

Controle do risco

Em virtude de a natureza da lesão provocada pela exposição em condições inadequadas ser geralmente irreversível, verifica-se a necessidade de adoção de medidas no ambiente de trabalho e no pessoal envolvido.

Controle no ambiente: pode ser feito na origem ou na via de transmissão. O primeiro caso corresponde ao método mais indicado, sendo possível realizar o controle no projeto de instalações de trabalho ou na aquisição de materiais. Nessa fase, existe maior oportunidade de as medidas serem técnica e economicamente viáveis. No segundo caso, é recomendado o uso de barreiras de som de dois tipos: absorvente e refletiva. As absorventes são utilizadas como revestimento interno e têm como função reduzir o som refletido. As refletivas impedem a passagem do som. Vale salientar que não existe barreira totalmente eficiente, podendo a capacidade dessa, ser medida tecnicamente, e sendo dependente do tipo de material, frequências que compõem o som, além da intensidade de energia acústica transmitida e incidente.

Controle no pessoal: medida adotada quando não é possível utilizar medidas de controle de som no ambiente, por não existirem recursos técnicos disponíveis ou por serem economicamente inviáveis. Nesse caso, recomendam-se a redução do tempo de exposição do indivíduo no ambiente, em conformidade com a legislação, a utilização de EPI e, ainda, a realização periódica de exames médicos específicos, de modo a prevenir o desenvolvimento de doença ocupacional relativa a esse risco.

Plano de ação de emergência – PAE

Aspectos gerais

Grande parte dos equipamentos e sistemas utilizados em laboratórios e serviços de saúde requer energia elétrica e água para seu perfeito funcionamento e operacionalização. A utilização correta e o gerenciamento desses dois recursos tornam-se essenciais à garantia de serviços com qualidade e segurança, visto que a falta deles acarreta distúrbios, que podem ocasionar desde danos a equipamentos, em geral, de alto custo de aquisição e manutenção, a fatalidades em decorrência de motivos variados.

Os danos pela falta dos referidos recursos podem ser identificados por meio de um estudo de avaliação de riscos, incluindo métodos, como a análise preliminar de riscos (APR) e a análise de perigo e operacionabilidade (Hazop), cujos resultados levam às recomendações e medidas preventivas com orientações e requisitos organizados em um plano de gerenciamento de riscos com o principal objetivo de evitar acidentes. Esse plano inclui a elaboração e adoção de planos de ação de emergência (PAE) em que são definidas, com base no estudo da avaliação dos riscos e na legislação vigente, as principais diretrizes que permitem orientar os usuários e demais envolvidos com relação aos procedimentos básicos e emergenciais indicados em situações de risco. Dessa maneira, alguns aspectos essenciais – como a descrição técnica e operacional das instalações envolvidas, os principais cenários acidentais consequentes, a área de abrangência do plano e a estrutura organizacional da instalação, com suas respectivas responsabilidades pelo plano – devem ser bem estabelecidos e documentados. Com base nessas informações, um fluxograma de acionamento, os procedimentos em resposta às ações emergenciais (combate a incêndio, evacuação, controle de vazamentos etc.) bem como a disposição dos recursos materiais e humanos podem ser definidos.

Devido ao seu caráter de orientação e preventivo, o plano de ação de emergência deve ser divulgado e disponível a todos os usuários, e o responsável pela sua manutenção, atualização e aplicação deve garantir o treinamento e o acesso dos envolvidos às recomendações nele contidas.

A definição do responsável pelo PAE é diretamente relacionada com a existência de um organograma de cargos e atribuições bem definidos, compostos por elementos da própria instituição, no qual devem constar as principais responsabilidades de cada setor e cada nível hierárquico com relação ao plano. Nesse organograma, devem ser apresentados os nomes e o principal meio de contato, bem como os substitutos do responsável direto pelo PAE em ordem hierárquica, cujas funções permitam responder pelo plano na ausência do primeiro. A Figura 5.1 apresenta um exemplo típico de organograma.

Capítulo 5

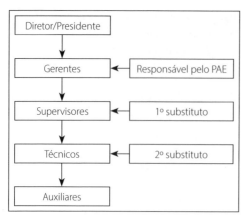

FIGURA 5.1 – *Organograma típico de plano de ação de emergência.*

Os riscos físicos identificados em decorrência da falta de água e de energia elétrica em laboratórios e serviços de saúde são:

- Calor: pela falta de ventilação e refrigeração dos ambientes; superaquecimento dos equipamentos com possibilidade de incêndio.
- Umidade: geração de vapores e gases como consequência do superaquecimento dos equipamentos e instalações.
- Sobrepressão: por explosão devido ao superaquecimento dos equipamentos.

Com base nesses cenários acidentais, são definidas instruções de emergência que atendam aos principais itens de um plano de ação de emergência.

Plano de ação de emergência para a falta de água

1. Definir e descrever, técnica e operacionalmente, os sistemas e equipamentos dependentes do fornecimento de água.
2. Identificar os principais cenários acidentais resultantes da falta de fornecimento de água em cada um dos sistemas abordados.
3. Acionar o coordenador do PAE.
4. Comunicar a anomalia aos demais indivíduos envolvidos nas instalações bem como aos responsáveis pela manutenção e garantia do fornecimento de água.
5. Realizar o procedimento de evacuação e acionamento da brigada de incêndio e demais órgãos externos competentes em caso de acidentes mais graves.
6. Investigar as causas do não fornecimento de água e dos acidentes em decorrência da sua falta.
7. Acionar os serviços de emergência (ambulância, defesa civil etc.), se houver vítimas.
8. Acionar o programa de manutenção corretiva.
9. Estabelecer programas de manutenção preventiva.
10. Definir o consumo médio por meio de instrumentos medidores de vazão, como rotâmetros. Recomenda-se o uso de rotâmetros individuais.
11. Definir uma previsão de consumo para as situações de emergência.
12. Determinar a política de abastecimento de água com diretrizes para as situações de interrupção de fornecimento envolvendo a identificação das prioridades de consumo e a viabilidade das fontes alternativas de abastecimento.
13. Estabelecer campanhas para o uso consciente da água.
14. Estabelecer programas de divulgação do plano de ação de emergência e treinamento dos usuários frente às situações de interrupção de fornecimento.
15. Divulgar o plano às outras instituições similares e no entorno da instalação.

Plano de ação de emergência para a falta de energia elétrica

1. Identificar os sistemas dependentes de energia elétrica.

2. Identificar e mapear os setores prioritários de energia elétrica.

3. Identificar os principais cenários acidentais resultantes da falta de fornecimento de energia elétrica em cada um dos sistemas abordados.

4. Acionar o coordenador do PAE.

5. Comunicar a anomalia aos demais indivíduos envolvidos nas instalações bem como aos responsáveis pela manutenção e garantia do fornecimento de água.

6. Realizar o procedimento de evacuação e acionamento da brigada de incêndio e demais órgãos externos competentes em caso de acidentes mais graves.

7. Investigar as causas do não fornecimento de energia e dos acidentes em decorrência da sua falta.

8. Acionar os serviços de emergência (ambulância, defesa civil etc.), se houver vítimas.

9. Investigar as causas da ausência do fornecimento de energia elétrica:
   - informar imediatamente o fornecedor principal da ausência de energia elétrica e solicitar informações a respeito da normalização do serviço.
   - comunicar ao serviço de manutenção corretiva.

10. Acionar as instituições conveniadas que permitam a continuidade das atividades em casos em que a falha não puder ser solucionada imediatamente.

11. Estabelecer programas de manutenção preventiva.

12. Definir um fluxograma de acionamento do PAE.

13. Estabelecer fontes alternativas para o suprimento de energia elétrica com grande autonomia de fornecimento.

14. Garantir o fornecimento automático de energia elétrica por meio de fontes alternativas de geração.

15. Instalar dispositivos de sinalização especiais para o fornecimento de energia elétrica auxiliar independentes do sistema de fornecimento principal.

Dentre os cenários acidentais identificados, o superaquecimento dos equipamentos e instalações dos laboratórios e serviços de saúde é o principal cenário com potencial de ocasionar incêndio com prováveis danos materiais e vítimas. Com base nisso, uma das principais exigências estabelecidas legalmente pelo município e pelo estado para a implantação de laboratórios e serviços de saúde é a elaboração de um plano eficiente e seguro de combate ao incêndio com instruções de evacuação, instruções emergenciais e corretivas, listas de acionamento dos órgãos competentes externos bem como dos hospitais e prontos-socorros próximos. Esse plano baseia-se nas disposições legais presentes na Portaria nº 3.214/78 e nas elaboradas pelo corpo de bombeiros municipal bem como por profissionais qualificados para as atividades nessa área específica de segurança no trabalho.

Bibliografia consultada

- American Conference of Governmental Industry Hygienists. ACGIH, 1968.
- Astete MW, Giampaoli E e Zidan LN. Riscos físicos. São Paulo: FUNDACENTRO, 1993. 112 p.
- CETESB. Termo de referência para elaboração de estudos de análise de riscos. Parte II, São Paulo, 1999.
- Comissão Nacional de Energia Nuclear — CNEN — Normas técnicas gerais de radioproteção. Centro de Informações Nucleares, Rio de Janeiro: 1978.
- De Cicco F e Fantazzini ML. Introdução a engenharia de segurança de sistemas. 3a ed., São Paulo: FUNDACENTRO, 1985:113 p.
- Medical Accelerator Safety Considerations: Report of AAPM Radiation Therapy Commitee Task Group no 35. Medical physics, 20(4); jul./aug., 1993.

Capítulo 5

- Ministério da Saúde (MS). Segurança no ambiente hospitalar — Departamento de Normas Técnicas, Brasília: 1995, 196 p.
- Normas Regulamentadoras. Portaria no 3.214, Ministério do Trabalho e Previdência. Disponível em <URL: https://www.gov.br/trabalho-e-previdencia/pt-br/composicao/orgaos-especificos/secretaria-de-trabalho/inspecao/seguranca-e-saude-no-trabalho/sst-portarias/1978/portaria_3-214_aprova_as_nrs.pdf [novembro de 2021].
- The Center for Chemical Process Safety. Guidelines for hazard evaluation procedures. 3rd ed. New York: Wiley, 2008. 576p.

Biossegurança em Laboratórios de Biologia Molecular

6

Leslie Ecker Ferreira

Introdução

As técnicas moleculares têm sido amplamente utilizadas em diagnóstico clínico e laboratórios de pesquisa. A biossegurança aplicada ao laboratório de biologia molecular está implícita nas técnicas aplicadas em cada laboratório. Há laboratórios que fazem o uso de métodos de recombinação de DNA, amplificação e sequenciamento de DNA ou RNA microbiano, nocaute gênico em células ou animais, plantas transgênicas, dentre outros.

Neste capítulo iremos abordar os riscos biológicos comumente associados à realização de procedimentos de biologia molecular nos laboratórios de nível 2 e 3, a definição das áreas de trabalho necessárias para executar procedimentos e a aplicação do fluxo de trabalho unidirecional usado para minimizar a contaminação no laboratório. Finalmente, serão abordadas as maneiras de descontaminação e descarte de materiais e reagentes no laboratório de biologia molecular.

Procedimentos padrão em laboratórios de biologia molecular

Técnica de reação em cadeia pela polimerase (PCR)

Desenvolvida em 1996, por Karry Mullis, a PCR é a principal técnica utilizada em laboratórios de biologia molecular. A técnica se baseia na amplificação de segmentos gênicos de ácido nucleico previamente extraído de diversos espécimes biológicos. A PCR possuí variantes como PCR em tempo real, PCR por *Transcriptase Reversa* (RT-PCR) e PCR quantitativo. Uma preocupação constante correlacionada a ensaios de PCR é a amplificação falso positiva ou contaminação em PCR. Devido à amplificação inespecífica de produtos de PCR servir de substrato para geração de novos produtos, a amplificação de PCR produz inúmeras moléculas de fragmentos de DNA que podem potencialmente contaminar amplificações subsequentes (*carryover*). A PCR, portanto, requer cuidados especiais, que envolvem desde o planejamento arquitetônico do laboratório, como a previsão de espaços exclusivos para cada etapa do experimento, até o uso de reagentes e materiais livres de contaminações.

Os procedimentos de biossegurança envolvidos na realização de reações de PCR envolvem o cuidado da contaminação cruzada entre amostras e entre ambiente e amostra. Uma vez que a PCR amplifica exponencialmente a partir de poucas cópias de material genético (DNA ou RNA), a contaminação cruzada acontece a partir de materiais como pipetas e consumíveis plásticos não limpos adequadamente e/ou não esterilizados, ou ainda, a partir de reagentes contaminados.

As recomendações para a limpeza do material utilizado na reação de PCR incluem o uso de materiais descartáveis e ponteiras com filtro. A desinfecção pela radiação induzida por luz ultravioleta de materiais que serão empregados na reação é uma recomendação para evitar resultados falsos positivos oriundos da contaminação de partículas de DNA ou RNA presentes no ambiente. A radiação ultravioleta inativa fragmentos de ácidos nucleicos por meio de danos na molécula de DNA ou RNA. Nesse caso, são empregadas estações de trabalho de reações de PCR projetadas para eliminar qualquer tipo de risco de contaminação aos ensaios executados. Cabines de segurança biológica, bancadas de fluxo laminar para PCR, ou ainda, estação de trabalho para PCR, podem ser utilizadas como barreiras físicas de contenção, reduzindo as chances de contaminação atmosférica. As cabines de segurança para PCR, obrigatoriamente, devem ser dotadas de lâmpadas ultravioleta duplas que irradiam a bancada de trabalho antes da manipulação da reação de PCR. Outros modelos de cabines de PCR incluem filtros do tipo HEPA e sistema de direcionamento de fluxo de ar.

Todos os reagentes em qualquer reação de PCR devem ser lábeis para garantir a efi-

cácia reacional livre de contaminantes. Os reagentes empregados devem ser diluídos em água ultrapura livre de nucleases como DNases ou RNases que possam causar a degradação de oligonucleotídeos. Nucleases clivam as ligações fosfodiéster entre subunidades de ácidos nucleicos e uma vez inseridas nos microtubos utilizados na reação de PCR levará a inibição da PCR, com a degradação do material genético. A necessidade de água isenta de nucleases em aplicações de PCR é amplamente reconhecida; no entanto, existem vários outros contaminantes comumente encontrados na água que podem impedir a amplificação do DNA por PCR, como por exemplo: a presença de DNA bacteriano em materiais ou reagentes, íons inibidores da DNA polimerase e compostos orgânicos residuais da extração de ácidos nucleicos.

As reações de qPCR exigem cuidados especiais quanto às contaminações, uma vez que são realizadas por meio de fluorescência que atravessa tubos plásticos empregados na reação. A recomendação básica é o uso de luvas sem talco pelo manipulador durante a execução do experimento. O talco de amido encontrado em luvas de procedimentos em látex pode acidentalmente ser impregnado nos consumíveis plásticos (placas, microtubos e ponteiras), interferindo no sinal fluorescente ou mesmo impedindo que o feixe de laser do equipamento atravesse as paredes dos microtubos ou adesivos plásticos utilizados para vedar as placas contendo reações.

Áreas do laboratório de biologia molecular e fluxo de trabalho unidirecional

De modo a evitar contaminações cruzadas recomenda-se que o laboratório possua área física com salas dedicadas para os experimentos minimizando dessa maneira, as fontes de contaminação. No mínimo três áreas devem ser isoladas: uma para o preparo de ácidos nucléicos que envolve o recebimento de espécimes biológicas, extração, purificação e quantificação de DNA, e outras duas áreas designadas para o teste de PCR: pré e pós-PCR.

Os sistemas de ar (ar-condicionado e exaustão) entre essas salas devem ser independentes e sem ductos comuns para o ar-condicionado. Filtros de ar das salas devem ser limpos rotineiramente. Uma estratégia para evitar a contaminação entre as salas é trabalhar com diferentes níveis de pressão atmosférica. A sala pré-PCR poderá ser mantida com pressão positiva reduzindo a entrada de partículas contaminadas, como produtos de PCR, e a sala pós-PCR poderá ser mantida com pressão negativa reduzindo a saída de partículas contaminantes. Na hipótese de não ser possível a instalação de diferentes sistemas de pressão de ar, sugere-se que as salas estejam localizadas com distância suficiente para evitar o risco de contaminações. Adicionalmente, ambas as salas devem ser equipadas com portas para servirem como barreiras físicas. Se salas separadas ou barreiras físicas não puderem ser estabelecidas para trabalho pré-PCR e pós-PCR, todos os esforços devem ser feitos para configurar as áreas de trabalho o mais distantes possível. Os usuários do laboratório devem tratar essas duas áreas de trabalho como se estivessem em salas separadas, e ter cuidado ao usar equipamentos de proteção individual (EPIs) diferentes em cada área.

A área dedicada ao preparo de ácidos nucléicos se refere a área "limpa" utilizada para passos anteriores a reação de PCR. A preparação da amostra pode envolver uma extração manual ou automatizada, além de consumíveis e pequenos equipamentos (microcentrífuga, vórtice, pipetadores etc.) necessários para a preparação da amostra,

que podem estar dispostos nas bancadas dessa área ou em outro local próximo. Essa sala deve ainda possuir um refrigerador e/ou freezer para armazenamento de *kits* reacionais, insumos para extração e purificação de ácidos nucléicos e armazenamento de amostras.

Os procedimentos relacionados a extração de ácidos nucléicos exigem atenção quando se trata de isolamento de material genético de agentes infecciosos, como microrganismos patogênicos ou vírus. Nesse caso, a extração de DNA ou RNA deverá ser realizada em cabine de segurança biológica recomendada para o patógeno específico. O uso de protocolos que empregam solventes orgânicos voláteis como xilol, fenol e clorofórmio para extração de material genético exigem que a sala pré-PCR possua, ainda, a cabine de segurança química. Adicionalmente, caso sejam utilizados protocolos para a extração de RNA, a sala deverá ser periodicamente limpa com o emprego de solução de RNase intencionando a descontaminação da sala, complementado com o uso de alvejantes em todas as salas diariamente.

A sala pré-PCR pode ser dividida em duas subáreas: preparação da reação de PCR e preparação e/ou adição da amostra ao *mix* reacional, minimizando contaminações cruzadas entre amostras e reagentes. Nesse caso, é recomendável o uso de uma estação de PCR acoplada com luz ultravioleta. Uma segunda sala (pós-PCR) deve ser estabelecida para as etapas de pós-amplificação e análise. Essa sala deve ser fisicamente separada da sala pré-PCR. A sala pós-PCR é o local de abrigo dos termocicladores para amplificação e qualquer instrumentação necessária para a análise pós-PCR, como consumíveis e pequenos equipamentos (microcentrífuga, vórtice, pipetadores, cubas de eletroforese, ponteiras e microtubos) necessários para

Capítulo 6

a preparação pós-PCR, como ensaios de eletroforese e purificação de amplicons. Por último, uma área de gerenciamento de dados e registro de protocolos poderá ser adicionada na planta do laboratório de biologia molecular, bem como uma sala de preparo de soluções e limpeza. É recomendável antessalas em todas as salas dedicadas. Importante destacar que todas as salas possuam materiais, reagentes e EPIs de uso exclusivo e que a transição de manipuladores e responsáveis pela limpeza do laboratório obedeça ao fluxo unidirecional de circulação conforme Figura 6.1.

O fluxo de trabalho de um laboratório molecular deve continuar em apenas uma direção, ou seja, pré-PCR > pós-PCR. Os reagentes da mistura principal de PCR e as amostras que podem conter material genético para PCR devem ser preparados apenas na sala de pré-PCR. Os tubos que sofreram amplificação na sala pós-PCR e que contêm amplicons (produto amplificado) e, em hipótese alguma, devem ser abertos ou introduzidos na sala pré-PCR. Os amplicons podem acidentalmente servir como DNA molde para futuras reações de PCR e, portanto, podem facilmente contaminar a PCR ou os reagentes de preparação de amostras, consumíveis ou ainda equipamentos. Isso significa que os consumíveis e EPIs (jalecos, luvas, óculos etc.) que forem introduzidos na sala pós-PCR nunca devem ser colocados de volta na sala pré-PCR sem descontaminação completa. Ao mudar de sala, o usuário deve lembrar de trocar o EPI. Idealmente, os indivíduos que trabalharam na área pós-PCR não devem voltar a trabalhar no pré-PCR no mesmo dia. Se for necessário deslocar-se contra o fluxo de trabalho unidirecional, deve-se ter cuidado de trocar o EPI. Finalmente, todos os usuários do laboratório devem conhecer o fluxo de circulação do laboratório. A limpeza das salas do laboratório e lavagem de jalecos devem ser revezados, rotineiramente, entre as salas para não haver trocas durante os processos.

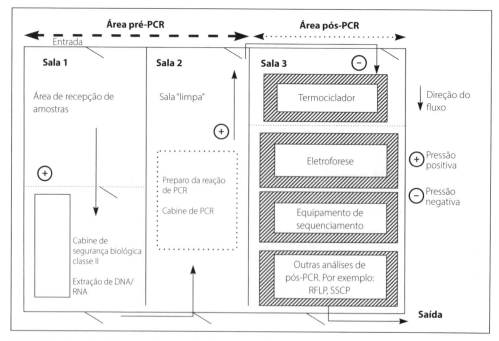

FIGURA 6.1 – *Exemplo de fluxo unidirecional do laboratório de biologia molecular. Fonte: Adaptada de Millar, 2002.*

Equipamentos e consumíveis dedicados

Outra maneira de minimizar a contaminação em um laboratório de PCR é a utilização de consumíveis e equipamentos dedicados a cada sala. Cada sala e/ou área de trabalho deve ter sua própria centrífuga, vórtices, pipetadores, luvas, jalecos etc. Por exemplo, nunca se deve utilizar uma pipeta pós-PCR para uso em uma sala pré-PCR sem submetê-la a um processo de descontaminação, por exemplo o uso de ultravioleta.

Uso de pipetas resistentes a aerossol

Aerossóis causados por pipetagens incorretas podem causar contaminação cruzada entre amostras. As ponteiras de pipeta resistentes ao aerossol possuem uma barreira que atua como um filtro quando exposta aos potenciais contaminantes líquidos, mantendo-os dentro da barreira. Isso protege as pipetas de quaisquer contaminantes líquidos. Em qualquer ensaio molecular, a técnica de pipetagem adequada é crítica para o desempenho e a qualidade dos resultados, e minimiza a contaminação entre as amostras, o que pode levar a resultados falsos positivos. A pipetagem adequada garante que o volume preciso seja aspirado e dispensado, e evita respingos ao dispensar o líquido. A rotação dos microtubos e/ou placas antes da abertura podem evitar aerossóis ao abrir os tubos.

Monitoramento da taxa de positividade nas reações de PCR

É prática padrão incluir um controle positivo para garantir o desempenho adequado de extração e amplificação e funcionalidade dos reagentes. Um controle sem alvo (*no template control*) é usado para verificar a ausência de contaminação nos reagentes, consumíveis e ambiente. Outra prática importante é estabelecer um procedimento padrão para monitorar a taxa de positividade. Qualquer aumento repentino em amostras positivas para as quais uma causa não possa ser determinada (ou seja, surtos sazonais) deve ser investigado.

Descarte de resíduos de reagentes utilizados em laboratório de biologia molecular

A grande maioria dos reagentes utilizados em técnicas moleculares é muito utilizada em qualquer laboratório de pesquisa, e inclui solventes orgânicos como fenóis, éteres e álcoois. O descarte ao meio ambiente desses solventes deve ser realizado conforme protocolos amplamente conhecidos, prevendo a neutralização de cada reagente. No entanto, há reagentes rotineiramente empregados em laboratórios de biologia molecular que seu descarte ao meio ambiente deve ser cuidadosamente realizado por serem considerados perigosos, como por exemplo, o brometo de etídio, empregado na coloração de géis de agarose para eletroforese; a tetrametiletilenodiamina, utilizada para catálise de géis de poliacrilamida; e a própria acrilamida.

O brometo de etídio – EtBr ($C_{21}H_2O$-BrN_3) é uma molécula com estrutura tricíclica com grupos anilina em ambos os lados de uma piridina. Possui propriedade intercalante quando em contato com a molécula de ácido nucléico e, por esse motivo, é utilizado como um corante fluorescente para obter a visualização de fragmentos de DNA por meio da eletroforese em gel de agarose. O EtBr também é amplamente utilizado em técnicas de toxicidade e mutagênese de moléculas potenciais para o desenvolvimento de drogas, como quimioterápicos e antibióticos.

A impregnação de géis de eletroforese utilizando o EtBr é realizada de duas maneiras: com adição da substância ao preparo do gel de agarose ou por meio da imersão do gel de agarose em uma solução diluída

Capítulo 6

do intercalante após migração do DNA. No contato com ácidos nucleicos, o EtBr difunde-se intercalando-se entre os nucleotídeos, o que permite sua visualização quando exposto à luz ultravioleta (UV). A eletroforese em gel de agarose é uma técnica rotineira em laboratórios de biologia molecular, porém, é um procedimento que exige muito cuidado, devido ao caráter mutagênico, moderado tóxico e possível carcinogênico do EtBr. Conforme a Resolução nº 5 do CONAMA (Conselho Nacional do Meio Ambiente) e a NBR-10004 da ABNT (Associação Brasileira de Normas Técnicas), materiais e resíduos contaminados com EtBr são incluídos no Grupo B (resíduos químicos ou contaminados por químicos perigosos) e na Classe I (resíduos perigosos) devido a sua característica mutagênica potente, e a capacidade da radiação ultravioleta utilizada para visualizar o DNA marcado com EtBr de causar queimaduras severas.

A descontaminação de géis e vidrarias laboratoriais contaminadas com EtBr pode ser efetuada pelo método de Armour ou pelo método descrito por Lunn & Sansone para descontaminar soluções geradas em trabalhos que utilizam o EtBr, além de verificar a concentração mínima necessária para coloração dos fragmentos de DNA em gel de agarose. O método de Lunn & Sansone é eficaz na descontaminação de soluções com até 1 μg/mL de EtBr.

Para confirmar a descontaminação das soluções ou de materiais contaminados com EtBr, basta expor a solução em luz UV. Caso o EtBr esteja inativo não irá produzir fluorescência, e a solução poderá ser descartada sem causar danos ao meio ambiente.

Biossegurança aplicada a tecnologia do DNA recombinante

As atividades práticas que visam o uso de tecnologia de DNA recombinante ou o uso de organismos geneticamente modificados, como linhagens de bactérias modificadas ou ainda animais nocauteados, ou seja, com algum gene alterado para fins de investigação funcional, devem ser realizadas de acordo com legislação específica. No Brasil, a lei N° 11.105, de 24 de março de 2005, estabelece normas de segurança e mecanismos de fiscalização sobre a edificação, cultivo, produção, manipulação transporte, transferência, importação e exportação, armazenamento, pesquisa, consumo, comercialização e descarte ao meio ambiente de organismos geneticamente modificados. Em resumo, há necessidade de obtenção de cadastro e autorização específica à Comissão Técnica Nacional de Biossegurança (CTNBio) que regulamenta e fiscaliza os laboratórios atuantes na área. A CTNBio estabelece normas e medidas de segurança para atividades relacionadas à engenharia genética, organismo geneticamente modificado, célula germinal humana, clonagem e clonagem terapêutica, uso de células-tronco embrionárias, dentre outras.

Bibliografia consultada

* ABNT. NBR 10.004: (2004a). Dispões sobre normas de classificação e descarte de resíduos sólidos, Resíduos Sólidos – Classificação. Rio de Janeiro: ABNT, 71 p.
* Armour, M. Hazardous Laboratory Chemicals Disposal Guide. Boca Raton: Lewis Publishers 2003.
* BARROS, I. C. et al. Recomendações referentes à segurança nos laboratórios da Embrapa Recursos Genéticos e Biotecnologia. Brasília: Embrapa Recursos Genéticos e Biotecnologia, 2003.
* Brasil, Lei nº 11.105, de 24 de março de 2005. Regulamenta os incisos II, IV e V do § 1º do art. 225 da Constituição Federal, estabelece normas de segurança e mecanismos de fiscalização de atividades que envolvam organismos geneticamente modificados - OGM e seus derivados, cria o Conselho Nacional de Biossegurança - CNBS, reestrutura a Comissão Técnica Nacional de Biossegurança - CTNBio, dispõe sobre a Política

Nacional de Biossegurança - PNB, revoga a Lei nº 8.974, de 5 de janeiro de 1995, e a Medida Provisória nº 2.191-9, de 23 de agosto de 2001, e os arts. 5º, 6º, 7º, 8º, 9º, 10 e 16 da Lei nº 10.814, de 15 de dezembro de 2003, e dá outras providências. Diário Oficial [da República Federativa do Brasil , Brasília, DF, p. 1,col. 3, 28 mar. 2005.

- BROWN, TA. Clonagem gênica e análise de DNA: Uma introdução. 4. ed. Porto Alegre: Artmed, 2003.
- Kwok S, Higuchi R. Avoiding false positives with PCR (erratum Nature [1989]. Nature. 1989 Maio; 339: 237–238.
- Lunn, G, Sansone, EB. Ethidium Bromide: destruction and decontamination of solutions. Analytical Biochemistry. 1987 Maio; 162:453-458.
- McGraw H, Sybil P. MCGRAW-HILL Dictionary Of Scientific And Technical Terms. Minessota: McGraw-Hill Education,2003.
- Mifflin TE. Setting Up a PCR Laboratory. Cold Spring Harbor Protocols. 2007 Julho; pdb.top14.
- Millar BC, Xu J, Moore JE. Risk assessment models and contamination management: implications for broad-range ribosomal DNA PCR as a diagnostic tool in medical bacteriology. J Clin Microbiol. 2002 Maio;40(5):1575-1580.
- Mullis KB, Erlich HA, Arnheim N, Horn GT., Saiki RK, Scharf SJ. Process for amplifying, detecting, and/or cloning nucleic acid sequences. United State patent 4683195. 1987.
- Mullis KB. Process for amplifying nucleic acid sequences. United State patent 4683202. 1987.
- RESOLUÇÃO CONAMA nº 5, de 5 de agosto de 1993 Publicada no DOU no 166, de 31 de agosto de 1993, Seção 1, páginas 12996-12998 Correlações: · Revogadas as disposições que tratam de resíduos sólidos oriundos de serviços de saúde pela Resolução no 358/05. Dispõe sobre o gerenciamento de resíduos sólidos gerados nos portos, aeroportos, terminais ferroviários e rodoviários e estabelecimentos prestadores de serviços de saúde. (Revogadas as disposições que tratam de resíduos sólidos oriundos de serviços de saúde pela Resolução n° 358/05).
- Sambrook, J.; Russell, D. W. Molecular cloning: a laboratory manual. New York: Cold Spring: Cold Spring Harbor, 2001. 3 v.

Capítulo 6

Gerenciamento de Resíduos Biológicos

Therezinha Maria Novais de Oliveira
Dayane Clock

Introdução

A gestão de resíduos sólidos é uma questão desafiadora para humanidade, considerando, tanto o aumento maciço na quantidade, quanto na diversidade de composição em todo o mundo. O gerenciamento eficiente tem sido uma busca constante para o desenvolvimento social futuro, que exige não só inovação técnica, mas, também, o envolvimento de todas as partes interessadas. A gestão de resíduos sólidos deve ser considerada um serviço público vital, contínuo e de grande porte, que precisa ser eficientemente fornecido à comunidade (SAIKIA; NATH, 2015; MA; HIPEL, 2016; VEIGA *et al.*, 2016).

De acordo com Veiga *et al.*, (2016), essa temática está presente nas agendas político-administrativas dos governos de vários países. No Brasil, as discussões relacionadas à gestão de resíduos impulsionaram a realização de diferentes estudos nas últimas décadas e fundamentaram a promulgação da Política Nacional de Resíduos Sólidos (PNRS), instituída pela Lei 12.305 em 2 de agosto de 2010.

Os resíduos de serviços de saúde (RSS), alvo deste capítulo, compreendem grande variedade de resíduos, com distintas características e classificações, se forem consideradas as inúmeras e diferentes atividades realizadas nos estabelecimentos de atenção à saúde (EAS). Conforme o estabelecido na Política Nacional Resíduos Sólidos, aprovada em agosto de 2010, os EAS geradores de RSS devem elaborar plano de gerenciamento de resíduos conforme as características, classificação e o volume dos resíduos gerados (BRASIL, 2018).

A Organização Mundial da Saúde (OMS) estima que, da quantidade total de resíduos gerados pelas atividades de assistência à saúde, cerca de 85% são resíduos comuns não perigosos ou não infectantes, e os 15% restantes considerados materiais perigosos, que podem ser infectantes, tóxicos ou radioativos (WHO, 2018).

Tanto Chaerul *et al.* (2008), quanto Hassan *et al.* (2008), já afirmavam que, embora a porção de resíduos infecciosos e perigosos seja relativamente pequena, o gerenciamento inadequado de resíduos, no qual os resíduos infectantes se misturam com os não infectantes, pode transformar a maior parte dos resíduos em, potencialmente, infectantes.

Para Xin (2015), falhas nas etapas do gerenciamento dos RSS são amplamente reconhecidas como uma fonte de infecção evitável representando uma ameaça para a saúde pública e meio ambiente e, portanto, já deveriam ter sido resolvidas ou encaradas como ações a serem desenvolvidas.

Assim, para uma melhor qualidade nos serviços prestados e realizados com esse fim, o gerenciamento dos RSS necessita de maior segurança e conhecimento no manejo, na gestão e regulamentação, realizados de uma maneira integrada à saúde, ao meio ambiente e à sociedade. Essa seria uma maneira de tratar a saúde de maneira integrada com os fatores socioambientais em uma visão holística e interdisciplinar, traduzindo-se na busca da qualidade da saúde ambiental, a qual, necessariamente, está ligada ao desenvolvimento de processos ecologicamente sustentáveis (VENTURA *et al.*, 2010; VIEIRA *et al.*, 2011; DE TITTO *et al.*, 2012; HOSSAIN *et al.*, 2013; WHO, 2018).

A agência governamental brasileira que atua na área de segurança do paciente é a Agência Nacional de Vigilância Sanitária (ANVISA), vinculada ao Ministério da Saúde, cuja finalidade é promover a proteção da saúde da população. Tais ações visam à segurança do paciente, à melhoria da qualidade dos serviços prestados pelos EAS e à diminuição das taxas de infecções relacionadas à assistência à saúde (IRAS), consonantes com as previstas pela Organização Mundial de Saúde (OMS), que vêm sendo preconizadas no Brasil e envolvem a higienização das mãos, os procedimentos clínicos seguros, a segurança do sangue e hemoderivados, a administração segura de injetáveis e de imunobiológicos, segurança

da água e o manejo adequado dos resíduos (ANVISA, 2011).

Com base em dados de vários países, a OMS estima que, a cada ano, centenas de pacientes em todo o mundo são afetados por IRAS. Esse quadro resulta em internações hospitalares prolongadas, incapacidade a longo prazo; aumento da resistência de microrganismos aos antimicrobianos, custos adicionais maciços para os sistemas de saúde, altos custos para os pacientes e sua família e mortes desnecessárias (WHO, 2018). As estimativas europeias indicam que as IRAS causam 16 milhões de dias extras de hospitalização, 37.000 óbitos atribuíveis, além de contribuírem para um adicional de 110.000 mortes anualmente, refletindo, também, em perdas financeiras significativas. Em 2011, o custo aproximado de IRAS era de 7 bilhões de euros por ano, incluindo apenas os custos diretos (WHO, 2018).

Historicamente, no Brasil os RSS são trabalhados em três vieses: 1) pelo viés do meio ambiente por meio da resolução nº 5 de 1993 do Conselho Nacional do Meio Ambiente (CONAMA), resolução com última atualização em 2005 pela Resolução 358; 2) pelo da saúde, por meio da Resolução RDC nº 33 de 2003 da ANVISA, com última atualização pela RDC nº 222 de 2018, e 3) pelo viés da segurança do trabalhador, por meio da norma regulamentadora (NR) 32 de 2005. Porém, sem trabalhar a questão dos RSS de modo integrado, pode tornar-se confusa a gestão adequada dos EAS na gestão dos RSS.

Definições de classificação e riscos associados aos RSS

Segundo a Environmental Protection Agency (EPA, 1990), resíduos de serviços de saúde são aqueles provenientes de diagnóstico, tratamento ou imunização de seres humanos e animais, de pesquisas pertinentes ou na produção e/ou em testes de material biológico. Conforme o Centers for Disease Control and Prevention (CDC), os resíduos considerados infectantes são resíduos de microbiologia, patologia, banco de sangue, carcaça de animais de laboratório, peças anatômicas e todos os fragmentos cortantes ou perfurantes (CDC, 2005).

No guia para manejo interno de resíduos sólidos em estabelecimentos de saúde, da Organização Pan-Americana da Saúde (OPAS, 1997), os resíduos hospitalares definem-se como os detritos gerados nos estabelecimentos de saúde durante a prestação de serviços assistenciais, inclusive aqueles gerados pelos laboratórios.

Os RSS são aqueles resultantes de atividades exercidas por estabelecimentos de serviço de saúde, como hospitais, ambulatórios, unidades básicas de saúde e outros, de acordo com a classificação adotada pela NBR 12808/93. O resíduo infectante, no entanto, é definido como aquele resíduo de serviço de saúde que, por suas características de maior virulência, infectividade e concentração de patógenos, apresenta risco potencial adicional à saúde pública, conforme NBR 12807/93 (ABNT, 1993).

De acordo com a RDC da ANVISA nº 222 de 2018, todos os serviços cujas atividades estejam relacionadas com a atenção à saúde humana ou animal, inclusive os serviços de assistência domiciliar; laboratórios analíticos de produtos para saúde; necrotérios, funerárias e serviços onde se realizem atividades de embalsamamento (tanatopraxia e somatoconservação); serviços de medicina legal; drogarias e farmácias, inclusive as de manipulação; estabelecimentos de ensino e pesquisa na área de saúde; centros de controle de zoonoses; distribuidores de produtos farmacêuticos, importadores, distribuidores de materiais e controles para diagnóstico

in vitro; unidades móveis de atendimento à saúde; serviços de acupuntura; serviços de *piercing* e tatuagem, salões de beleza e estética, dentre outros afins, são geradores de RSS. Em decorrência de suas características físico-químicas e infectocontagiosas, esses resíduos necessitam ser gerenciados de maneira adequada para minimizar os impactos intra e extra estabelecimento (BRASIL, 2018).

Quanto a classificação no Brasil, três são as empregadas aos RSS: a classificação da Associação Brasileira de Normas Técnicas (ABNT), apresentada na NBR 12808/93, atualizada em 2016, que é mais geral e voltada para a aplicação prática, e classifica os resíduos em três grupos: infecciosos, especiais e comuns. Já a classificação do CONAMA, apresentada na Resolução nº 358/05 e a classificação da ANVISA, apresentada na RDC 306/04, substituída pela atual RDC 222/2018 classifica os resíduos em cinco grupos: potencialmente infectantes, químicos, radioativos, comuns e perfuro cortantes, e possui um caráter mais dirigido à aplicação legal nos serviços de saúde e pode ser vista no Quadro 7.1.

Internacionalmente, algumas organizações apresentam e adotam sistemas de classificações próprios. Dentre as quais, a Organização Pan-Americana da Saúde – OPAS, *World Health Organization* – WHO, *Environmental Protection Agency* – EPA e o sistema Alemão, conforme Quadro 7.2.

Segundo a OPAS (1997), os resíduos são classificados em resíduos infecciosos, resíduos especiais e resíduos comuns. O sistema de classificação é bem simplificado e apresenta como característica uma identificação fácil, do tipo de resíduo e do ponto ou local de sua geração.

O sistema preconizado pela OMS apresenta um maior detalhamento e complexidade, sendo indicado apenas para es-

Capítulo 7

71

Quadro 7.1 – Classificação dos RSS por grupo de resíduo segundo a RDC da ANVISA, nº 222 de 2018 e a Resolução do CONAMA Nº 358 de 2005

Classe A – resíduos com a possível presença de agentes biológicos que, por suas características de maior virulência ou concentração, podem apresentar risco de infecção

A1	1. Culturas e estoques de micro-organismos; resíduos de fabricação de produtos biológicos, exceto os medicamentos hemoderivados; descarte de vacinas de microrganismos vivos, atenuados ou inativados; meios de cultura e instrumentais utilizados para transferência, inoculação ou mistura de culturas; resíduos de laboratórios de manipulação genética.
	2. Resíduos resultantes da atividade de ensino e pesquisa ou atenção à saúde de indivíduos ou animais, com suspeita ou certeza de contaminação biológica por agentes classe de risco 4, microrganismos com relevância epidemiológica e risco de disseminação ou causador de doença emergente que se torne epidemiologicamente importante, ou cujo mecanismo de transmissão seja desconhecido.
	3. Bolsas transfusionais contendo sangue ou hemocomponentes rejeitadas por contaminação ou por má conservação, ou com prazo de validade vencido, e aquelas oriundas de coleta incompleta.
	4. Sobras de amostras de laboratório contendo sangue ou líquidos corpóreos, recipientes e materiais resultantes do processo de assistência à saúde, contendo sangue ou líquidos corpóreos na forma livre.
A2	1. Carcaças, peças anatômicas, vísceras e outros resíduos provenientes de animais submetidos a processos de experimentação com inoculação de microrganismos, bem como suas forrações, e os cadáveres de animais suspeitos de serem portadores de microrganismos de relevância epidemiológica e com risco de disseminação, que foram submetidos ou não a estudo anatomopatológico ou confirmação diagnóstica.
A3	1. Peças anatômicas (membros) do ser humano; produto de fecundação sem sinais vitais, com peso menor que 500 gramas ou estatura menor que 25 centímetros ou idade gestacional menor que 20 semanas, que não tenham valor científico ou legal e não tenha havido requisição pelo paciente ou seus familiares.
A4	1. *Kits* de linhas arteriais, endovenosas e dialisadores, quando descartados.
	2. Filtros de ar e gases aspirados de área contaminada; membrana filtrante de equipamento médico-hospitalar e de pesquisa, dentre outros similares.
	3. Sobras de amostras de laboratório e seus recipientes contendo fezes, urina e secreções, provenientes de pacientes que não contenham e nem sejam suspeitos de conter agentes classe de risco 4, e nem apresentem relevância epidemiológica e risco de disseminação, ou microrganismo causador de doença emergente que se torne epidemiologicamente importante, ou cujo mecanismo de transmissão seja desconhecido, ou com suspeita de contaminação com príons.
	4. Resíduos de tecido adiposo proveniente de lipoaspiração, lipoescultura ou outro procedimento de cirurgia plástica que gere esse tipo de resíduo.
	5. Recipientes e materiais resultantes do processo de assistência à saúde, que não contenha sangue ou líquidos corpóreos na forma livre.
	6. Peças anatômicas (órgãos e tecidos), incluindo a placenta, e outros resíduos provenientes de procedimentos cirúrgicos ou de estudos anatomopatológicos ou de confirmação diagnóstica.
	7. Cadáveres, carcaças, peças anatômicas, vísceras e outros resíduos provenientes de animais não submetidos a processos de experimentação com inoculação de microrganismos.
	8. Bolsas transfusionais vazias ou com volume residual pós-transfusão.
A5	1. Órgãos, tecidos e fluidos orgânicos de alta infectividade para príons, de casos suspeitos ou confirmados, bem como quaisquer materiais resultantes da atenção à saúde de indivíduos ou animais, suspeitos ou confirmados, e que tiveram contato com órgãos, tecidos e fluidos de alta infectividade para príons.
	2. Tecidos de alta infectividade para príons são aqueles assim definidos em documentos oficiais pelos órgãos sanitários competentes.

Classe B – resíduos contendo produtos químicos que apresentam periculosidade à saúde pública ou ao meio ambiente, dependendo de suas características de inflamabilidade, corrosividade, reatividade, toxicidade, carcinogenicidade, teratogenicidade, mutagenicidade e quantidade.

1. Produtos farmacêuticos.
2. Resíduos de saneantes, desinfetantes; resíduos contendo metais pesados. reagentes para laboratório, inclusive os recipientes contaminados por esses.
3. Efluentes de processadores de imagem (reveladores e fixadores).
4. Efluentes dos equipamentos automatizados utilizados em análises clínicas.
5. Demais produtos considerados perigosos: tóxicos, corrosivos, inflamáveis e reativos.

Continua...

Quadro 7.1 – Classificação dos RSS por grupo de resíduo segundo a RDC da ANVISA, nº 222 de 2018 e a Resolução do CONAMA Nº 358 de 2005 – continuação

Classe C – qualquer material que contenha radionuclídeo em quantidade superior aos níveis de dispensa especificados em norma da Comissão Nacional de Energia Nuclear (CNEN) e para os quais a reutilização é imprópria ou não prevista

Enquadra-se, nesse grupo, o rejeito radioativo, proveniente de laboratório de pesquisa e ensino na área da saúde, laboratório de análise clínica, serviço de medicina nuclear e radioterapia – segundo Resolução da CNEN e Plano de Proteção Radiológica aprovado para a instalação radiativa.

Classe D – resíduos que não apresentem risco biológico, químico ou radiológico à saúde ou ao meio ambiente, que podem ser equiparados aos resíduos domiciliares

1. Papel de uso sanitário e fralda, absorventes higiênicos, peças descartáveis de vestuário, gorros e máscaras descartáveis, resto alimentar de paciente, material utilizado em antissepsia e hemostasia de venóclise, luvas de procedimentos que não entraram em contato com sangue ou líquidos corpóreos, equipo de soro, abaixadores de língua e outros similares não classificados como A1.
2. Sobras de alimentos e do preparo de alimentos.
3. Resto alimentar de refeitório.
4. Resíduos provenientes das áreas administrativas.
5. Resíduos de varrição, flores, podas e jardins.
6. Resíduos de gesso provenientes de assistência à saúde.
7. Forrações de animais de biotérios sem risco biológico associado.
8. Resíduos recicláveis sem contaminação biológica, química e radiológica associada.
9. Pelos de animais.

Classe E – materiais perfurocortantes ou escarificantes

1. Lâminas de barbear, agulhas, escalpes, ampolas de vidro, brocas, limas endodônticas, pontas diamantadas, lâminas de bisturi, lancetas; tubos capilares. ponteiras de micropipetas; lâminas e lamínulas; espátulas; e todos os utensílios de vidro quebrados no laboratório (pipetas, tubos de coleta sanguínea e placas de Petri) e outros similares.

Fonte: ANVISA (2018); CONAMA (2005).

Quadro 7.2 – Classificação dos RSS de sistemas de internacionais

OPAS	WHO	EPA	Sistema alemão
- Resíduos infecciosos; - Resíduos especiais; - Resíduos comuns.	- Resíduo não perigoso; - Resíduos infecciosos; - Resíduos patológicos; -Resíduos perfurocortantes; -Resíduos farmacêuticos e citotóxicos; - Resíduos químicos - Resíduos radioativos.	- Culturas e amostras armazenadas; - Resíduos patológicos; - Resíduos de sangue humano e hemoderivados; -Resíduos perfurocortantes; - Resíduos de animais; -Resíduos de isolamento; -Resíduos perfurocortantes não usados.	A - Comum; B – Com potencial infectante; C - Infectante; D – Químico e radiológico; E – Partes do corpo, órgãos e sangue concentrado;
Fonte: OPAS, 1997.	*Fonte: Chartier et al., 2014.*	*Fonte: EPA, 1990.*	*Fonte: Mavropoulos (2010).*

tabelecimentos de grande porte (CHARTIER et al., 2014). Já o sistema de classificação da EPA é bem mais específico e direcionado. Tal caraterística pode refletir na redução dos volumes de resíduos gerados. Assim sendo, restos alimentares, restos de animais e tecidos e peças anatômicas conservadas em formol não são consideradas RSS. Também se sabe que os resíduos radioativos estão sujeitos ao controle e à legislação específica, além de não serem considerados RSS.

Nos países da Comunidade Europeia, a preocupação com o manejo e a gestão dos RSS assume importância elevada,

Capítulo 7

tendo como foco a redução no volume de resíduos gerados. Dentre os países da união europeia, a Alemanha apresenta-se avançada e conta com um sistema próprio de classificação dos RSS.

Segundo a ABNT NBR 10004/2004, um resíduo é considerado patogênico se uma amostra representativa dele, obtida de acordo com a ABNT 10007, "contiver, ou se houver suspeita de conter, microrganismos patogênicos, proteínas virais, ácidos desoxirribonucleicos (DNA) ou ácido ribonucleico recombinantes (RNA), organismos geneticamente modificados, plasmídeos, cloroplastos, mitocôndrias ou toxinas capazes de produzir doenças em homens, animais ou vegetais".

De acordo com Bidone et al. (2001), os RSS são fontes potenciais de disseminação de doenças, que podem oferecer perigo. tanto à equipe de trabalhadores dos estabelecimentos de saúde e aos pacientes, como para os envolvidos na sua gestão. Conforme os autores, os resíduos de serviços de saúde constituem uma fonte de risco à saúde pública e ao meio ambiente, visto que há uma carência na adoção de procedimentos técnicos adequados no manejo das diferentes frações existentes. É grande e polêmica a discussão sobre a importância e o significado dos RSS no potencial de risco para a saúde humana e ambiental. Nesse momento, o primeiro tipo de risco a ser evidenciado é o biológico, mas não se pode esquecer dos riscos mecânicos, físicos e químicos.

Schneider et al. (2004) ressalta que há um consenso na comunidade científica de que os RSS apresentam um potencial de risco em três níveis:

– À saúde ocupacional de quem manipula esse tipo de resíduos (risco que ocorreria em todos os níveis de contato, da assistência médica ou médico-veterinária, até o pessoal de limpeza ou os próprios usuários dos serviços).

– Ao aumento da taxa de infecção hospitalar (o mau gerenciamento de resíduos representaria 10% dos casos desse tipo de infecção, conforme a Associação Paulista de Controle de Infecção Hospitalar).

– Ao meio ambiente desde a disposição inadequada a céu aberto ou em cursos d'água (possibilitando a contaminação de mananciais de água potável, até a disseminação de doenças por meio de vetores que se multiplicam nesses locais ou que fazem dos resíduos sua fonte de obtenção de nutrientes).

O fato de os RSS serem compostos por materiais infectantes de origem biológica, como sangue, tecidos, peças anatômicas, dentre outros; ou de origem química, a exemplo de fármacos, produtos de limpeza e outros; e, também, radioativos e/ou perfurocortantes, torna-os de alto risco para o trabalhador, para a saúde pública e para o ambiente, principalmente por suas características de patogenicidade e toxicidade (SILVA et al., 2011; WHO, 2013).

Essas divergências de posicionamentos quanto às características microbiológicas e periculosidade dos RSS, seja por pesquisadores e políticos ou por administradores de estabelecimentos de saúde, levam a conflitos quanto ao seu gerenciamento. Desse modo, deve-se identificar a periculosidade do resíduo como "potencial de risco associado" e as ações devem ser tomadas a partir de tal princípio (PUGLIESI, 2010).

Há, assim, uma preocupação especial dos pesquisadores e profissionais da área da saúde, com relação às infecções causadas pelos vírus da imunodeficiência humana (HIV) e os das hepatites B e C, que possuem fortes evidências de transmissão por meio de resíduos de saúde. Geralmente

Gerenciamento de Resíduos Biológicos

esses vírus são transmitidos por meio de lesões causadas por agulhas contaminadas com sangue humano. Os perfurocortantes possuem, desse modo, risco duplo de dano, pois, além de causarem cortes e perfurações, podem provocar infecções, caso estejam contaminados com agentes patogênicos. Mais recentemente essa preocupação foi intensificada para a contaminação dos profissionais e seus EPIs com a pandemia do COVID-19.

Os aterros sanitários podem conter uma variedade de bactérias patogênicas, vírus e parasitas. Os microrganismos entéricos podem sobreviver por muito tempo no meio ambiente. Dentro do grupo, *Salmonella*, *Shigella*, *Campylobacter*, *Yersinia*, *Vibrio cholera*, linhagens patogênicas de *Escherichia coli*, coliformes totais, coliformes fecais e estreptococos fecais são citados como microrganismos presentes em aterros. Guimarães Jr (2001) ressalta que, devido à possibilidade de sobrevivência dos microrganismos em presença de matéria orgânica e inorgânica no lixo, esse se torna um sério problema de saúde pública.

Outro risco associado aos RSS são as quantidades de antimicrobianos utilizados nos serviços de saúde e descartados nos efluentes, o que pode induzir pressão seletiva nas bactérias. Os efluentes de hospitais contêm altos níveis de bactérias resistentes e, também, resíduos de antimicrobianos em concentrações capazes de inibir o crescimento de bactérias sensíveis (FUENTEFRIA *et al.*, 2008). O bioaerossol gerado durante o manuseio dos resíduos pode conter bactérias Gram-positivas e Gram-negativas, bactérias filamentosas Gram-positivas e fungos filamentos que contribuem para a ocorrência de problemas pulmonares em países de primeiro mundo (WHO 2018). O estudo de Jang *et al.* (2005) mostrou que o descarte inadequado do resíduo hospitalar levou à transmissão de uma única linhagem

de *Candida tropicalis* em uma UTI de um hospital na Coreia do Sul. A sobrevivência de *E. coli*, *P. aeruginosa* e *S. aureus* em amostras de resíduo padrão foi avaliada por Soares *et al.* (2005), no qual se verificou que a concentração bacteriana nunca chegou a zero ou próximo a zero durante 16 dias de experimentação. Esse fato demonstra que existe uma dinâmica populacional dentro dos sacos de recolhimento de resíduos, justificando o risco para pacientes, funcionários, visitantes e trabalhadores da área de coleta de resíduos.

O estudo desenvolvido por Blenkharn (2006) em hospitais de Londres sugere que os contêineres para armazenar resíduos dentro dos Serviços de Saúde podem servir de veículo de disseminação de microrganismos para todo o ambiente. Foram isolados *S. aureus*, enterobactérias, *E. coli* e *P. aeruginosa* de diversos locais desses contêineres, como rodas e tampas. Além desses, foi ressaltada a presença de sujidade externa e internamente, inclusive com a presença de sangue, em alguns equipamentos. Em outro estudo, Vieira (2011) comprovou a presença de uma população microbiana diversificada no interior dos sacos de resíduos sólidos de instituições odontológicas com perfis variados de susceptibilidade a antimicrobianos. O estudo permitiu estabelecer um risco potencial quando do manuseio desses resíduos, assim como a provável disseminação desses microrganismos nos ambientes de saúde e para o meio ambiente. Deve-se ressaltar que, nas instituições de saúde, são atendidos pacientes imunossuprimidos e em extremos de idade, pacientes usualmente mais susceptíveis quando de um eventual contato com tais microrganismos. Os dados obtidos apontaram para a necessidade de um rigoroso controle do manejo adequado desses resíduos a partir de sua geração até a destinação final.

Capítulo 7

Gerenciamento dos resíduos dos serviços de saúde

O gerenciamento dos RSS constitui-se em um conjunto de procedimentos de gestão, planejados e implementados a partir de bases científicas e técnicas, normativas e legais, com o objetivo de minimizar a produção de resíduos e proporcionar aos resíduos gerados um encaminhamento seguro, de modo eficiente, visando à proteção dos trabalhadores à preservação da saúde pública, dos recursos naturais e do meio ambiente (BRASIL, 2018).

O planejamento dos recursos físicos, dos recursos materiais e da capacitação dos recursos humanos envolvidos no manejo dos RSS devem ser contemplados em todas as etapas do gerenciamento de RSS. Todo gerador tem de elaborar um Plano de Gerenciamento de Resíduos de Serviços de Saúde – PGRSS, fundamentado nas características dos resíduos gerados e na classificação deles, estabelecendo as diretrizes de seu manejo. O PGRSS a ser elaborado deve ser compatível com as normas locais relativas à coleta, ao transporte e à disposição final dos resíduos gerados nos serviços de saúde, estabelecidas pelos órgãos locais responsáveis por essas etapas (BRASIL, 2018).

Dentro de uma instituição de saúde, várias são as dimensões da questão ambiental, todas muito importantes, complexas e dignas de tratamento sério e sistêmico em seu conjunto. No entanto, são inegáveis a emergência e a criticidade da gestão dos RSS. Dentre as principais causas do crescimento da geração desses resíduos está o contínuo incremento da complexidade dos procedimentos e a universalização do sistema (NAIME *et al.*, 2007).

Desse modo, o gerenciamento dos RSS constitui um assunto que merece uma discussão mais ampliada, tendo em vista as repercussões que pode ter sobre a saúde humana e o meio ambiente. De acordo com Oyekale e Oyekale (2017), a gestão adequada dos resíduos da saúde é um pré-requisito para a prestação eficiente de serviços de saúde.

A preocupação com o gerenciamento dos RSS é algo recente dentro das instituições de saúde e somente passou a ganhar a devida importância com a aplicação de legislações específicas. As resoluções 306/04 da ANVISA atualizada pela RDC 222/2018 e 358/05 do CONAMA dispõem sobre o regulamento técnico para o gerenciamento de resíduos de serviços de saúde e tornam obrigatória a qualificação dos profissionais que atuam com tais resíduos.

O gerenciamento dos resíduos de saúde objetiva minimizar sua produção e proporcionar um encaminhamento seguro, visando à proteção dos trabalhadores e à preservação do ambiente. No que se refere às condições de trabalho, a estrutura e a organização estão relacionadas à sua divisão técnica, ao processo e ao ritmo de trabalho, à distribuição de atividades entre os profissionais, aos níveis de formação e especialização do trabalho.

O gerenciamento de resíduos, segundo a ANVISA (2018), é composto pelas etapas:

- **Segregação:** consiste na separação dos resíduos no momento e local de sua geração, de acordo com as características físicas, químicas, biológicas, o seu estado físico e os riscos envolvidos considerando cada classe.

- **Acondicionamento:** consiste no ato de embalar os resíduos segregados, em sacos ou recipientes que evitem vazamentos e resistam às ações de punctura e ruptura. Ainda, a capacidade dos recipientes de acondicionamento deve ser compatível com a geração diária de cada tipo de resíduo.

- **Identificação:** consiste no conjunto de medidas que permite o reconhecimento dos resíduos contidos nos sacos e recipientes, fornecendo informações ao correto manejo dos RSS. A identificação deve estar presente nos sacos de acondicionamento, nos recipientes de coletas interna e externa, nos recipientes de transportes interno e externo, e nos locais de armazenamento, em local de fácil visualização, de modo indelével, utilizando-se símbolos conforme os símbolos, cores e frases, atendendo aos parâmetros referenciados na norma NBR 7.500 da ABNT, além de outras exigências relacionadas à identificação de conteúdo e ao risco específico de cada grupo de resíduos.
- **Transporte interno:** consiste no traslado dos resíduos dos pontos de geração até local destinado ao armazenamento temporário, ou o externo com a finalidade de apresentação para a coleta.
- **Armazenamento temporário:** consiste na guarda temporária dos recipientes contendo os resíduos já acondicionados, em local próximo aos pontos de geração, visando agilizar a coleta dentro do estabelecimento a fim de otimizar o deslocamento entre os pontos geradores e o ponto destinado à apresentação para coleta externa. Não poderá ser feito armazenamento temporário com disposição direta dos sacos sobre o piso, sendo obrigatória a conservação desses em recipientes de acondicionamento.
- **Tratamento:** consiste na aplicação de método, técnica ou processo que modifique as características dos riscos inerentes aos resíduos, reduzindo ou eliminando o risco de contaminação, de acidentes ocupacionais ou de danos ao meio ambiente. O tratamento pode ser aplicado no próprio estabelecimento gerador ou em outro estabelecimento.

Nesses casos, observam-se as condições de segurança para o transporte entre o estabelecimento gerador e o local do tratamento.

- **Armazenamento externo:** consiste na guarda dos recipientes de resíduos até a realização da etapa de coleta externa, em ambiente exclusivo com acesso facilitado para os veículos coletores.
- **Coleta e transporte externos:** consistem na remoção dos RSS do abrigo de resíduos (armazenamento externo) até a unidade de tratamento ou disposição final, utilizando-se técnicas que garantam a preservação das condições de acondicionamento e a integridade dos trabalhadores, da população e do meio ambiente, devendo estar de acordo com as orientações dos órgãos de limpeza urbana.
- **Disposição final:** consiste na disposição de resíduos no solo, previamente preparado para recebê-los, obedecendo a critérios técnicos de construção e operação, e com licenciamento ambiental de acordo com a Resolução CONAMA nº. 358/2005.

O gerenciamento dos RSS pressupõe análise inter e transdisciplinar, considerando o conhecimento sobre variáveis relacionadas com os diferentes olhares das áreas do conhecimento, em especial a saúde e meio ambiente. Os EAS, ao definirem suas políticas de gerenciamento, precisam analisar não apenas as variáveis internas que determinam a geração dos RSS, mas o conjunto de relações das variáveis externas que interferem nos resultados, essa ação aliada a programas educativos, capacitações constantes, pesquisas e análise de indicadores, que envolvam a instituição como um todo, constitui fator fundamental para a efetivação de programas de gerenciamento.

Capítulo 7

Bibliografia consultada

- ABNT. Associação Brasileira de Normas Técnicas. NBR 10.004:2004 – Resíduos Sólidos – Classificação. Rio de Janeiro, ABNT, 2004.
- ANVISA. Agência Nacional de Vigilância Sanitária. Boletim Informativo. Segurança do Paciente e Qualidade em Serviços de Saúde; Brasília. ANVISA; 2011. Disponível: http://portal.anvisa.gov.br/wps/portal/anvisa/home. Acesso em: 18 fev. 2016
- Bidone, F.R.A. Resíduos sólidos provenientes de coletas especiais: eliminação e valorização. Rio de Janeiro: Associação Brasileira de Engenharia Sanitária e Ambiental; 2001.
- BRASIL. ANVISA – Agência Nacional de Vigilância Sanitária (BR). RDC nº 222, de 28 de março de 2018: regulamenta as Boas Práticas de Gerenciamento dos Resíduos de Serviços de Saúde e dá outras providências. Brasília (DF); 2018.
- BRASIL. Cadastro Nacional dos Estabelecimentos de Saúde. Tipos de estabelecimentos. Disponível em: http://cnes.datasus.gov.br/Index.asp?home=1. Acesso em: 13 mar. 2018.
- BRASIL. CONAMA. Resolução n° 358 de 2005. Dispõe sobre o tratamento e a disposição final dos resíduos dos serviços de saúde e dá outras providências. Diário Oficial da União 2005.
- BRASIL. Lei Federal nº 12305, de 02 de agosto de 2010. Institui a Política Nacional de Resíduos Sólidos, altera a lei nº 9605, de 12 de fevereiro de 2008 e dá outras providencias. Brasília (Brasil): Casa Civil; 2010.
- CDC. Center Of Disease Control and Prevention. Departament of Health & Human Services USA. Medical Waste Management in the Bioterrorism. Clinician Outreach and Communication Activity Clinician Briefing, 2005, p.158.
- Chaerul, M.; et al. A system dynamics approach for hospital waste management. Waste Management, v. 28, n. 2, p. 442–449, jan. 2008.
- Chartier, Y. et al. Safe management of wastes from healthcare activities, 2th edn.Geneva: World Health Organization. (2014)
- De Titto, E.; Savino, A. A.; Townend, W. K. Healthcare waste management: the current issues in developing countries. Waste Management & Research, v. 30, n. 6, p. 559–561, jun. 2012.
- Fuentefria, D. B.; Ferreira, A. E.; Gräf, T.; Corção, G. Pseudomonas aeruginosa: disseminação de resistência antimicrobiana em efluente hospitalar e água superficial. Rev Soc Bras Med Trop. v. 41, n.5, p. 470-473, 2008.
- Guimarães JR, Jayro. Biossegurança e Controle da Infecção Cruzada: em consultórios odontológicos. São Paulo: Santos, 2001. 536 p.
- Hassan, M. M. et al. Pattern of medical waste management: existing scenario in Dhaka City, Bangladesh. BMC Public Health, v. 8, n. 1, dez. 2008.
- Hossain, M. et al. Infectious Risk Assessment of Unsafe Handling Practices and Management of Clinical Solid Waste. International Journal of Environmental Research and Public Health, v. 10, n. 2, p. 556–567, 31 jan. 2013.
- Jang, S.K.; Han, H.L.; Lee, S.H. et al. PFGE-Based Epidemiological Study of an Outbreak of Candida tropicalis: the importance of medical waste as a reservoir of nosocomial infection. Jpn J Infect, v. 58, n. 6, p. 263-267, oct, 2005.
- Ma, J.; Hipel, K. W. Exploring social dimensions of municipal solid waste management around the globe – A systematic literature review. Waste Management, v. 56, p. 3–12, out. 2016.
- Naime, R. et al. Diagnóstico do Sistema de Gestão dos Resíduos Sólidos do Hospital de Clínicas de Porto Alegre. Estudos tecnológicos. São Leopoldo, vol. 3, n. 1, p.12-36, jan/jun.2007.
- Organização Pan-Americana da Saúde (OPAS). Guia para o Manejo Interno de Resíduos Sólidos em Estabelecimentos de Saúde. OPAS, Brasil, 1997, p. 64.
- Oyekale, A. S.; Oyekale, T. O. Healthcare waste management practices and safety indicators in Nigeria. BMC Public Health, v. 17, n. 1, dez. 2017.
- Pugliesi, E. Estudo da evolução da composição dos resíduos de serviços de saúde (RSS) e dos procedimentos adotados para o seu gerenciamento integrado, no Hospital Irmandade Santa Casa de Misericórdia de São Carlos-SP. 2010. Tese de Doutorado. Universidade de São Paulo.
- Saikia, D.; Nath, M. J. Integrated solid waste management model for developing country with special reference to Tezpur municipal area, India. International Journal of Innovative Research & Development, v. 4, n. 2, p. 241-249, 2015.

- Silva, C. A. M. Da C. E et al. Caracterização microbiológica de lixiviados gerados por resíduos sólidos domiciliares e de serviços de saúde da cidade do Rio de Janeiro. Engenharia Sanitária e Ambiental, v. 16, n. 2, p. 127–132, jun. 2011.
- Veiga, T. B. et al. Building sustainability indicators in the health dimension for solid waste management. Revista Latino-Americana de Enfermagem, v. 24, n. 0, 2016.
- Ventura, K. S.; et al. Avaliação do gerenciamento de resíduos de serviços de saúde por meio de indicadores de desempenho. Engenharia Sanitária e Ambiental, v. 15, n. 2, p. 167–176, jun. 2010.
- Vieira, C. D. et al. Count, identification and antimicrobial susceptibility of bacteria recovered from dental solid waste in Brazil. Waste Management, v. 31, n. 6, p. 1327–1332, jun. 2011.
- Vieira, C. D. et al. Knowledge, behaviour and microbial load of workers handling dental solid waste in a public health service in Brazil. Waste Management & Research, v. 35, n. 6, p. 680–685, jun. 2017.
- Vilela-Ribeiro E. B. et al. Uma abordagem normativa dos resíduos sólidos de saúde e a questão ambiental. Rev Eletr Mestr Educ Ambient, v. 22, p. 168-76, 2009.
- WHO. World Health Organization. Health care-associated infections Fact Sheet. Disponível em: http://www.who.int/gpsc/country_work/gpsc_ccisc_fact_sheet_en.pdf.Acesso em: 19 Out.2018.
- WHO. World Health Organization. Health-care waste. World Health Organization, Geneva, 2018. Disponível em: http://www.who.int/en/news-room/fact-sheets/detail/health-care-waste. Acesso em: 13 de Abril de 2018.
- Xin, Y. T. Comparison of hospital medical waste generation rate based on diagnosis-related groups. Journal of Cleaner Production, n. 100, p. 202–207, 2015.

Boas Práticas em Laboratórios de Pesquisa e Serviços de Saúde

8

Marco Fabio Mastroeni

Introdução

As boas práticas de laboratório, e aqui estendidas também a laboratórios de pesquisa e serviços de saúde, dizem respeito a técnicas, normas e procedimentos de trabalho, que visam a minimizar e controlar a exposição dos indivíduos aos riscos inerentes às suas atividades. A aplicação das boas práticas é indispensável à segurança do indivíduo, do produto que está manipulando e do ambiente em que atua, devendo fazer parte de sua rotina de trabalho.

O uso das boas práticas em laboratórios e serviços de saúde deve ser fundamentalmente de caráter coletivo, e não somente individual. Todos que trabalham nesses ambientes precisam ser constantemente atualizados quanto às técnicas seguras de trabalho, caso contrário, o não cumprimento dessas técnicas certamente irá gerar risco, não só a um indivíduo, mas também, a todos os que atuam naquele ambiente.

Infelizmente, muitas vezes assumimos uma visão egoísta dos fatos, ao pensarmos que basta "eu" estar utilizando um equipamento de proteção individual (EPI) para estar totalmente protegido de eventuais acidentes. Um exemplo muito prático desse caso, e que tem ocorrido com frequência em laboratórios de pesquisa e serviços de saúde, pode ser ilustrado quando um indivíduo procede à descontaminação de uma bancada, segurando um frasco de álcool, e não percebe a chama do bico de Bunsen acesa. Se nesse momento ocorrer uma explosão e outra pessoa estiver próximo ao acidente, mesmo vestindo o jaleco, esse EPI não será suficiente para garantir total proteção contra os ferimentos gerados pelo fogo. A desatenção e a falta de treinamento de um indivíduo podem colocar em risco a vida de outros membros da equipe. Todos devem possuir uma visão de prevenção e profissionalismo no ambiente de trabalho, e não somente parte da equipe.

Com facilidade, é possível presenciarmos locais em que somente alguns trabalhadores fazem uso dos EPIs de maneira rotineira em suas atividades. Geralmente, nesses locais, as pessoas que não possuem

Capítulo 8

81

o hábito de utilizar tais equipamentos são justamente as responsáveis pelo setor, as quais pensam estar protegidas sob os anos de experiência proporcionados pela vida naquele ambiente. Infelizmente, essas pessoas que deveriam encabeçar o exemplo do uso das boas práticas de laboratório, são as que mais resistem à mudança de hábito, ainda que seja para proporcionar maior segurança pessoal à equipe e ao ambiente de trabalho.

A grande maioria dos acidentes ocorre em indivíduos que apresentam falta de experiência e excesso de confiança, e em menor frequência, em indivíduos que apresentam equilíbrio profissional. Isso mostra a importância de fornecer ao funcionário que está iniciando suas atividades, um treinamento consistente e que deve ser mantido ao longo dos anos, independentemente de seu tempo de trabalho.

Quando entramos no âmbito do controle e contenção de infecção, principalmente no ambiente hospitalar, o aspecto mais importante está relacionado com a aderência, por parte dos trabalhadores, das práticas e técnicas padrões em microbiologia. Um estudo sobre as atitudes e comportamentos de enfermeiros assistenciais em resposta às táticas de influência do serviço de controle de infecção hospitalar revelou que as cinco táticas de influência mais aceitas por 392 enfermeiros assistenciais, para promover a aderência às medidas de prevenção de infecção hospitalar, são (Queiroz, 2001):

– Informar ser em benefício do paciente.
– Ressaltar a necessidade da aderência.
– Reunir funcionários e explicar as medidas.
– Descentralizar os procedimentos.
– Buscar a colaboração de enfermeiros.

Nesse mesmo estudo, as táticas de influência menos aceitas pelos mesmos 392 enfermeiros assistenciais foram:

– Ignorar o funcionário.

– Oferecer algo em troca.
– Oferecer benefícios.
– Impor as medidas e ignorar a opinião.
– Simplesmente mandar cumprir.

As pessoas que trabalham com agentes infecciosos ou com materiais potencialmente contaminados devem-se conscientizar sobre os riscos potenciais, devendo ser treinadas e estarem aptas a exercer as técnicas e práticas necessárias ao manuseio seguro desses materiais. Cabe ao diretor ou a pessoa que coordena o laboratório a responsabilidade, também, pelo fornecimento ou pela elaboração de um treinamento adequado aos funcionários de sua instituição (BRASIL, 2006).

Uso de equipamentos de proteção individual

Infelizmente, muitas pessoas deixam de usar o EPI por considerá-lo esteticamente desagradável, para não dizer feio. A função fundamental do EPI é fornecer proteção ao indivíduo sob os diversos modos de atividades que ele desempenha. Como um fator secundário, mas não menos importante que a proteção, está o conforto no uso desses equipamentos de proteção. De nada adianta um EPI apresentar total proteção ao indivíduo, se esse não consegue utilizá-lo por mais do que alguns minutos. Sabemos que grande parte dos EPIs é utilizada por várias horas e, consequentemente, precisa proporcionar conforto aliado à proteção. Se essas duas características não forem satisfeitas, o EPI potencialmente irá gerar riscos ao indivíduo, visto que evitará utilizá-lo ou, caso o utilize, trabalhará sob condições de estresse com o constante objetivo de terminar sua atividade o mais rápido possível para retirar o EPI. Um estudo que avaliou a tendência de acidentes em um laboratório de pesquisa bioquímica de uma universidade envolvendo alunos de graduação e pós-graduação, mostrou que 50% dos alunos não faziam uso de EPIs no momento do acidente. Nesse mesmo estudo, 44,4% dos entrevistados relataram ter sofrido o acidente devido à sua própria imprudência (Müller, 2004), fato que intensifica ainda mais a necessidade de usar o EPI.

A qualidade do EPI é, também, um fator associado ao seu uso. É fundamental que os EPIs tenham boa qualidade, característica que deve ser exigida pelo comprador da instituição, e não somente baixo custo. O ideal é que a instituição escolha os EPIs com quem realmente os utiliza, é compreensível que esse procedimento irá proporcionar a diminuição da incidência de riscos de acidentes em seus estabelecimentos. Assim, evitam-se baixas desnecessárias, gastos com medicamentos, substituições de trabalhadores, dentre outras situações resultantes dos acidentes de trabalho.

Acidentes em laboratórios e serviços de saúde

Acidente pode ser definido como um acontecimento infeliz, casual ou não, de que resultam dano, ferimento, estrago, prejuízo, avaria, ruína etc. Exceto os de origem natural, como terremotos, vulcões etc., todo acidente pode ser prevenido. Dentre as causas possíveis de gerar acidentes, podemos destacar:

– Fatores sociais.
– Instrução inadequada.
– Mau planejamento.
– Supervisão incorreta e/ou inapta.
– Não observância de normas.
– Práticas de trabalho inadequadas.
– Manutenção incorreta.
– Mau uso dos equipamentos de proteção.
– Uso de materiais de origem desconhecida.

– *Layout* inadequado.
– Higiene pessoal.
– Jornada excessiva de trabalho.

As doenças profissionais e os acidentes de trabalho constituem um importante problema de saúde pública em todo o mundo. As estimativas da Organização Internacional do Trabalho (OIT), que revelam a ocorrência anual de 160 milhões de doenças profissionais, 250 milhões de acidentes de trabalho e 330 mil óbitos, são baseadas somente em doenças não transmissíveis (RB, 2021). Dentre os acidentes mais comuns sofridos pelos profissionais de saúde, estão as lesões lombares, as quais podem ser evitadas com a utilização de técnicas corporais adequadas (Bolick, Brady, & Bruner, 2000) às diferentes atividades desenvolvidas.

Uma das tarefas mais difíceis de se realizar em laboratórios e serviços de saúde é o registro dos acidentes de trabalho. Qualquer pessoa que desenvolva atividades em tal ambiente possui potencial para sofrer algum tipo de acidente. Caso isso ocorra, essa pessoa deve ter responsabilidade, para consigo próprio e para com as pessoas que o cercam, de notificar imediatamente o acidente gerado (Bolick et al., 2000). Dentre os diversos fatores associados à notificação do acidente, destacam-se:

– Elaboração de um plano de tendência de acidentes.
– Notificação de familiares, colegas de trabalho e pacientes nos casos em que houver possibilidade de contágio com o envolvido.
– Tratamento imediato do envolvido.
– Controle dos riscos capazes de gerar um novo acidente.
– Aquisição ou troca de EPIs, quando for o caso.
– Investimento em treinamento.

Capítulo 8

A consciência de que acidentes aparentemente simples e casuais, sem risco evidente, podem esconder graves riscos para os indivíduos que circulam no ambiente é um fato a ser considerado. Vejamos um exemplo muito comum e prático para análise:

Uma pessoa está caminhando dentro de seu ambiente de trabalho e bate com a perna em uma bancada. Como a batida foi leve e não causou dano aparente, a pessoa ignora e dá continuidade à sua atividade de trabalho, sem registrar o acidente. No dia seguinte, outra pessoa, ao passar pelo mesmo local, sofre o mesmo acidente e igualmente ignora, prosseguindo em seu trabalho sem registrar o acidente. Durante a noite desse mesmo dia, um funcionário da limpeza também bate na mesma bancada e, infelizmente, não considera necessário registrar o acidente. Passando por rápida e simples análise, percebe-se que, ao identificarmos o acidente como sendo individual, e não coletivo, o mesmo deixa de ser importante. No entanto, se relacionarmos o número de acidentes com o local em que ocorreram em um determinado período, identificamos os riscos a que essas pessoas estão expostas. Para o exemplo descrito, tais riscos podem compreender:

– Hematoma na perna.

– Queda do indivíduo sem causar maior dano.

– Queda do indivíduo causando lesão no braço, perna etc..

– Desequilíbrio do indivíduo, ao bater na bancada, causando o derramamento de líquidos ou produtos perigosos à sua integridade física; ou provocando a queda de materiais ou equipamentos de trabalho.

Enfim, vários são os acidentes possíveis de ocorrer, caso a situação de risco não seja rapidamente controlada. O interessante é que, na maioria das vezes, basta o desenvolvimento de simples modificações, sem custos, como por exemplo a sinalização do risco ou a mudança de localização da bancada.

A seguir, são relatados alguns casos reais de acidentes ocorridos em laboratórios de análises clínicas. Os relatos foram descritos por alunos de cursos e disciplinas relacionados à biossegurança, sendo omitidos os nomes das pessoas e das instituições em que ocorreram os acidentes.

Relato 1

Ao manusear tubo de ensaio contendo amostra para análise, profissional causa agitação do tubo e respingo do conteúdo em seus olhos.

Relato 2

Ao perceber que a mangueira de água do destilador se desconectou, funcionário corre para reconectá-la, escorrega e bate com a cabeça na bancada. Após o acidente, o funcionário foi medicado e recebeu oito pontos na cabeça.

Relato 3

Após coletar o sangue de um paciente, funcionário volta-se repentinamente para trás e, acidentalmente, pica outro funcionário que transitava naquele momento. Após o acidente, o funcionário picado precisou fazer tratamento preventivo para AIDS.

Relato 4

Ao descartar seringa na caixa para descarte de perfurocortantes, funcionário não percebe que ela está cheia e é picado com uma agulha disposta apontada para a extremidade superior da caixa.

Relato 5

Após coletar sangue de um paciente, funcionário tenta reencapar a agulha com as duas mãos e se pica. Nesse caso, não foi efetuado o tratamento preventivo para AIDS.

Relato 6

Ao tentar conectar uma pipeta de vidro à "pera de borracha", a pipeta quebra e parte dessa penetra na mão do funcionário.

Boas práticas em laboratórios e serviços de saúde

O estabelecimento de mudanças nas práticas de trabalho envolve a implementação e o desenvolvimento de uma política específica de revisão de procedimentos e alterações nas atividades realizadas pelos profissionais de saúde, de modo a reduzir a probabilidade da exposição a materiais biológicos. Grande parte dessas ações está direcionada a cuidados específicos com materiais perfurocortantes, à prevenção da contaminação ambiental por materiais biológicos e à subsequente exposição dos patógenos de transmissão sanguínea.

A seguir, são descritos exemplos de normas, técnicas e procedimentos que proporcionam segurança nas atividades diárias de pessoas que trabalham em laboratórios de pesquisa ou serviços de saúde, facilitando a rotina de trabalho (CDC, 2020; Furr, 2000; UCL, 2020; WHO, 2020). Cabe ressaltar que cada laboratório ou ambiente de trabalho deve desenvolver seu próprio roteiro de boas práticas, acrescentando novas técnicas, na medida em que se modificam as condições de trabalho ou quando a equipe julgar necessário.

Normas gerais

1. Seja consciente do que estiver fazendo.
2. Procure manter as técnicas e procedimentos utilizados em seu trabalho sempre atualizados.
3. Procure organizar um protocolo das atividades que irá realizar no dia. Isso evita paradas desnecessárias ao longo das suas atividades.
4. Ao término das suas atividades, recoloque os materiais nos locais em que foram retirados, o que possibilita que outros possam facilmente localizá-los quando necessário.
5. O acesso ao laboratório deverá ser limitado ou restrito quando houver experimentos em andamento.
6. Procure desenvolver suas atividades nos horários de menor fluxo de pessoas. Isso possibilita maior atenção às suas atividades e maior disponibilidade de equipamentos e materiais.
7. Use protetor auricular sempre que exercer atividades que possam gerar ruído elevado.
8. Evite ao máximo a geração de aerossóis. Procure realizar movimentos leves, quando estiver manuseando produtos que possam gerar aerossol.
9. É expressamente proibido pipetar com a boca qualquer tipo de produto, inclusive água. Utilize sempre os dispositivos mecânicos especialmente desenvolvidos para tal procedimento.
10. Quando trabalhar com sangue e demais líquidos fluidos-corpóreos, parta do princípio de que o material está contaminado e utilize os EPIs necessários à sua segurança.
11. Utilize sempre as ferramentas adequadas a cada tipo de atividade.
12. Não cultive plantas ou circule com animais dentro do laboratório.
13. Dê preferências a alças de transferência descartáveis; assim, você evita a flambagem e, consequentemente, o aerossol.
14. Como segurança quanto ao risco de contaminação dos dispositivos de pi-

petagem, mantenha todas as pipetas de vidro com rolha de algodão hidrófobo.

15. Nunca sopre uma pipeta para eliminar o resto de líquido existente. Aprenda a utilizar corretamente o dispositivo de pipetagem.

16. Jamais utilize recipientes de trabalho para uso comum, como Becker, para beber água, café, sucos etc.

17. Procure se atualizar quanto às normas e práticas de biossegurança.

18. Nunca trabalhe sozinho dentro de câmaras frias.

19. Quando estiver trabalhando na bancada, mantenha no fundo dessa um recipiente para descarte, contendo algodão embebido em álcool a 70%.

Higiene

1. Lave as mãos antes e após cada atividade.

2. É imprescindível manter as unhas sempre curtas. Jamais utilize luvas com unhas compridas, pois estará se expondo ao risco de contaminação.

3. Não tente coçar os olhos, o nariz, o ouvido ou a boca com as mãos calçando luvas.

4. Não manipule lentes de contado em seu ambiente de trabalho.

5. Se você possui cabelos longos, mantenha-os presos no ambiente de trabalho e, quando necessário, faça uso do gorro protetor.

6. Após cada atividade, mantenha o local limpo, para que outros possam utilizá-lo de maneira segura.

7. Procure não aplicar perfumes e desodorantes fortes que possam incomodar os colegas de trabalho.

8. Nunca faça refeições em seu ambiente de trabalho. Procure o refeitório ou local específico para essa finalidade.

9. Todo material e equipamento que entrar em contato com microrganismos devem ser descontaminados.

10. Mantenha seu jaleco sempre limpo. Caso você o lave em casa, utilize hipoclorito de sódio a 1%, para descontaminá-lo, e lave-o separadamente de suas roupas de uso diário.

11. Não manuseie maçanetas, telefones, puxadores de armários ou outros objetos de uso comum, usando luvas durante a execução das suas atividades.

12. Quando estiver manipulando material contaminado, procure manter, próximo à sua atividade, papel absorvente embebido em desinfetante, a fim de evitar a dispersão de derramamento ou respingo acidental.

13. Não deixe material de trabalho sujo por muito tempo na bancada ou na pia. Imediatamente após o uso, mantenha-os submersos no desinfetante, seguindo o tempo exigido pelo fabricante.

Equipamentos de proteção individual (EPIs)

1. A partir do momento que você entrou em um laboratório ou ambiente de trabalho, sempre faça uso do jaleco.

2. Sempre use protetor facial, ao manipular produtos que possam gerar aerossóis e respingos.

3. Quando necessário, faça uso dos diferentes tipos de óculos de proteção, específicos para cada atividade.

4. Mantenha o uso de luvas descartáveis como um hábito em seu ambiente de trabalho. Nunca entre em contato direto com sangue e demais substâncias que possam estar contaminados.

5. Os EPIs foram desenvolvidos para serem utilizados somente dentro do ambiente de trabalho. Nunca se retire

do laboratório vestindo o jaleco ou calçando luvas e máscara.

6. Caso a luva de látex esteja lhe causando alergia, troque-a imediatamente por outra adequada à sua pele, seguindo orientação médica.

7. Nunca lave ou desinfete luvas cirúrgicas ou de procedimentos para reutilizá-las depois. Essas são do tipo descartável e não podem ser reutilizadas.

8. O jaleco objetiva reduzir a exposição do trabalhador à contaminação de objetos e ambiente de trabalho. Desse modo, deve ser usado sempre fechado.

9. Evite usar calçados abertos e desconfortáveis no ambiente de trabalho. Dê preferência a calçados fechados e adequados à ergonomia.

10. Lembre-se de que existem diferentes tipos de luva para diferentes tipos de atividade e produto químico. Use sempre a luva adequada.

11. Para os processos de desinfecção de paredes, tetos, tubulações etc., proteja totalmente seu corpo, inclusive a cabeça.

Prevenção de acidentes

1. Reencapar agulhas é terminantemente proibido. Agulhas não devem ser entortadas, removidas ou quebradas. Em casos de procedimentos estritamente específicos que necessitam do reencape, utilize um dispositivo mecânico ou a técnica de "cavar" com apenas uma das mãos.

2. Nunca apanhe cacos de vidro com as mãos ou pano. Use sempre pá e vassoura.

3. Ao derramar qualquer substância, providencie a limpeza imediatamente, seguindo as recomendações de segurança necessárias a cada produto.

4. Jamais corra no ambiente de trabalho.

5. Concentre-se na sua atividade. Evite conversar enquanto realiza alguma tarefa que exige atenção.

6. Não obstrua os ouvidos com qualquer tipo de equipamento sonoro, enquanto trabalha. Você precisa estar atento a qualquer ruído à sua volta.

7. Procure trabalhar no máximo oito horas por dia. Nunca sobrecarregue seu limite de trabalho.

8. Jamais trabalhe no mesmo horário que o pessoal da limpeza. Para diminuir a exposição ao aerossol gerado pelo pessoal da limpeza, procure aguardar 15 a 30 minutos para reiniciar sua atividade após o término da limpeza.

9. Ao abrir ampolas, proteja suas mãos com algodão ou pano, para não se cortar.

10. Muito cuidado ao introduzir objetos perfurocortantes no recipiente específico para tal fim. Observe se ele ainda apresenta capacidade de armazenamento.

11. Evite usar relógio no pulso durante as suas atividades. Qualquer desatenção para verificar as horas pode causar acidentes, quando estiver manuseando frascos contendo líquidos ou similares.

12. Não utilize vidrarias trincadas ou quebradas. Descarte-as em local adequado e substitua-as por novos materiais.

13. Ao retirar ou colocar material de uma mufla, use sempre óculos de proteção, luvas de amianto e pinças adequadas.

14. Nunca coloque material aquecido diretamente em superfícies desprotegidas como: aço inoxidável, fórmica ou pedra.

15. Após utilizar o bico de Bunsen ou maçarico, procure sinalizá-los com o aviso "cuidado! material aquecido", a fim de evitar que outra pessoa sofra queimadura.

16. Nunca segure as garrafas ou frascos somente pelo gargalo. Coloque sempre uma das mãos, devidamente protegida, sob a garrafa ou frasco.

Cuidados com a ergonomia

1. Ao transportar materiais pesados, peça auxílio a um colega ou faça uso de dispositivos auxiliares, como carrinho, elevador etc.

2. Procure não realizar movimentos repetitivos por muito tempo.

3. Utilize sempre cadeiras adequadas a uma boa postura, conforme a NR-17 do MTP (BRASIL, 2020).

Eletricidade

1. Apague as luzes sempre que a sala não for mais utilizada.

2. Não utilize equipamentos que apresentem seus componentes alterados, como fios desencapados, tomadas desprotegidas etc.

3. Não trabalhe sob condições de iluminação impróprias. Verifique se a quantidade de lâmpadas existente está de acordo com o tamanho do ambiente.

4. Não utilize mais do que um equipamento na mesma tomada.

5. Antes de ligar qualquer equipamento, certifique-se de que ele se encontra na voltagem adequada à rede.

6. Ao retirar um plugue da tomada, puxe-o pelo plugue, nunca pelo fio.

7. Jamais coloque aparelhos elétricos em superfícies molhadas ou úmidas.

Saúde

1. Mantenha o controle de sua imunização atualizado.

2. Se estiver se sentindo mal ou identificar qualquer situação anormal quanto à sua integridade física, procure imediatamente orientação médica.

3. Relate imediatamente qualquer acidente de trabalho ao departamento médico da instituição. Acidentes aparentemente ocasionais podem mostrar-se frequentes, quando, ao final de cada mês, são avaliados todos os relatos de acidentes da instituição.

Segurança

1. Evite trabalhar sozinho. Caso necessário, mantenha alguém avisado e peça que entre em contato a cada hora.

2. Obedeça à sinalização de segurança existente nos diferentes ambientes de trabalho.

3. Ao transportar material para outra sala, mantenha-o em recipiente fechado e a prova de vazamentos.

4. Ao calçar as luvas certifique-se de que não apresentam dano quanto à integridade física.

5. Quando estiver visitando algum laboratório de pesquisa ou saúde, evite tocar ou encostar-se às bancadas e equipamentos de trabalho. Em um ambiente desconhecido, você não sabe como ocorre o processo de limpeza, por isso não vacile.

Armazenamento e estoque de materiais

1. Nunca armazene mais do que um litro ou um quilograma de produto químico em seu ambiente de trabalho. Quantidades maiores devem ser estocadas em local específico, previamente estabelecido.

2. Mantenha a integridade do rótulo dos produtos armazenados.

3. Antes de armazenar ou estocar materiais, anexe o rótulo com os dados completos do produto, como data, tipo

de produto, modo de armazenamento, periculosidade, demais dados necessários e o seu nome.

Manuseio de produtos químicos

1. Sempre manipule produtos químicos cancerígenos e teratogênicos dentro das cabines de segurança química (CSQ).

2. Sempre que possível, solicite ao químico responsável da instituição a reciclagem do componente material ou energético do resíduo.

3. Não tente cheirar nem provar qualquer produto químico.

4. Leia com atenção o rótulo dos reagentes, antes de abri-los.

5. Procure manusear produtos químicos sobre uma bandeja, para prevenir derramamentos em caso de ruptura dos frascos.

Cabines de segurança biológica (CSB) (Richmond & McKinney, 2000)

1. Ao utilizar a CSB, mantenha as portas e janelas do laboratório fechadas. Evite a circulação de ar nesse momento.

2. Mantenha o sistema de filtro HEPA e a luz UV funcionando durante 15-20 minutos antes do e após o uso da cabine.

3. Descontamine o interior da CSB com gaze estéril embebida em álcool 70% antes do e após o uso.

4. Procure fazer movimentos leves dentro da cabine. Movimentos bruscos ocasionam a ruptura do fluxo laminar de ar, comprometendo a segurança do seu trabalho.

5. Conduza as manipulações no centro da área de trabalho.

6. Mantenha um frasco contendo algodão embebido em álcool a 70%, para o descarte de ponteiras e demais materiais

utilizados durante a sua atividade, no fundo da CSB.

7. Evite manter qualquer tipo de chama acesa no interior da cabine por mais do que alguns minutos. Prefira o uso de microqueimadores automáticos, que possuem controle da chama.

8. Não armazene objetos no interior da CSB. Toda superfície interna deve estar desobstruída para limpeza antes e após o uso.

9. Não introduza cadernos, lápis, caneta ou borracha no interior da CSB. Esses materiais possuem elevado grau de sujidade.

10. Não obstrua a grade frontal (fluxo de ar) com objetos de trabalho.

Uso e manutenção de equipamentos

1. Se no seu ambiente de trabalho existir equipamentos que possam gerar ruído elevado, solicite sua manutenção ou a troca por equipamentos que possam provocar menos ruído.

2. Para evitar transtornos no uso de equipamentos entre várias equipes, sempre agende o horário em que for utilizar cada equipamento.

3. Nunca exceda a capacidade de um equipamento. Mantenha sempre a margem de segurança recomendada.

4. Ao utilizar a balança, certifique-se da ausência de correntes de ar.

5. Usando qualquer tipo de centrífuga, não se esqueça de equilibrar os porta-tubos, os quais devem ter pesos correspondentes.

6. Quando for utilizar a centrífuga, mantenha os tubos fechados, para evitar a geração de aerossóis.

7. Faça a limpeza regular do banho-maria, a fim de evitar a multiplicação de microrganismos.

Capítulo 8

8. Ao armazenar ou estocar materiais em geladeira ou *freezer*, certifique-se de que estão bem identificados e que o rótulo seja resistente à umidade.

9. O material orgânico deve ser carbonizado em bico de Bunsen, antes de ser colocado na mufla.

10. Antes de colocar materiais dentro da autoclave, certifique-se de que a água está no nível adequado.

Considerações finais

A utilização das boas práticas de laboratório é, na verdade, a aplicação do bom senso no desenvolvimento de cada atividade. O laboratório, seja de ensino, pesquisa ou serviço de saúde representa um ambiente diferenciado e, desse modo, requer atenção especial do trabalhador/pesquisador. Quando aplicadas de maneira correta, as boas práticas minimizam os riscos de acidentes, otimizam as atividades, aumentam a produtividade, bem como, melhoram a qualidade do produto e ambiente de trabalho. Cabem ao responsável pelo laboratório ou instituição o incentivo e a aplicação de tais normas, permitindo, com isso, a manutenção de um ambiente seguro e confiável.

Bibliografia consultada

- Bolick, D., Brady, C., & Bruner, D. W. (2000). Segurança e controle de infecção: Reichmann.
- BRASIL. (2006). Biossegurança em laboratórios biomédicos e de microbiologia. (3a ed.). Brasilia: Ministério da Saúde. Secretaria de Vigilância em Saúde. Departamento de Vigilância Epidemiológica.
- BRASIL. (2020). Norma Regulamentadora no 17 (NR 17). Ergonomia. Ministério do Trabalho e Previdência. Disponível em: https://www.gov.br/trabalho-e-previdencia/pt-br/composicao/orgaos-especificos/secretaria-de-trabalho/inspecao/seguranca-e-saude-no-trabalho/ctpp-nrs/norma-regulamentadora-no-17-nr-17.
- CDC. (2020). Biosafety in microbiological and biomedical laboratories. Centers for Disease Control and Prevention. U.S. Department of Health and Human Services. National Institute of Health. (6th ed.).
- Furr, A. K. (2000). CRC Handbook of Laboratory Safety (5th ed.): CRC Press.
- Müller, I. C. (2004). Tendência de acidentes em laboratórios de pesquisa. Revista Biotecnologia Ciência e Desenvolvimento, 33, 101-108.
- Queiroz, M. L. (2001). Atitudes e comportamentos de enfermeiros assistenciais em resposta às táticas de influência do serviço de controle de infecção hospitalar.
- RB. (2021). Disponível em: https://www.risco-biologico.org/.
- Richmond, J. Y., & McKinney, R. W. (2000). Primary Containment for Biohazards: Selection, Installation and Use of Biological Safety Cabinets. Disponível em: https://www.who.int/ihr/training/laboratory_quality/3_cd_rom_bsc_selection_use_cdc_manual.pdf (2th ed.). Washington: U.S. Department of Health and Human Services Public Health Service Centers for Disease Control and Prevention. National Institutes of Health.
- UCL. (2020). Biosafety Manual. University of California (UCL) Environmental Health & Safety. Biosafety Officer. Disponivel em: https://ehs.uci.edu/programs/_pdf/biosafety/biosafety-manual.pdf.
- WHO. (2020). Laboratory biosafety manual. World Health Organization. Disponível em: https://www.who.int/publications/i/item/9789240011311 (4th ed.).

Manuseio de Perfurocortantes

9

Maria Meimei Brevidelli

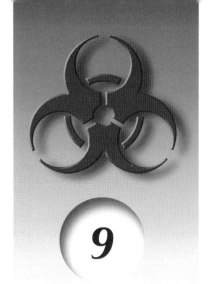

Introdução

Diariamente, nas instituições de saúde, o cuidado ao paciente requer o manuseio e o descarte de objetos perfurocortantes (OPC). Quanto maior a necessidade de cuidado, maior a probabilidade de manipulação intensa e frequente de agulhas, bisturis, cateteres intravenosos em procedimentos invasivos ou cirúrgicos. Como consequência, os profissionais de saúde são constantemente suscetíveis a acidentes com perfurocortantes.

Na última década, é inegável que houve um enorme avanço no conhecimento da epidemiologia dos acidentes perfurocortantes. Os Estados Unidos possuem o maior número de investigações em tal campo, fornecendo dados estatísticos de quando, como e onde os acidentes ocorrem. Ainda assim, esses dados são incompletos, se considerarmos que estão focados apenas em instituições hospitalares, nas quais se encontra alocada cerca da metade dos oito milhões de profissionais de saúde americanos. Ainda não existem dados confiáveis sobre a ocorrência de acidentes com perfurocortantes nas demais instituições de saúde.

No Brasil, assim como em outros países da América do Sul, os dados apresentados ainda são escassos e poucos comparáveis, uma vez que apenas algumas instituições de saúde possuem o registro sistemático das circunstâncias e dos materiais envolvidos nesses acidentes. No entanto, a inexistência de dados não significa que não haja problema, como nos mostra Jagger (1995), que estuda os riscos ocupacionais envolvidos no manuseio de perfurocortantes desde 1985 e hoje é diretora do Centro Internacional de Segurança do Profissional de Saúde da Universidade de Virginia (EUA).

Assim, o objetivo deste capítulo é chamar a atenção dos profissionais de saúde brasileiros para a natureza complexa de tal problema, a fim de que, com base nos estudos já realizados, possamos encontrar estratégias de prevenção adequadas à nossa realidade. Em primeiro lugar, descreveremos os riscos ocupacionais envolvidos no manuseio de perfurocortantes para, em seguida, analisarmos de que modo as estratégias de prevenção se desenvolveram. Finalmente, apresentaremos um programa de prevenção de acidentes com perfurocortantes fundamentado nos estudos desenvolvidos até o momento.

Risco ocupacional relacionado com o manuseio de perfurocortantes

O manuseio dos objetos perfurocortantes é associado à ocorrência de acidentes percutâneos. Um acidente percutâneo pode ser definido como a ocorrência de uma perfuração na pele de um profissional de saúde provocada por objeto perfurante ou similar.

De acordo com o documento "prevenindo os acidentes percutâneos em instituições de saúde", publicado em 1999, pelos Centros de Prevenção e Controle de Doenças (CDCs), definimos *profissional de saúde* como todo o profissional de uma instituição de saúde que usa (ou está exposto a agulhas ou outros materiais cortantes, que podem conter sangue ou outro fluido potencialmente contaminado. Assim, estão incluídos em tal categoria médicos, enfermeiros, dentistas, pessoal de laboratório, paramédicos, bem como pessoal da limpeza, lavandaria e manutenção.

Anualmente, estima-se que ocorram cerca de 385 mil acidentes percutâneos em instituições hospitalares nos Estados Unidos. A magnitude desse número deve-se ao registro sistemático de acidentes em bases de dados eletrônicos coletados em mais de 50 hospitais. O número de acidentes ocorridos é correlacionado com o de admissões hospitalares e ajustado a taxas médias de 50% de subnotificação.

Uma das primeiras bases de dados sobre acidentes com perfurocortantes foi desenvolvida por pesquisadores da Universidade de Virginia (EUA). Conhecida como EPINet (*exposure prevention information network*) ou rede de informações sobre prevenção de exposições ocupacionais, essa base coleta informações obtidas em hospitais norte-americanos e de outros países, como Itália, Canadá, Austrália e, em menor escala, Brasil e Japão.

Apenas em dois anos de coleta de dados nessa rede, existe o registro de mais de 3 mil acidentes com material biológico, sendo 84,5% causados por objetos perfurocortantes. Duas são as categorias profissionais que lideram a lista de ocorrências: os profissionais de enfermagem, com quase 50% dos casos relatados, e os médicos com cerca de 13% dos casos. Pessoal de laboratório, da lavandaria e da limpeza está implicado em quase 10% dos acidentes.

As agulhas utilizadas para administrar medicação, retirar sangue e obter um acesso vascular foram responsáveis por 62% a 68% das ocorrências, fato que revela a gravidade do problema dos acidentes percutâneos, pois esse tipo de material é bastante implicado na transmissão de infecções sanguíneas, como a síndrome da imunodeficiência adquirida (AIDS), bem como as hepatites B e C. Tal risco se deve à permanência de sangue dentro do orifício da agulha após o uso. Essa quantidade é considerada maior em agulhas ocas, como as de medicação, do que em agulhas de corpo sólido, como, por exemplo, as agulhas de sutura. A quantidade de sangue a que o profissional de saúde é exposto durante um acidente percutâneo ou mucocutâneo é fator de risco para a aquisição de infecções sanguíneas.

Na década de 80 do século XX, os primeiros relatos de contaminação de profissionais de saúde com o HIV, tornaram mais preocupante a questão dos riscos ocupacionais associados ao manuseio de objetos perfurocortantes. Após um acidente percutâneo contendo sangue contaminado com o HIV, o risco de contaminação é de 0,3%, isto é, um para cada 300 lesões. Entretanto, a exposição a grande quantidade de sangue, associada às seguintes condições, pode potencializar o risco de transmissão ocupacional do HIV: sangue visível no OPC, procedimento com agulha sendo introduzida em veia ou artéria, e lesão profunda.

Sem dúvida, a contaminação com o HIV é uma das consequências mais sérias dos acidentes percutâneos, entretanto, não é a única que merece atenção. Todos os anos, centenas de profissionais são afetados psicológica e emocionalmente, esperando o resultado de testes sorológicos, considerando as interferências na vida pessoal e profissional da possibilidade de se tornar HIV positivo. O conflito entre vida e morte, vivenciado pela pessoa contaminada no próprio ambiente de trabalho, é um sentimento extremamente perturbador para todos os profissionais da área de saúde.

O relato de Lynda Arnold, enfermeira norte-americana contaminada pelo HIV após uma picada de agulha, expressa esse conflito:

"Desde aquele dia [em que uma agulha contaminada perfurou sua mão], minha vida mudou. Não trabalho mais [...] por incapacidade. Não estou envolvida com cuidados diretos de pacientes. Luto contra a fadiga e neuropatia periférica. Fui internada três vezes. Fiz terapia com vários tipos de drogas antivirais [...]. Hoje sou uma verdadeira mulher HIV positivo. Tenho medo de morrer antes de fazer 40 anos".

Em todo o mundo, já existem 99 casos confirmados de contaminação ocupacional pelo HIV, segundo dados recentes divulgados pelos CDCs. Até junho de 2000, os profissionais norte-americanos constituíam 66% desse total, com 56 casos confirmados, 46 deles após um acidente percutâneo.

No Brasil, os órgãos governamentais de saúde apontam, até setembro de 2001, quatro casos de contaminação ocupacional do HIV após acidente percutâneo. Entretanto, a ausência de registros e programas de acompanhamento do profissional acidentado em grande parte das instituições de saúde brasileiras torna desconhecida a real situação dos acidentes percutâneos em âmbito nacional.

É difícil explicar a despreocupação com os acidentes percutâneos antes do surgimento da AIDS, uma vez que o risco de contaminação com o vírus da hepatite B (HBV) sempre esteve presente. Ainda hoje, a transmissão ocupacional do HBV é um problema de grande magnitude, já que o risco de contaminação é de 6% a 40% após um acidente percutâneo, ou seja, mais de 100 vezes o risco estimado com o HIV. Anualmente, ocorrem mil novos casos de contaminação pela hepatite B entre os profissionais de saúde norte-americanos.

A partir da década de 90 do século XX, uma nova ameaça vem sendo enfrentada pelos profissionais de saúde. Os acidentes percutâneos são a causa mais frequente de exposição ocupacional ao vírus da hepatite C (HCV). Ao contrário da hepatite B, que pode ser prevenida por meio de vacinação, não há ainda qualquer medida preventiva para a hepatite C e tampouco profilaxia pós-exposição efetiva.

Com risco médio de transmissão estimado entre 1,8% a 10%, estão previstos de 200 a 500 novos casos por ano de contaminação com o HCV entre os profissionais de saúde. Essa infecção é hoje a maior causa de doença hepática crônica, ocorrendo em 85% das pessoas infectadas. As consequências são cirrose, câncer hepático, liderando as causas de transplantes hepáticos.

Capítulo 9

Fatores de risco para os acidentes com perfurocortantes: tipo e design do material e práticas de trabalho

A preocupação com o risco envolvido no manuseio de perfurocortantes levou vários pesquisadores a se dedicarem à tarefa de investigar os fatores de risco para acidentes percutâneos. Um dos primeiros trabalhos importantes nessa área é o de Jagger et al. (1988), da Universidade de Virginia, intitulado "taxas de acidentes percutâneos causados por vários dispositivos em um hospital universitário".

Um dos aspectos mais importantes investigados pelo estudo é a relação entre a ocorrência de acidentes percutâneos com a quantidade disponibilizada de objetos perfurocortantes. Tal relação pôde ser verificada por meio do cálculo de taxas de acidentes percutâneos. Essas taxas relacionaram o número de acidentes atribuídos a determinado dispositivo perfurocortante com o número comprado dos referidos dispositivos durante o período de estudo.

Assim, foi possível identificar que os materiais que requereram maior manipulação, como sistemas vasculares que demandam conexão de agulha, dispositivos para coleta de sangue, cateteres endovenosos de material plástico ou com agulhas do tipo butterfly, apresentaram taxas maiores de acidentes (18,2 a 36,7 acidentes/100 mil itens comprados).

Esse trabalho foi um dos primeiros a identificar que a ocorrência de acidentes percutâneos depende, em parte, do tipo e do design do material perfurocortante. Estudos subsequentes tornaram tais informações mais evidentes.

Segundo levantamento do Centro Internacional de Segurança do Profissional de Saúde (International Health-Care-Worker Safety Center, University of Virginia, EUA), as seringas descartáveis contabilizaram 29%

dos acidentes percutâneos registrados em 1998, no sistema EPINet. Agulhas de sutura e lâminas de bisturis responderam por 12% e 5% dos acidentes, respectivamente. Sistemas endovenosos com agulhas do tipo butterfly, cateteres endovenosos de material plástico e agulhas para coleta de sangue em tubos a vácuo foram implicados em 20% dos acidentes.

O recente estudo italiano sobre risco ocupacional de infecção com o HIV, que coletou dados de 18 hospitais voluntariamente participantes na Itália, apresenta quase 11 mil acidentes percutâneos ocorridos entre janeiro de 1994 e dezembro de 1998. Novamente, seringas e agulhas descartáveis estavam implicadas em cerca de 48% dos acidentes, assim como as agulhas do tipo butterfly em 28% e os cateteres de infusão endovenosa em 9,5%.

O estudo de Jagger et al. (1988) também discutiu as circunstâncias em que se verificaram os acidentes. Cerca de 70% ocorreram após o uso e antes do descarte, isto é, ao reencapar agulhas durante o manuseio ou o transporte para o descarte, durante desconexão, por deslocamento da capa após reencapar, ao ser atingido por colega, dentre outras situações. Em menor proporção, 17% dos acidentes ocorreram durante o uso de materiais e 13% durante ou após o descarte.

Com esses resultados, fica bastante evidente a relação entre algumas práticas de trabalho e a ocorrência dos acidentes. Ao longo dos anos, duas práticas de trabalho mostraram-se fortemente associadas aos acidentes percutâneos, tornando-se, portanto, práticas de risco. São elas:

1. O ato de reencapar agulhas.

2. O descarte inadequado de objetos perfurocortantes que pode ser entendido como o descarte desses objetos em lixo comum, em recipientes não

apropriados ou em superfícies, como leito do paciente, mesas de cabeceira e bandejas de medicação.

O ato de reencapar agulhas, associado ao alto potencial de acidentes, é reconhecido como uma das principais maneiras de exposição ocupacional ao HIV, HBV e HCV. Por essa razão, tal prática vem sendo desestimulada desde meados da década de 80 do século XX, quando foram introduzidas as primeiras medidas preventivas de exposição ocupacional a infecções sanguíneas, isto é, as precauções universais, redenominadas precauções padrões em 1996.

Historicamente, no entanto, a prática de reencapar agulhas manteve-se frequente nas instituições hospitalares. A Figura 9.1 apresenta índices de acidentes percutâneos descritos em estudos nacionais e internacionais, no período de 1990 a 2001.

De acordo com esse panorama, não podemos afirmar que houve diminuição dos acidentes percutâneos relativos a tal prática. Recente levantamento realizado pela Secretaria Municipal de Saúde do Rio de Janeiro (1997 a 2001) identificou a prática de reencapar agulhas como responsável por cerca de 12% a 25% dos acidentes com material biológico, segundo categorias profissionais distintas.

Outros estudos descreveram os índices da prática de reencapar agulhas sob três diferentes indicadores:

1. Proporção de agulhas reencapadas obtida por meio de observação direta das agulhas usadas ou dos procedimentos.
2. *Proxy* de agulhas reencapadas que se obteve pela análise da maneira de descarte das agulhas desprezadas nos recipientes apropriados.
3. Proporção de profissionais que relatam reencapar agulhas durante a realização do seu trabalho.

A Tabela 9.1 apresenta esses índices obtidos em estudos publicados no período de 1990 a 2001.

Alguns fatores têm contribuído para a manutenção da prática de reencapar agulhas, como veremos mais adiante. Por ora, queremos destacar que a adoção da recomendação de não reencapar levou à

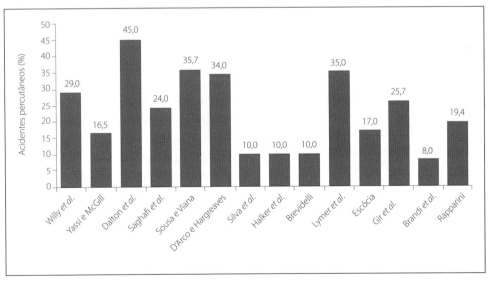

FIGURA 9.1 – *Índices de acidentes percutâneos descritos em estudos nacionais e internacionais, em 1990-2001.*

Tabela 9.1 – Índices da prática de reencapar agulhas segundo a ordem cronológica de estudos publicados, 1990-2001		
Indicador da prática de reencapar	*Estudo publicado*	*Índice*
Proporção de agulhas reencapadas (observação direta)		
• Agulhas usadas	Henry *et al.*, 1992	50,5%
	Henry *et al.*, 1994	34,4%
• Procedimentos	Picheansathian, 1995	10%
	Diekema *et al.*, 1995	24%
Proporção de agulhas reencapadas desprezadas nos recipientes		
	Becker *et al.*, 1990	25% a 50%
	Dalton *et al.*, 1992	60%
	Brevidelli *et al.*, 1995	32% a 45%
	Brevidelli, 1997	50%
	Silva *et al.*, 2000	37,5%
Proporção de profissionais que relataram reencapar agulhas		
	Wiliams *et al.*, 1994	11% a 57%
	Hoefel *et al.*, 1994	40%
	Hersey e Martin, 1994	45% a 55%
	Gershon *et al.*, 1995	27%
	Michalsen *et al.*, 1997	44%
	Richards e Jenkin, 1997	67%
	Brevidelli, 1997	75%
	Basso, 1999	54%

ocorrência de uma nova categoria de acidentes, isto é, os gerados pela manipulação e descarte de agulhas desprotegidas. Sem a necessária reestruturação do ambiente de trabalho, aproximando os recipientes de descarte do local de uso das agulhas, as não reencapadas, desprezadas em lixo comum ou deixadas em superfícies, podem causar acidentes.

Segundo informações obtidas pelo Sistema de Vigilância Nacional dos CDCs em profissionais de instituições hospitalares (NaSH – CDC *National Surveillance System for Hospital Health Care Workers*), e pela base de dados EPINet, o descarte inadequado de objetos perfurocortantes foi responsável por 10% dos mais de 3 mil acidentes percutâneos catalogados entre junho de 1995 e julho de 1999.

Um estudo feito em um hospital universitário em São Paulo aponta a mesma prática como causa de 25% dos acidentes envolvendo perfurações, registrados no período de 1990 a 1996. Além disso, cerca de 46% desses acidentes ocorreram em consequência de diversas práticas de risco, como:

1. Reencapar agulhas.

2. Descarte inadequado de perfurocortantes.

3. Descarte de agulhas em recipientes superlotados.

4. Manipulação do corpo de recipientes de descarte de objetos perfurocortantes superlotados.

5. Transporte ou manipulação de agulhas desprotegidas.

6. Desconexão da agulha da seringa.

Pelo exposto, fica claro que dois fatores têm contribuído para a ocorrência dos acidentes percutâneos. O primeiro deles diz respeito ao próprio tipo e *design* do material perfurocortante, no qual estão implicados alguns materiais que requerem intensa manipulação, além de reterem em seu orifício maior quantidade de sangue (exemplo: agulhas de medicação, cateteres endovenosos e dispositivos para coleta de sangue). O segundo fator está relacionado com a manutenção de práticas de risco, dentre os quais, maior destaque para a prática de reencapar agulhas e o descarte inadequado de materiais perfurocortantes.

Na seção seguinte, analisaremos a evolução cronológica nas estratégias utilizadas para minimizar a ocorrência dos acidentes com perfurocortantes e que eficácia elas têm alcançado.

Estratégias utilizadas na prevenção dos acidentes com perfurocortantes: desenvolvimento cronológico e eficácia alcançada

Em resposta aos primeiros casos documentados de transmissão ocupacional do HIV, os CDCs introduziram, em 1985, um conjunto de recomendações, com objetivo de impedir a exposição ocupacional a sangue e outros fluidos orgânicos. Ao denominar essas medidas de precauções universais (PU), estava implícito que todos os pacientes deveriam ser considerados potencialmente contaminados por patógenos transmissíveis por via sanguínea.

As PU introduziram um novo conceito para a utilização de medidas preventivas de transmissão de infecção no ambiente de trabalho. Ao considerar todos os pacientes como potencialmente contaminados para algumas infecções, as medidas preventivas passaram a ser orientadas em função de a ação a ser desenvolvida, considerando seu potencial para exposição a sangue e outros fluídos orgânicos.

De maneira normativa, as PU abrangem diversos âmbitos do cuidado ao paciente, considerando tanto o potencial de risco de atividades diárias como o risco de transmissão ambiental. Para esse último, existem recomendações voltadas às ares de limpeza, manutenção e lavanderia, dentre outras.

Em janeiro de 1996, a última versão do guia Precauções de isolamento em hospitais reformulou o conceito de precauções universais para precauções-padrão (PP). A diferença conceitual entre as duas está no fato de as "universais" considerarem somente alguns fluidos orgânicos como contaminados, enquanto as "padrões" consideram contaminados todos os fluidos orgânicos, tornando as recomendações mais práticas.

De maneira geral, as PP mantiveram as recomendações contidas nas PU. Entretanto, existem algumas modificações que merecem ser observadas. No que diz respeito à prevenção dos acidentes percutâneos, as PP consideram que reencapar com uma das mãos ou utilizar dispositivos mecânicos são práticas seguras de descarte. A técnica de reencapar com uma das mãos, denominada naquele documento de *one-handled scoop tecnique*, caracteriza-se pelo movimento em curva de uma das mãos, semelhante a uma colherada, para encaixar a capa na agulha.

Na Tabela 9.2, vamos observar as semelhanças e diferenças nas recomendações para a prevenção de acidentes percutâneos contidas nas PU e PP.

Podemos observar que as medidas preventivas contidas nesses guias estão focadas na reorientação das práticas de trabalho consideradas de risco para acidentes percutâneos, como reencapar agulhas e desprezá-las em locais impróprios.

Capítulo 9

Tabela 9.2 – Recomendações para a prevenção de acidentes percutâneos descritas nas precauções universais e nas precauções padrão (resumo)

Precauções universais	Precauções padrões
1. Não reencape, entorte, quebre, manipule agulhas ou desconecte-as das seringas com as mãos.	1. Nunca reencape agulhas usadas ou manipule-as usando as duas mãos, e sequer use outra técnica que envolva direcionar a ponta da agulha a qualquer parte do corpo. Prefira usar a técnica da "colherada" com uma das mãos ou um dispositivo mecânico, para segurar a borda das agulhas.
2. Manipule as agulhas, bisturis ou outros objetos perfurocortantes com cuidado durante a realização de procedimentos, limpeza e descarte.	2. Manipule as agulhas, bisturis ou outros objetos perfurocortantes com cuidado durante a realização de procedimentos, limpeza e descarte.
3. Descarte as agulhas e seringas, bisturis e outros objetos perfurocortantes em recipientes resistentes a perfurações.	3. Não entorte, quebre, manipule ou desconecte das seringas, com as mãos, as agulhas usadas.
4. Disponha, de maneira prática, os recipientes para o descarte de objetos perfurocortantes, isto é, próximos à área de uso.	4. Descarte as seringas e agulhas usadas, lâminas de bisturis ou outros objetos perfurocortantes em recipientes apropriados, resistentes a perfurações, colocados em áreas próximas à área de uso.
5. Coloque agulhas reutilizáveis em recipientes resistentes a perfurações, para transportá-las até a área de reprocessamento.	5. Coloque as seringas e agulhas reutilizáveis em recipientes resistentes a perfurações, para transportá-las até a área de reprocessamento.

Fonte: Centers for Disease Control (1987); Centers for Disease Control (1989); Garner (1996).

Ao longo dos anos, uma discussão polêmica vem-se mantendo a respeito da real eficácia dessas medidas na redução do risco de exposição parenteral na maneira de acidentes percutâneos. De um lado, alguns estudos apontam que a adoção das recomendações, mesmo tendo diminuído os acidentes relacionados com a prática de reencapar agulhas, não foi suficiente para gerar a diminuição global dos acidentes percutâneos.

Por outro lado, ao avaliar as tendências nas taxas de ocorrência dos acidentes percutâneos antes da e após a implantação dessas medidas em instituições hospitalares, os trabalhos de Wong (1991), Haiduven (1992) e Beekman (1994) constataram significativa diminuição nos índices do período pós-implantação.

Em 1991, a agência federal para a regulação da saúde e segurança dos trabalhadores, nos Estados Unidos, deno-minada Occupational Safety and Health Administration – OSHA, finalizou os padrões para a exposição ocupacional aos patógenos transmitidos por via sanguínea. Esses padrões OSHA constituem as primeiras medidas legais para garantir a segurança dos profissionais de saúde norte-americanos com relação à exposição ocupacional a sangue e outros fluidos orgânicos. Neles foram determinados diversos aspectos a serem cumpridos, tanto pelos empregadores das instituições de saúde, quanto pelos profissionais empregados por elas. De maneira prescritiva, os padrões OSHA exigem que a instituição de saúde forneça condições seguras de trabalho e o profissional atenda às recomendações de segurança. O não cumprimento das exigências, tanto por parte da instituição, como por parte do profissional, implica infração legal.

Uma das primeiras e mais importantes medidas dos padrões OSHA foi tornar

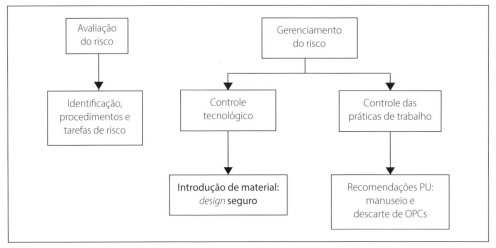

FIGURA 9.2 – *Diretrizes e estratégias de ação para a prevenção dos acidentes com perfurocortantes segundo os padrões OSHA.*

obrigatórias a implantação das PU*, pelas instituições de saúde e a adesão das recomendações pelos profissionais. Duas principais diretrizes de ação podem ser percebidas nos padrões OSHA:

1. Avaliação do risco.
2. Gerenciamento do risco.

A avaliação do risco implica a determinação das categorias profissionais que podem ser expostas a sangue e outros fluidos orgânicos, bem como dos procedimentos e tarefas que colocam os profissionais em risco de exposição. Como gerenciamento de risco, entendem-se o desenvolvimento e a implementação de procedimentos operacionais, ou estratégias para minimizar o risco, claramente definidos em um plano de controle das exposições.

Discutiremos apenas as diretrizes básicas e as estratégias de ação relativas à prevenção dos acidentes com objetos perfurocortantes apontados nos padrões OSHA. A Figura 9.2 apresenta esses aspectos.

Para o gerenciamento dos riscos ocupacionais relacionados com os acidentes percutâneos, a OSHA destaca dois principais procedimentos operacionais: o controle de engenharia e o controle das práticas de trabalho. Nesse último, estão incluídas as recomendações para o manuseio e o descarte seguros dos OPC, incorporadas das precauções universais. Entretanto, apesar de ser proibido reencapar com as duas mãos, o ato de reencapar com uma das mãos ou utilizando um dispositivo mecânico é permitido, quando o empregador pode demonstrar que não há uma alternativa possível ou que tal ação é exigida em um procedimento médico ou odontológico.

É interessante notar que, mesmo antes dos CDCs, a OSHA já previa a necessidade de aceitar como possível, em circunstâncias bastante excepcionais, o ato de reencapar com uma das mãos. O principal é perceber que os padrões representam um avanço no desenvolvimento das estratégias de ação, pois nesse documento, a OSHA destaca o controle de engenharia, isto é, o controle

---

*Nesse momento da discussão, utilizaremos a expressão "precauções universais", indicando medidas de prevenção da exposição ocupacional a sangue e outros fluidos orgânicos recomendadas pelos CDCs, pois essas foram redenominadas precauções padrões, muito depois à introdução dos padrões OSHA, ocorrida em 1991.

Capítulo 9

dos riscos atribuídos ao ambiente, como a abordagem mais desejada.

Ao introduzir essa nova diretriz de ação, a OSHA sugere que o comportamento do profissional com relação à autoproteção no trabalho não pode ser superestimado como principal fonte de risco, tanto dos acidentes percutâneos, como das demais exposições ocupacionais às infecções sanguíneas. Com essa perspectiva, desde 1991, a OSHA incentivou o desenvolvimento e o uso de material com *design* seguro, isto é, um material que incorporou uma inovação tecnológica, para reduzir o risco de acidente percutâneo antes do, durante ou após o uso (como, por exemplo, conectores de sistema intravenoso sem agulha, cateteres venosos sem agulha, agulhas com capas protetoras, seringas com agulha retrátil e agulhas cirúrgicas de ponta cega). A Tabela 9.3 apresenta algumas características que definem os materiais com *design* seguro e os tipos de sistema de segurança incorporados aos materiais.

Entretanto, uma política clara sobre o controle de engenharia na prevenção dos acidentes percutâneos ficou definida apenas com a lei sobre segurança e prevenção de acidentes com agulhas (HR 5.178) em novembro de 2000. Com essa lei, passou a ser obrigatório o uso de dispositivos com *design* seguro contra ferimentos com perfurocortantes. A definição de "controle de engenharia" foi ampliada e inclui os referidos materiais como exemplos adicionais de tais controles.

Até o momento, o uso de materiais com *design* seguro é considerado a medida mais eficiente na redução dos acidentes percutâneos. Estudos conduzidos pelo programa de infecção hospitalar do Centro Nacional de Doenças Infecciosas do EUA [*The National Center for Infectious Disease* (NCID) *Hospital Infections Program*] apontam a redução dos acidentes percutâneos em:

a. 86% durante as cirurgias ginecológicas após a introdução de agulhas de sutura de ponta cega.

b. 27% a 76% durante a retirada de sangue com o uso de agulhas seguras.

O impacto positivo dessa estratégia para o gerenciamento dos riscos ocupacionais encontra-se bem documentado em diversos estudos que avaliaram a eficácia de tal medida na redução dos acidentes percutâneos.

De acordo com o documento segurança ocupacional: custos e benefícios dos

Tabela 9.3 – Características dos materiais com design seguro e tipos de sistema de segurança	
Características dos materiais com design *seguro*	*Tipos de sistemas de segurança incorporados aos materiais*
Fornece uma barreira entre as mãos e a agulha após o uso	Sistema passivo: permanece antes do, durante e após o uso; não requer ser ativado pelo profissional (desejável)
Permite ou exige que as mãos do profissional permaneçam atrás da agulha todo o tempo de uso	Sistema ativo: requer ser ativado pelo profissional; exige o uso adequado, para garantir a eficácia
O sistema de segurança é parte integrante do sistema e não um acessório	Sistema de segurança integrado: o sistema de segurança é parte integral do dispositivo e não pode ser removido (desejável)
O sistema de segurança deve estar presente antes da desconexão e permanecer após o descarte, para proteger o pessoal da limpeza	Com acessório de segurança: o sistema de segurança é externo ao dispositivo e requer ser acionado para uso; depende da adesão do profissional ao uso adequado
De fácil manuseio e exige pouco ou nenhum treinamento para o uso eficiente	

Fonte: Occupational Safety and Health Administration (1997).

dispositivos de prevenção de acidentes percutâneos para hospitais, os benefícios do uso de materiais seguros excedem os custos em algumas circunstâncias. Segundo esse relatório, 69 mil acidentes percutâneos são preveníveis com o uso de tal material, o que implica na prevenção de 25 infecções pelo HBV e 16 pelo HCV por ano*. Entretanto, esses materiais apresentam sérias limitações de uso, como:

– Elevado custo de compra comparado com o material convencional.

– Resistência dos profissionais de saúde ao uso do dispositivo.

– Tempo necessário para o treinamento do profissional no uso correto do dispositivo.

Somam-se a esses, os efeitos adversos causados nos pacientes, como o aumento no número de venopunções e na sensação dolorosa, hematomas e até aumento das taxas de infecção relacionadas a cateter com o uso de cateteres venosos sem agulhas. Por essa razão, é necessário que cada instituição de saúde selecione os materiais que melhor atendam às suas necessidades, bem como avalie sua eficácia na prevenção dos acidentes percutâneos. São preconizados os seguintes critérios para a seleção e avaliação dos referidos materiais:

*Projeção feita pelo U.S. General Acconting Office usando dados do CDC National Surveillance System for Health Care Workers (CDC-NASH).

1. Ser eficaz na redução dos acidentes percutâneos.

2. Ser aceitável pelos usuários.

3. Não causar efeito adverso ao paciente.

A avaliação da eficácia desses materiais, de acordo com tais critérios, requer que os dados sobre os acidentes percutâneos sejam registrados, discriminando a categoria profissional envolvida, o dispositivo utilizado e as circunstâncias envolvendo o acidente.

Assim, a introdução dos materiais de *design* seguro acabou criando a necessidade de gerenciar o problema dos acidentes com perfurocortantes de modo abrangente, isto é, integrando ações estratégicas com ações de investigação, e inter-relacionando os diferentes aspectos envolvidos na ocorrência de tais acidentes. Isso significa que tanto os fatores de risco como as estratégias utilizadas para minimizá-los não podem mais ser considerados isoladamente, mas sim em conjunto.

Na seção seguinte, discutiremos como pode ser elaborada uma abordagem mais abrangente e integrada para a prevenção dos acidentes com perfurocortantes, por meio da criação de um programa de prevenção de acidentes percutâneos.

Direcionando estratégias de intervenção de maneira abrangente e integrada

Nas seções anteriores, pudemos analisar a magnitude dos acidentes percutâneos associados ao manuseio dos materiais perfurocortantes. Além disso, também vimos como, de maneira evolutiva, o fator comportamental, inserido nas práticas de risco, deixou de ser superestimado, direcionando as ações preventivas para o avanço tecnológico do ambiente de trabalho.

Continuando a evoluir, o contexto organizacional também passou a ser encarado como um aspecto relevante no gerenciamento dos riscos ocupacionais ligados ao manuseio de perfurocortantes. De modo semelhante aos estudos de Cohen (1977) e Zohar (1980) desenvolvidos na área industrial, o comprometimento da organização com aspectos de segurança, percebidos como um "clima de segurança", teve impacto positivo na adoção das precauções padrões.

Capítulo 9

101

Portanto, a partir de agora podemos distinguir três aspectos básicos para a análise dos acidentes percutâneos:

1. Comportamento: quais são as práticas de trabalho que envolvem risco?
2. Material: quais são os materiais envolvidos nos acidentes?
3. Organização: existem políticas organizacionais de incentivo à adoção de práticas seguras no manuseio de perfurocortantes?

As políticas de incentivo à segurança no manuseio de perfurocortantes podem ser percebidas, quando, por exemplo, a instituição de saúde promove um ambiente seguro, suprindo e disponibilizando os recipientes para descarte do material perfurocortante de acordo com as necessidades dos usuários. O incentivo à notificação dos acidentes, o estabelecimento de protocolos de acompanhamento do profissional acidentado e a participação dos diversos profissionais em um comitê de segurança também demonstram o comprometimento da organização com a segurança do profissional.

Vários estudos discutem as vantagens de analisar o problema dos acidentes percutâneos com essa perspectiva tridimensional. Como já vimos anteriormente, historicamente, o aspecto comportamental foi bastante superestimado. Por essa razão, maior ênfase foi (e ainda é) dada ao treinamento nas PPs, de modo a modificar as práticas inseguras de trabalho. Para diversas instituições de saúde, essa ainda é a principal, senão a única, estratégia utilizada.

No entanto, o treinamento em PPs não tem sido suficiente para modificar as práticas de risco, como a de reencapar agulhas, que continuam apresentando índices significativos em estudos recentes. Tal constatação sugere, em primeiro lugar, que essa talvez não seja a única estratégia para tentar minimizar os acidentes percutâneos. Em segundo lugar, é necessário redirecionar o foco informativo do treinamento oferecido nas instituições de saúde. Além de informação sobre as recomendações seguras, o treinamento deve dar oportunidade ao desenvolvimento de uma competência (ou habilidade) técnica aplicada à reorganização das práticas de trabalho. Isso implica discutir ou recriar situações nas quais o profissional se vê envolvido diariamente no manuseio de perfurocortantes, de modo a treinar a prática segura da manipulação dentro de um contexto cuidativo.

Finalizando essa discussão, apresentamos um programa de gerenciamento dos riscos ocupacionais ligados ao manuseio de perfurocortantes, fundamentado na análise do problema dos acidentes percutâneos nas três dimensões apresentadas. A Tabela 9.4 apresenta as diretrizes básicas do programa (identificação do risco, estratégias de controle e prevenção, suporte organizacional) bem como os procedimentos operacionais para alcançá-las.

Tabela 9.4 – Programa de gerenciamento dos riscos ocupacionais ligados ao manuseio de perfurocortantes: diretrizes e estratégias de ação
Primeira diretriz: identificação do risco
• Registrar e analisar os acidentes de maneira sistemática e padronizada (buscar bases de dados já existentes)
• Identificar as circunstâncias, categorias profissionais e materiais implicados nos acidentes
• Identificar os padrões de ocorrência e tendências
• Comparar os dados entre instituições (nacionais e internacionais)

Continua...

Tabela 9.4 – Programa de gerenciamento dos riscos ocupacionais ligados ao manuseio de perfurocortantes: diretrizes e estratégias de ação – continuação

Segunda diretriz: estratégias de controle e prevenção

Definir as prioridades de acordo com a análise dos dados obtidos na primeira fase

Estratégia 1. Controle de engenharia
- Definir os critérios de seleção e avaliação dos materiais com *design* seguro
- Substituir os materiais convencionais associados a acidentes por aqueles com *design* seguro
- Fornecer treinamento para uso adequado do material com *design* seguro
- Avaliar o custo-efetividade do material com *design* seguro.

Estratégia 2. Controle das práticas de trabalho
- Fornecer treinamento nas precauções padrões
- Desenvolver as habilidades técnicas necessárias à adoção das práticas seguras: discutir e recriar as situações de trabalho, de modo a treinar para a nova prática em um contexto
- Monitorar a adesão às práticas seguras
- Fornecer *feedback* do desempenho profissional com relação à adoção das práticas seguras

Terceira diretriz: suporte organizacional: políticas organizacionais de incentivo à segurança
- Incentivar a notificação dos acidentes percutâneos
- Estabelecer protocolos de acompanhamento do profissional acidentado
- Suprir e disponibilizar recipientes apropriados para o descarte dos objetos perfurocortantes de acordo com as necessidades
- Promover a educação continuada das práticas seguras no manuseio dos perfurocortantes
- Estimular o envolvimento das diversas categorias profissionais com o problema, criando um comitê de segurança

Agradecimentos

À doutora Cristiane Rapparini pela imprescindível colaboração na obtenção dos dados estatísticos nacionais.

Bibliografia consultada

- Arnold L. My needlestick. Revista Nursing 1997; set: 48-50.
- Basso M. Acidentes ocupacionais com sangue e outros fluidos corpóreos em profissionais de saúde. [Dissertação]. São Paulo (SP): Escola de Enfermagem / Universidade de São Paulo; 1999.
- Becker MH, Janz NK, Band J, Bartley J, Snyder MB, Gaynes RP. Noncompliance with universal precautions: why do physicians and nurses recap needles? Am J Infect Control 1990; 18: 232-39.
- Beekmann SE, Vlahov D, Koziol DE, McShalley ED, Schmitt JM, Henderson DK. Temporal association between implementation of universal precautions and sustained, progressive decrease in percutaneous exposures to blood. Clin Infect Dis 1994; 18: 562-569.
- Birnbaum D. Needlestick injuries among critical care nurses before and after adoption of universal precautions or body substance isolation. J Healthcare Mat Manag 1993; sep.: 38-42.
- Brandi S, Bennatti MCC, Alexandre NMC. Ocorrência de acidente do trabalho por material perfurocortante entre trabalhadores de enfermagem de um hospital universitário da cidade de Campinas, Estado de São Paulo. Rev Esc Enf USP 1998; 32 (2):124-33.
- Brevidelli MM. Exposição ocupacional aos vírus da AIDS e da hepatite B: análise da influência das crenças em saúde sobre a prática de reencapar agulhas. [Dissertação]. São Paulo (SP): Escola de Enfermagem / Universidade de São Paulo; 1997.
- Brevidelli MM. Influência de fatores individuais, organizacionais e próprios do trabalho na adesão às precauções-padrão: implicações para o gerenciamento de riscos ocupacionais. [projeto doutorado]. São Paulo (SP): Escola de Enfermagem da Universidade de São Paulo; 2000.
- Brevidelli, MM, Assayag RE, Turcato Jr G. Adesão às precauções universais: uma análise do comportamento da equipe de enfermagem. Rev Bras Enf 1995; 48 (3): 218-232.
- Center for Disease Control and Prevention (a). Evaluation of blunt suture needles in preventing percutaneous injuries among health care workers

Capítulo 9

103

during gynecological surgical procedures. MMWR 1997; 46 (2): 29-33. Available from: http://aepo-xd-v-www.epo.cdc.gov/wonder/PrevGuid/m0045660/m0045660.asp

- Center for Disease Control and Prevention (b). Evaluation of safety devices for preventing percutaneous injuries among health care workers during phlebotomy procedures. MMWR 1997; 46 (2): 21-29. Available from: http://aepo-xdv-www.epo.cdc.gov/wonder/PrevGuid/m0045648/m0045648.asp

- Center for Disease Control and Prevention. Updated U.S. Public Health Service Guidelines for the Management of Occupational Exposures to HBV, HCV, and HIV and Recommendations for Postexposure Prophylaxis. MMWR 2001; 50 (RR-11): 1- 52.

- Center for Disease Control. Guideline for prevention of transmission of human immonodeficiency virus and hepatitis B virus to healt-care and public safety workers. MMWR 1989; 38 (S-6). Available from: http://aep-xdv-www.epo.cd.gov/wonder/prevguid/p0000114/p0000114.asp

- Center for Disease Control. Recommendations for prevention of HIV transmission in health-care settings. MMWR 1987; 36 (2S): 3S- 18S.

- Cohen A. Factors in successful occupational safety program. J Safety Res 1977; 9: 167-78.

- D'Arco SH, Hargreaves, M. Needlestick injuries: a multidisciplinary concern. Total Quality Management 1995, 30 (1): 61- 76.

- Dalton M, Blondeau J, Dockerty E, Fanning C, Johnston L, Le Fort-Jost S, et al. Compliance with a nonrecapping needle policy. Can J Infect Control 1992; 7 (2): 41-44.

- Decker MD. The OSHA bloodborne hazard standard. Infect Control Hosp Epidemiol 1992; 13: 407-417.

- Dejoy DM, Murphy LR, Gershon RRM. The influence of employee, job/task, and organizational factors on adherence to universal precautions among nurses. Intern J Ind Ergon 1995; 16: 43-55.

- Diekema DJ. Universal precautions training of pre-clinical students: impact on knowledge, attitudes, and compliance. Prev Med 1995; 24: 580-85.

- Escócia, F. Erros básicos causam acidentes em hospital. Folha de São Paulo 1998; 20 jun.

- Garner JS. Guideline for isolation precaution in hospitals. Infect Control Hosp Epidemiol 1996; 17 (1): 53-80.

- Gartner K. Impact of a needless intravenous system in a university hospital. AJIC 1992; 20 (2): 75-9.

- Gershon RRM, Karkashian CD, Grosh JW, Murphy LR, Escamilla-Cejudo A, Flanagan PA et al. Hospital safety climate and its relationship with safe work practices and workplace exposure incidents. AJIC Am J Infect Control 2000; 28: 211-21.

- Gershon RRM, Vlahov D, Felknor S, Vesley D, Johonson PC, Delclos GL, Murphy LR. Compliance with universal precautions among health care workers at three regional hospitals. AJIC Am J Infect Control 1995; 23: 225-36.

- Gilman EA. Development and implementation of an effective training program to meet the requirements of the occupational safety and health administration (OSHA) bloodborn pathogen standard. In: Liberman DF. (ed.). Biohazards management handbook, New York: Marcel Deker, Inc; 1995. p.433-443.

- Gir E, Costa FPP, Silva AM. A enfermagem frente acidentes de trabalho potencialmente contaminado na era do HIV. Rev Esc Enf USP, 1998; 32 (3): 262-72.

- Grosch JW, Gershon RRM, Murphy LR, DeJoy DM. Safety climate dimensions associated with occupational exposure to blood-borne pathogens in nurses. Am J Ind Med 1999; suppl 1: 122-4.

- Haiduven DJ, DeMaio TM, Stevens DA. A five-year study of needlestick injuries: a significant reduction associated with communication, education, and convenient placement of sharps containers. Infec Control Hosp Epidemiol 1992; 13: 265-71.

- Halker E, Parreira F, Costa ML, Ferrari ACS, Febré N, Wey SB, Medeiros EAS. Programa de notificação de acidentes e exposição de mucosa para profissionais da área de saúde de um hospital de ensino. Anais do V Congresso Brasileiro de Controle de Infecção; 1996 Rio de Janeiro, p.127.

- Hanharan A, Reutter LA. Critical review of the literature on sharps injuries: epidemiology, management of exposures and prevention. Journal of Advanced Nursing 1997; 25: 144-154.

- Henry K, Campbell S, Colier P, Williams CO. Compliance with universal precautions and needle handling and disposal practices among emergency department staff at two community hospitals. Am J Infect Control 1994; 22: 129-37.

- Henry K, Campbell S, Maki M. A comparison of observed and self-reported compliance with universal precautions among emergency department

- personnel at a Minnesota public teaching hospital: implications form assessing infection control programs. Ann Emerg Med 1992; 21: 940-46.
- Hersey JC, Martin LS. Use of infection control guidelines by workers in healthcare facilities to prevent occupational transmission of HBV and HIV: results of a national survey. Infect Control Hosp Epidemiol 1994; 15: 243-252.
- Hoefel HHK, Diogo L, Hoppe J. Conhecimento e adesão às precauções universais por profissionais que realizam punção venosa em hospital. Rev Control Infec Hosp 1994; agost (1): 15-20.
- International Healthcare Worker Safety Center. Annual number of occupational percutaneous injuries and mucocutaneous exposures to blood or potentially infective biological substances. International Healthcare Worker Safety Center. University of Virginia; 1998jun. Available from: http://www.med.virginia.edu/epinet/estimates. html. Date accessed: 2000 october 13.
- Jagger J, Hunt EH, Brand-Elnaggar J, Pearson RD. Rates of needle-stick injury caused by various devices in a university hospital. New Engl J Med 1988; 319 (5): 284-288.
- Jagger J. Mecanismos para prevenir las exposiciones ocupacionales a patógenos sanguíneos; observaciones del ambiente laboral de los profesionales de salud. In: V Congreso Nacional de SIDA; 1995. noviembre 30; México, D.F.
- Lawrence LW, Delclos GL, Felknor S, Johnson PC, Frankowski RF, Cooper S et al. The effectiveness of a needleless intravenous connection system: an assessment by injury rate and user satisfaction. Infect Control Hosp Epidemiol 1997; 18: 175-182.
- Linnemann CC, Cannon C, DeRonde M, Lamphear B. Effect of educational programs, rigid sharps containers, and universal precautions on reported needlestick injuries in healthcare workers. Infect Control Hosp Epidemiol 1991; 12: 214-19.
- Lymer UB, Schutz AA, Isaksson B. A descriptive study of blood exposure incidents among healthcare workers in a university hospital in Sweden. J Hosp Infect 1997; Mar 35 (3): 223-235.
- Makofsky D, Cone JE. Installing needle disposal boxes closer to the bedside reduces neele-recapping rates in hospital units. Infect Control Hosp Epidemiol 1993; 14: 140-44.
- Marcus R. and the CDC Cooperative Needlestick Servillance Group. Servillance of health care workers exposed to blood from patients infected with the human imunodeficiency virus. New England Journal of Medicine 1988; 319: 11118-1123.
- McConnell EA. Pointed strategies for needlestick prevention. Nursing Management 1999; jan: 57-60.
- Michalsen A, Delclos GL, Davidson AL, Jonhson PC, Vesley D, Murphy LR et al. Compliance with universal precautions among physicians. JOEM 1997; 39 (2): 130-137.
- National Institute for Occupational Safety and Health. NIOSH Alert: preventing needlestick injuries in health care settings. DHHS (NIOSH) Publication N. 2000-108, Cincinnati (OH): 1999. Available from: https://www.cdc.gov/niosh/docs/2000-108/default.html#:~:text=These%20injuries%20can%20be%20avoided,the%20transmission%20of%20bloodborne%20pathogens. Date accessed: november 03, 2021
- Occupational Safety and Health Administration. Regulations (Standards — 29CFR). Bloodborne pathogens — 1910.1030. OSHA. US Department of Labor. Available from: http://www.osha-sic.gov/OshStd_data/1910_1030.html. Date accessed: 2002 jan 21.
- Occupational Safety and Health Administration. Safer needles devices: protecting health care workers. Occupational Safety and Health Administration. Directorate of Technical Support. Office of Occupational Health Nursing, october 1997. Available from: http://www.osha-slc.gov/SLTC/needlestick/saferneedledevices/saferneedledevices.html Date accessed: 2001 set 18.
- Panlilio AL, Cardo DM, Srivastava PU, Williams I, Jagger J, Orelien J et al. Estimates of the annual number of percutaneous injuries in US health-care-workers. [abstract]. In: Forth Decennial International Conference on Nosocomial & Healthcare-Associated Infectious; 1998. Available from: http://www.cdc.gov/ncidod/hip/NASH/4thabstracts.htm. Date accessed: 2001 01 may.
- Picheansathian W. Compliance with universal precautions by emergency room nurses at Maharj Nakorn Chiang Mai Hospital. J Med Assoc Thai 1995; 78 (suppl.2): S118-S122.
- Pugliese G, Perry J. Lei sobre segurança e prevenção dos acidentes com agulhas (H.R. 5178). O que ela

Capítulo 9

- exige? [translated with permission] From: Advances in Exposure Prevention 2000; 5 (4).
- Puro V, De Carli G, Petrosillo N, Ippolito G. Risk of exposure to bloodborne infection for italian healthcare workers, by job category and work area. Infect Control Hosp Epidemiol 2001; 22: 206-210.
- Rapparini, C. Riscos biológicos e vigilância ocupacional. [CD ROM]. I Simpósio sobre Risco e Prevenção de Acidentes com Perfurocortantes 2001; Hospital do Câncer, São Paulo (SP); 2001, 7 de dezembro.
- Reducing needlesticks and blood exposure: tracking, training, technology. Hosp Security Safety Manag 1999; mar: 5-10.
- Ribner BS, Ribner BS. An effective educational program to reduce the frequency of needle recapping. Infect Control Hosp Epidemiol 1990; 11:635-638.
- Richards MJ, Jenkin GA. Universal precautions: attitudes of Australian and New Zealand anesthetists. Med J Aus 1997; 152: 315-16.
- Roup BJ. OSHA' s new standard. Exposure to bloodborne pathogens. AAOHN J 1993; 41 (3): 136-142.
- Saghafi L, Raselli P, Francillon C, Francioli P. Exposure to blood during various procedures: results of two surveys before and after the implementation of universal precautions. AJIC Am J Infect Control 1992; 20: 53-7.
- Secretaria do Estado de São Paulo. Boletim epidemiológico Ano XVII. São Paulo (SP): CRT DST/AIDS 1999; set (2): 19.
- Sellick JA, Hazamy PA, Mylotte JM. Influence of an educational program and mechanical opening needle disposal boxes on occupational needlestick injuries. Infect Control Hosp Epidemiol 1991; 12: 725-31.
- Seto WH, Ching TY, Chu YB, Fielding F. Brief report: reduction in the frequency of needle recapping by effective education: a need for conceptual alteration. Infect Control Hosp Epidemiol 1990;11: 194-96.
- Silva CC, Vieira PP, Fonseca MO, Ramalho M, Abreu ES. Reencape de agulhas: taxas ainda elevadas. [resumo] In: Congresso ABIH, Belo Horizonte (MG); 2000. Disponível em: http://www.riscobiologico.
- org/bioinfo/congressos/anteriores/cong_00_01.htm. Data de acesso: 2002, 15 de janeiro.
- Silva RF, Oliveira NMVD, Bittencourt RR, Araújo VRC. Educando os servidores e controlando os acidentes com perfurocortantes. Anais do V Congresso Brasileiro de Controle de Infecção 1996; Rio de Janeiro, p.127.
- Souza M, Viana LAC. Incidência de acidentes de trabalho relacionada com a não utilização das precauções universais. R Bras Enferm 1993; 46 (3/4): 234-44.
- U.S. General Accounting Office. Occupational safety: selected cost and benefit. Implications of needlestick prevention devices for hospital. GAO-01-60R Needlestick prevention. Washington (DC):U.S. General Accounting Office,2000 Nov.
- Williams C.O., Campbell S., Henry K, Collier P. Variables influencing worker compliance with universal precautions in the emergency department. American Journal of Infection control 1994; 22: 138-148.
- Willy ME, Dhillon GL, Loewen NL, Wesley RA, Henderson DK. Adverse exposures and universal precautions practices among a group of highly exposed health professionals. Infect Control Hosp Epidemiol 1990; 11 (7): 351-56.
- Wong ES, Stotka JL, Chinchilli VM, Williams DS, Stuart GC, Markowitz SM. Are universal precautions effective in reducing the number of occupational exposures among health care workers? A prospective study of physicians on a Medical Service. JAMA 1991; 265 (9): 1123-28.
- Yassi A, McGill M. Determinants of blood and body fluid exposure in a large teaching hospital: hazards of the intermittent intravenous procedure. Am J Infect Control 1991; 19 (3): 129-35.
- Yassi A, McGill ML, Khokhar JB. Efficacy and cost-effectiveness of a needless intravenous access system. Am J Infect Control 1995; 23: 57-64.
- Zafar AB, Butler RC, Podgorny JM, Mennonna PA, Gaydos LA, Sandiford JA. Effect of a comprehensive program to reduce needlestick injur. Infect Control Hosp Epidemiol 1997; 18 (10): 712-15.
- Zohar D. Safety climate in industrial organizations: theoretical and applied implications. J Appl Psychol 1980; 65: 96-102.

Acidente com Material Biológico em Laboratórios de Pesquisa e Saúde

Ana Julia Corrêa
Paulo Henrique Condeixa de França

Introdução

Os acidentes de trabalho estão associados a altas taxas de morbimortalidade e são considerados um grande problema de saúde pública e socioeconômico, afetando não somente o trabalhador, mas também, suas famílias e a própria economia do país. Segundo o International Labour Organization, mais de 2,3 milhões de trabalhadores morrem todos os anos devido a lesões ou doenças ocupacionais, e mais de 313 milhões estão associados a acidentes ocupacionais não fatais.

Acidente de trabalho é caracterizado como aquele que ocorre durante o exercício do trabalho ou a serviço da empresa, causando lesão corporal ou perturbação funcional, resultando em morte, perda ou redução, de maneira permanente ou temporária da capacidade de trabalho. O acidente de trabalho com material biológico (ATMB) é considerado um grande problema de saúde pública, tanto às instituições envolvidas, quanto aos trabalhadores, pois além dos danos físicos e psicológicos gerados, existe o risco biológico associado a pandemias e epidemias que podem ser agravados por esses profissionais.

A exposição ao material biológico pode ocorrer de diversas maneiras e por profissionais de várias áreas distintas, com predominância daqueles que trabalham com cuidados em saúde (enfermeiros, médicos, dentistas, farmacêuticos, biomédicos, biólogos, técnicos de enfermagem/laboratório). O ATMB envolve o contato direto com fluidos potencialmente contaminados e pode ocorrer por quatro vias diferentes:

– Exposições percutâneas, causadas por instrumento perfurocortante que provoque incisão/perfuração atravessando a barreira cutânea.

– Exposições em mucosa, ocorridas nos olhos, nariz, boca ou genitália.

– Exposições cutâneas em pele não íntegra.

– Arranhaduras/mordeduras quando envolve presença de sangue.

A via percutânea é considerada a mais comum e a de maior gravidade, devido à capacidade de transmitir mais de 20 patógenos diferentes, incluindo o vírus da imunodeficiência humana (HIV), hepatite B e hepatite C, considerados os agentes infecciosos mais comumente envolvidos.

No Brasil, entre os anos de 2010 e 2015, foram registrados 276.699 casos de ATMB, pelo sistema de informação de agravos de notificação (SINAN), representando 34,2% dos acidentes de trabalho, sendo considerado o segundo caso mais frequente no país. Deve-se ressaltar que, independentemente da via de exposição e do patógeno envolvido, toda ocorrência de ATMB é considerada uma emergência médica e deve ser notificada ao SINAN, conforme a Portaria MS - GM 777/2004.

Dentre os diversos ambientes, nos quais os profissionais são expostos aos materiais biológicos, destacam-se os laboratórios clínicos, laboratórios de produção de vacinas, laboratórios de ensino e laboratórios de pesquisa. Nesses locais há grande circulação de indivíduos manipulando microrganismos potencialmente patogênicos pelo uso de carcaças e materiais contaminados. Nesses locais, muitas vezes, o trabalho ocorre sob pressão psicológica e condições de estresse, carga horária excessiva de trabalho, falta de conhecimento sobre o fluxo operacional em caso de acidentes, além da presença de profissionais não vacinados.

Infecções adquiridas em laboratório (IALs)

As IALs são todas as infecções adquiridas no ambiente laboratorial ou em atividades relacionadas a esse ambiente, com ou sem apresentação de sintomas após exposição a agentes biológicos. Representam importantes indicadores de falhas nas medidas de proteção da instituição. É importante ressaltar que, em algumas situações, é difícil determinar a fonte da infecção de um profissional de laboratório em virtude de o agente infeccioso estar presente, não somente no ambiente de trabalho, como também do próprio profissional, ou ainda disseminado na população. A Figura 10.1 representa os principais mecanismos associados a aquisição dessas infecções.

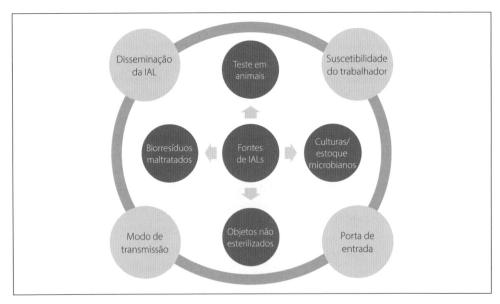

FIGURA 10.1 – *Principais fontes de LAIs e a provável rota associada a aquisição dessas infecções (círculo externo). Fonte: Figura adaptada de Peng H, 2018.*

Diversos microrganismos já foram descritos na literatura como responsáveis por essas infecções, incluindo bactérias, vírus, fungos, parasitas e rickettsias. Entretanto, os microrganismos manipulados nos laboratórios de biossegurança nível 3 representam 73% dos casos das IALs e as atividades laboratoriais associadas estão demonstradas na Figura 10.2.

É importante destacar que nem toda a exposição ao agente etiológico causa a doença. O risco para o desenvolvimento da infecção depende, principalmente, de fatores como a via de transmissão, patogenicidade do agente, quantidade de inóculo, dose infecciosa, viabilidade do agente, imunidade do indivíduo e a disponibilidade de vacinas ou tratamento.

Pike e Sulkin realizaram importantes estudos, entre os anos de 1935 e 1978, a respeito das IALs. Esses autores reportaram 4.079 casos, tendo como causa 159 diferentes agentes infecciosos, que resultaram em aproximadamente 173 mortes. Os dados desses estudos foram obtidos por questionários e relatos de casos, e revelaram que somente 60% dos casos haviam sido reportados.

Atualmente, os relatórios sobre as IALs são escassos e dependentes de reportes de casos voluntários. Essa escassez está associada a subnotificação dessas infecções devido ao medo de represálias e ao estigma associado a esses eventos. Entretanto, Byers e Harding realizaram um estudo de revisão e determinaram as principais IALs reportadas nas últimas décadas em todo o mundo (Tabela 10.1). Embora as bactérias representem os principais agentes etiológicos das IALs, os vírus são considerados os mais letais desde a década de 1930 (Tabela 10.2).

Os profissionais que atuam em laboratórios de pesquisa e saúde compreendem um número significativo de indivíduos acometidos pelas IALs. Até 1978, os profissionais atuantes em laboratórios de pesquisa representavam o maior número de casos (59%) dessas infecções, embora outros profissionais atuantes nesse segmento (estudantes, profissionais de limpeza, escritório

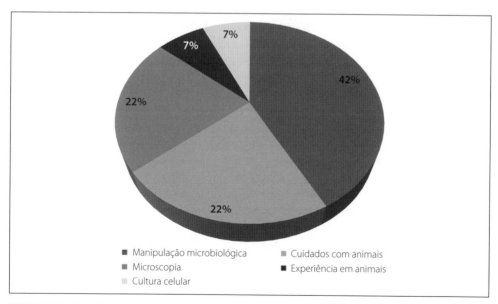

FIGURA 10.2 – *Distribuição das principais atividades realizadas nos laboratórios de biossegurança nível 3 associadas às IALs. Fonte: Figura adaptada de Wurtz N, 2016.*

Capítulo 10

Tabela 10.1 — Descrição das 10 principais IALs no mundo reportadas entre os anos de 1979 e 2015, classificação de risco biológico e patologias associadas

Microrganismo	Risco biológico	Patologia
Brucella spp	Classe 3	Brucelose
Mycobacterium tuberculosis	Classe 3	Tuberculose
Arbovírus	Classe 2	Arboviroses
Salmonella spp.	Classe 2 ou 3	Gastrenterite
Coxiella burnetii	Classe 3	Febre Q
Hantavírus	Classe 3	Hantavirose
HBV	Classe 2	Hepatite B
Shigella spp.	Classe 2 ou 3	Gastrenterite
HIV	Classe 3	AIDS
Neisseria meningitidis	Classe 2	Meningite

HBV: vírus da hepatite B; HIV: vírus da imunodeficiência humana; AIDS: síndrome da imunodeficiência humana.
Fonte: Tabela adaptada de Byers KB, 2017.

Tabela 10.2 — Comparação entre o número de casos e óbitos associados aos 10 principais microrganismos causadores de IALs identificados por Pike e Sulkin (1930 a 1978) e Byers e Harding (1979 a 2015)

1930 – 1978				1979 – 2015			
Rank	Agente	Nº ILAs	Nº de mortes	Rank	Agente	Nº ILAs	Nº de mortes
1	Brucella spp.	426	5	1	Brucella spp.	378	4
2	Coxiella burnetii	280	1	2	Mycobacterium tuberculosis	255	0
3	HBV	268	3	3	Arbovírus	222	3
4	Salmonella enterica serovar Typhi	258	20	4	Salmonella spp.	212	2
5	Francisella tularensis	225	2	5	Coxiella burnetii	205	3
6	Mycobacterium tuberculosis	194	4	6	Hantavirus	189	1
7	Blastomyces dermatitidis	162	0	7	HBV	113	1
8	Vírus da encefalite equina venezuelana	146	1	8	Shigella spp.	88	0
9	Chlamydia psittaci	116	9	9	HIV	48	Desconhecido
10	Coccicioides immitis	93	10	10	Neisseria meningitidis	43	13
Total		2168	48	Total		1753	24

HBV: Vírus da hepatite B; HIV: Vírus da imunodeficiência humana.
Fonte: Tabela adaptada de Byers KB, 2017.

e manutenção, cuidadores de animais) também tiveram casos identificados de infecções por microrganismos adquiridos em laboratório. Atualmente, a categoria mais afetada por esse tipo de infecção é a de profissionais atuantes em laboratórios clínicos, em particular os microbiologistas; seguido dos profissionais atuantes em laboratório de pesquisa, produção de vacinas e laboratórios de ensino.

Principais vias de exposição das IALs

As IALs continuam afetando muitos profissionais expostos diariamente a fatores de risco microbiológicos. As exposições podem ocorrer inadvertidamente, não serem percebidas ou ainda em decorrência de falha técnica. Portanto, o preparo técnico, o conhecimento e o cumprimento das normas de biossegurança nos laboratórios e o reconhecimento das principais rotas de exposição dos agentes envolvidos nas IALs são ações necessárias para evitar acidentes de trabalho com agentes etiológicos potencialmente patogênicos. No entanto, diversos estudos demonstram que práticas inadequadas ocorrem frequentemente nessas instituições (Figura 10.3).

A maioria das IALs é em decorrência da manipulação e produção de aerossóis contaminados com microrganismos patogênicos fora da cabine de segurança biológica, como a manipulação de placas e material biológico contaminados, centrifugação, uso do vórtex e flambar a alça de platina. Todos esses procedimentos podem gerar gotículas de aerossóis potencialmente contaminantes, que podem ficar suspensas no ar por tempo indeterminado, ou ainda inaladas. Essas atividades são especialmente perigosas quando se manipulam material contaminado com microrganismos como a *Brucella* spp., *Neisseria meningitidis*, *Coxiella burnetti*, *Chlamydia psittaci* e *Mycobacterium tuberculosis*, responsáveis por inúmeros casos de IALs já descritos na literatura.

As vias de exposição variam de acordo com o microrganismo e a atividade realizada no laboratório (Tabela 10.3).

Profissionais de saúde na pandemia por COVID-19

No final de 2019, iniciou um surto de pneumonia severa de causa desconhecida, associado epidemiologicamente a um mercado atacadista de frutos do mar de Wuhan, sul da China. O agente etiológico desse surto foi identificado como SARS-CoV-2, responsável pela doença COVID-19 e caracterizada por uma síndrome respiratória aguda grave, de rápida e fácil disseminação pelo contato com secreções e excreções de pacientes contaminados. Em poucos meses, a COVID-19

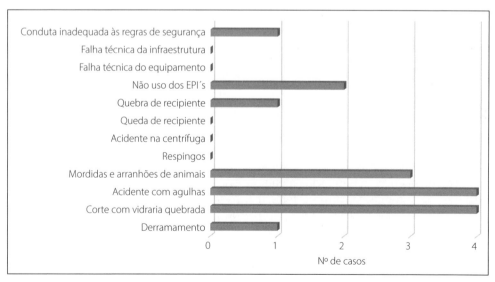

FIGURA 10.3 – *Tipo de incidente envolvido nas infecções adquiridas nos laboratórios de biossegurança níveis 3 e 4. Fonte: Figura adaptada de Wurtz N, 2016.*

Tabela 10.3 – Principais vias de exposição, respectivas práticas microbiológicas associadas e os principais microrganismos envolvidos nas IALs

Rota de exposição	Prática microbiológica	*Microrganismo
Inalação	Procedimentos que produzem aerossóis (centrifugação, semeadura em placa, flambar a alça de platina, abertura de tubo após homogeneização)	Bactérias: *Brucella* spp., *Neisseria meningitidis*, *Mycobacterium tuberculosis*, *Francisella tularensis*, *Bordetella pertussis* Rickettsias: *Coxiella burnetii* Vírus: SARS-CoV** Fungos: *Coccidioides immitis*
Percutânea	Acidentes com agulhas, cortes com objetos perfurocortantes, picadas e arranhões de animais e insetos.	Bactérias: *Treponema pallidum* Vírus: Hepatite B, C e HIV, Zika, Chikungunya. Fungos: *Blastomyces dermatitidis*, *Histoplasma capsulatum* Parasitas: *Toxoplasma gondii*, *Trypanosoma cruzi*, *Plasmodium* spp.
Mucocutânea	Derramamento ou respingos nos olhos, nariz e boca; derramamento ou respingos em pele íntegra ou não; superfícies, equipamentos e artigos contaminados.	Bactérias: *Bacillus anthracis*, *Francisella tularensis* Fungos: *Sporothrix schenckii*
Ingestão	Pipetagem pela boca, respingo de material contaminado na boca, artigos contaminados ou dedos colocados na boca, consumo de alimento no local de trabalho.	Bactérias: *Salmonella* spp., *Shiguella* spp., *Escherichia coli* enterohemorrágica, *Listeria monocytogenes* Parasitas: *Cryptosporidium* spp.

*Principais microrganismos relacionados à via de exposição.
**Síndrome respiratória aguda grave.

foi disseminada pelo mundo, sendo então classificada como pandemia e registrando até o dia 30/07/2021, 196.553.009 de infectados e 4.200.412 mortos.

Enquanto milhares de pessoas cumpriram o isolamento social, principal medida para a contenção do SARS-CoV-2, os profissionais de saúde enfrentaram a doença, até então, sem tratamento e poucas informações conhecidas, além do número crescente desses profissionais infectados. Essa situação gerou muita preocupação e ansiedade nesses indivíduos, não somente pelo medo da aquisição da doença, mas, principalmente, pelo risco de disseminação aos pacientes, à população e aos membros da família.

Por se tratar de um evento recente e que ainda está em processo de ascensão em muitos países, os dados estratificados por categoria profissional não estão bem definidos. Entretanto, estudo realizado em junho de 2020, reportou 152.888 casos e 1.413 mortes de profissionais de saúde infectados por SARS-CoV-2, oriundos de 130 países, representando respectivamente 3,9% do total de infectados e 0,5% das mortes no mundo por COVID-19. A enfermagem foi o grupo com maior número de indivíduos infectados (38,6%) embora, os médicos tenham sido os profissionais com maior número de óbitos (51,4%).

No Brasil, até o dia 30/07/2021, foram registrados 19.839.369 casos da doença e 554.497 mortes associadas. Dados dos profissionais de saúde infectados no país ainda são escassos, no entanto, as Secretarias de Saúde do Estado do Espírito Santo e do Distrito Federal reportaram respectivamente 20,4% (110.858/541.935) e 2,9% (11.374/394.785) de casos notificados da doença nesse grupo, e taxas de óbito de 0,09% e 0,96%, entre esses profissionais até o dia 30/07/2021.

Diversos protocolos de medidas para o manejo clínico do COVID-19 voltadas aos profissionais de saúde foram realizados a fim de minimizar os danos físicos e mentais. No entanto, a falta de recursos em diversas instituições, bem como o uso inadequado dos equipamentos de proteção individual, impossibilitam a execução adequada dessas medidas, e leva ao aumento contínuo do número de profissionais infectados.

Considerações finais

Diariamente, milhares de profissionais de saúde são expostos aos riscos biológicos em seus ambientes de trabalho e a dinâmica saúde/doença do trabalhador está associada a diversos fatores. Dentre os profissionais que atuam em laboratórios de pesquisa e saúde, deve-se considerar que a exposição ao agente etiológico é inerente à profissão, porém a aquisição desse agente pode ser evitada, se as normas de segurança forem seguidas corretamente, e nesses casos, inclui não somente a capacitação técnica do profissional, mas também, a adequação das instalações do ambiente de trabalho onde manejo e a avaliação dos riscos biológicos são de fundamental importância. Deve-se ressaltar que as IALs não são consideradas um fato recente, sendo descritas desde 1930 e embora o número de profissionais acometidos por tais infecções não seja claramente elucidado, alguns estudos demonstram um número significativo de IALs atualmente, com variação do agente etiológico prevalente envolvido.

Bibliografia consultada

- Bandyopadhyay S, Baticulon RE, Kadhum M, Alser M, Ojuka DK, Badereddin Y, et al. Infection and mortality of healthcare workers worldwide from COVID-19: a scoping review. MedRxiv. Disponível em: <http://medrxiv.org/content/early/2020/06/05/2020.06.04.20119594.abstract>. Acesso em: 12/07/2020.

- Brasil. Portaria n.º 777, de 28 de abril de 2004. Dispõe sobre: Os procedimentos técnicos para a notificação compulsória de agravos à saúde do trabalhador em rede de serviços sentinela específica, no Sistema Único de Saúde SUS. Ministério da Saúde. Diário Oficial da União, Poder Exe-cutivo, Brasília, DF, 28 abr. 2004.

- Brasil. Secretaria de Atenção à Saúde. Exposição a Materiais Biológicos. Ministério da Saúde. 2011. Disponível em: < http://www1.saude.rs.gov.br/dados/1332967170825protocolo%20exposicao%20A%20material%20biologico.pdf>. Acesso em: 24/02/2020.

- Brasil. Vigilância em Saúde do Trabalhador: um breve panorama. Boletim Epidemiológico. Secretaria de Vigilância em Saúde. Ministério da Saúde. 2017. Volume 48: 1-7. Disponível em: <https://portalarquivos2.saude.gov.br/images/pdf/2017/junho/23/2017-005-Vigilancia-em-Saude-do-Trabalhador.pdf>. Acesso em: 24/02/2020.

- Byers KB, Harding AL. Laboratory-Associated Infections. In: Wooley DP, Byers KB. Biological Safety: Principles and Practices. 5. ed. Washington, DC, USA: ASM Press; 2017. p. 59–92. Disponível em: < https://www.asmscience.org/content/book/10.1128/9781555819637.ch4>. Acesso em: 20/03/2020.

- Carneiro P, Braga AC, Cabuço R. Professionals working in operating rooms: A characterization of biological and chemical risks. Work. 2019;64(4):869-76.

- Coelho AC, Díez JG. Biological risks and laboratory-acquired infections: A reality that cannot be ignored in health biotechnology. Frontiers in Bioen-gineering Biotechnology. 2015;3:1-10.

- Herwaldt BL. Laboratory-acquired parasitic infections from accidental exposures. Clinical Microbiology Reviews. 2001;14:659-88.

- Internacional Labour Organization (ILO). Global trends on occupational accidents and diseases. 2015. Disponível em: < https://www.ilo.org/legacy/english/osh/en/story_content/external_files/fs_st_1-ILO_5_en.pdf>. Acesso em: 25/02/2020.

- LEI Nº 8.213, de 24 de julho de 1991. Disponível em: < http://www.planalto.gov.br/ccivil_03/leis/l8213cons.htm>. Acesso em: 24/02/2020.

Capítulo 10

- Li Q, Guan X, Wu P, Wang X, Zhou L, Tong Y, et al. Early transmission dynamics in Wuhan, China, of novel coronavirus-infected pneumonia. The New England Journal of Medicine. 2020;382(13):1199-207.
- Ministério da Saúde. Painel Coronavírus. 2020. Disponível em: < https://covid.saude.gov.br/>. Acesso em: 06/09/2020.
- Peng H, Bilal M, Iqbal HMN. Improved biosafety and biosecurity measures and/or strategies to tackle laboratory-acquired infections and related risks. International Journal of Environmental Research and Public Health.2018; 15:2697. Available from: www.mdpi.com/journal/ijerph.
- Pike RM. Laboratory-associated infections: incidence, fatalities, causes, and prevention. Annual Review of Microbiology. 1979. 33:41-66.
- Pike RM. Laboratory-associated infections: summary and analysis of 3921 cases. Health Laboratory Science. 1976;13(2):105-14.
- Secretaria de Saúde do Estado do Espírito Santo. Painel Covid-19 - Estado do Espírito Santo. Disponível em: < https://coronavirus.es.gov.br/painel-covid-19-es>. Acesso em: 30/07/2021.
- Secretaria Estadual do Distrito Federal. Boletim Epidemiológico no 186. Disponível em: < http://saude.df.gov.br/wp-conteudo/uploads/2020/03/Boletim-COVID_DF_05_SET.pdf>. Acesso em: 30/07/2021.
- Sewell DL. Laboratory-acquired infections. Clinical Microbiology Newsletter. 2001;23(7):51-4.
- Sewell DL. Laboratory-associated infections and biosafety. Clinical Microbiology Reviews. 1995;8:389-405.
- Singh K. Laboratory-acquired infections. Clinical Infectious Diseases. 2009;49(1), 142-147.
- Souza RT. Evaluation of Occupational Accidents with Biological Materials in Medical Residents, Academics and Interns of School Hospital of Porto Alegre. Revista Brasileira de Educação Médica. 2012;36(1):118–24.
- Stehling MMCT, Rezende L do C, Cunha LM, Pinheiro TMM, Haddad JP de A, Oliveira PR de. Risk Factors for the Occurrence of Accidents in Tea-ching and Research Laboratories in a Brazilian University (2012). REME Revista Mineira de Enfermagem. 2015;19(1):107-12.
- World Health Organization. Coronavirus disease (Covid-19). Disponível em: < https://www.who.int/emergencies/diseases/novel-coronavirus-2019 >. Acesso em: 30/07/2021.
- Wurtz N, Papa A, Hukic M, Caro A Di, Leparc-Goffart I, Leroy E, et al. Survey of laboratory-acquired infections around the world in biosafety level 3 and 4 laboratories. European Journal of Clinical Microbiology and Infectious Diseases. 2016;35(8):1247-58.
- Zhu N, Zhang D, Wang W, Li X, Yang B, Song J, et al. A novel coronavirus from patients with pneumonia in China, 2019. The New England Journal of Medicine. 2020;382(8):727-33.

Aspectos Psicológicos Associados ao Acidente Ocupacional com Material Biológico Potencialmente Contaminado

11

Maria Rosa Rodrigues Rissi
Alcyone Artioli Machado

Profissionais de saúde sempre estiveram expostos a riscos ocupacionais de diferentes naturezas, e considerando os impactos humanos, econômicos e clínicos desses eventos esse tema se mantém necessário e atual.

Um importante marco nas discussões sobre risco biológico e as múltiplas consequências dos acidentes ocupacionais envolvendo material biológico potencialmente contaminado entre profissionais de saúde foi o surgimento da síndrome da imunodeficiência adquirida (aids) e a identificação de seu agente etiológico, o vírus da imunodeficiência humana (HIV), na década de 80 do século passado.

No início da epidemia de aids, identificou-se, entre os profissionais da saúde que trabalhavam com pacientes soropositivos, a chamada "epidemia do medo", reações irracionais que chegavam à recusa de atendimento ao paciente ou a uma prática marcada pela discriminação e automatização do cuidado oferecido.

Com uma dinâmica própria, a epidemia tem se transformado, tanto do ponto de vista epidemiológico, quanto social, nas últimas décadas, se configurando de maneira distinta daquele começo, contudo, mantém-se presente no cotidiano dos serviços de saúde no Brasil, com relevantes implicações para as políticas públicas e para a constituição das práticas profissionais de cuidado e autocuidado.

Nos anos 1990, o medo do contágio aparecia como um dos principais assuntos nas discussões de trabalhadores da saúde que atendiam pessoas vivendo com HIV, além de outros temas estigmatizantes, como por exemplo, a homofobia, indicando a necessidade de repensar posições e atitudes com relação ao paciente, bem como a necessidade de apoio para expressar medos e fantasias.

Ainda hoje, estigmas que acompanham doenças infectocontagiosas como a aids, constituem um bloqueio ao atendimento e assistência aos pacientes, e para além disso, a complexidade desse trabalho tem um duplo efeito sobre o profissional: além de acarretar enorme desgaste psicológico, dificulta a identificação dos principais fatores de tal desequilíbrio, multideterminados pelo medo, falta de informação, crenças individuais e, principalmente, pela maneira fragmentada com que a doença é encarada nos meios especializados.

Nos dias atuais, a literatura tem apontado melhores condições dos profissionais de saúde no atendimento a essa população, tanto no que tange ao maior conhecimento sobre a doença e demandas específicas desse grupo de pacientes, quanto maior conscientização dos profissionais acerca de seu papel e responsabilidades nesse contexto, contudo ainda é possível sentir a presença de temores e preocupações relacionadas aos riscos inerentes ao próprio trabalho.

De acordo com Tellier et al., o advento da aids se apresentou como uma oportunidade para um maior reconhecimento do papel dos profissionais da saúde, tanto no campo da clínica e prevenção, como no de saúde pública como um todo, inserindo sua prática além do campo técnico, abrangendo, sobretudo, os aspectos ligados com a relação que se estabelece com a pessoa doente.

Discussões relacionadas à humanização, no contexto da saúde, têm apontado a relevância das relações estabelecidas entre equipes e usuários dos serviços, apontando a necessidade da construção de vínculos e a possibilidade de uma comunicação efetiva e confiável entre a equipe clínica e o cliente, tornando ainda mais complexas as tarefas desenvolvidas pelos profissionais de saúde.

Nesse cenário, fica evidente que além da formação em nível técnico para o atendimento das demandas, como as apresentadas por pessoas que vivem com HIV, é de absoluta importância a compreensão dos diversos aspectos psicossociais inerentes à formação e à prática dos profissionais de saúde, o que inclui a conscientização

sobre práticas de autocuidado, tanto do ponto de vista da biossegurança, quanto do ponto de vista psicológico.

Acidentes ocupacionais com material biológico potencialmente contaminado e implicações psicológicas

Sabe-se que a frequência da exposição acidental a material biológico potencialmente contaminado (MBPC) em profissionais da saúde varia de acordo com a ocupação, os procedimentos realizados e as medidas preventivas efetuadas. Também há consenso de que o potencial de contaminação pelo HIV ou pelos vírus das hepatites B ou C, no caso de exposição acidental a MBPC, está diretamente relacionado com o tipo de acidente e condições clínicas do paciente-fonte. Segundo os centros de controle de infecções, como os Centers for Disease Control and Prevention (CDCs), com sede em Atlanta, Estados Unidos, em casos em que o risco é comprovado, ou seja, quando o paciente-fonte é infectado pelo HIV, tem sido demonstrado que a probabilidade de soro conversão é de 0,3%. Quanto à hepatite B, a probabilidade de soro conversão para os indivíduos não vacinados seria 100 vezes maior e, para o vírus da hepatite C, cerca de 4% a 10%, em diferentes casuísticas.

Diversos estudos conduzidos em serviços de saúde e relevantes observações informais retratam que o episódio de acidente ocupacional é vivenciado com muita ansiedade pelos profissionais de saúde. Revisão bibliográfica publicada, em 2017, aponta que acidentes com perfurocortantes são responsáveis por 37% a 39% dos casos mundiais de infecções por hepatite B e C em profissionais de saúde, além disso, na ocorrência dos acidentes, profissionais de saúde podem experimentar sérios efeitos emocionais, resultando em desgastes pessoais e afetando suas condições para a realização de seu trabalho.

A literatura tem apontado, de maneira cada vez mais consistente, que a ocorrência do acidente ocupacional com MBPC pode desencadear sofrimento e danos psicológicos aos trabalhadores envolvidos, prejudicando, tanto o desempenho profissional desse, quanto atingindo diferentes esferas de sua vida pessoal.

Pesquisa conduzida com profissionais expostos à MBPC, em 2017, no estado de Minas Gerais, apontou que um a cada cinco participantes da pesquisa, apresentou sintomatologia para transtorno de estresse pós-traumático (TEPT), com relatos de sentimentos como medo, insegurança e ansiedade frente à possibilidade de aquisição de uma doença grave, como a infecção pelo HIV.

Corroborando essa informação, estudo de revisão da literatura conduzido nos Estados Unidos, em 2017, identificou, dentre as consequências psicológicas do acidente ocupacional com material biológico de paciente-fonte positivo para o HIV, a presença de sintomas consistentes com TEPT, além de quadros de insônia, depressão e ansiedade contínuas, com pesadelos e ataques de pânico ao retornar ao ambiente de trabalho.

O desenvolvimento de quadros psiquiátricos, após a vivência de um acidente ocupacional envolvendo MBPC, também foi estudado por Green e Grifts que identificaram, dentre profissionais em seguimento pós-exposição, sintomas depressivos moderadamente graves, TEPT e outros efeitos secundários de doenças psiquiátricas, com reflexos no funcionamento ocupacional, familiar e sexual do profissional.

Vários trabalhos têm ressaltado que o rápido esclarecimento sobre as sorologias dos pacientes-fonte pode diminuir o sofrimento e repercussões psicológicas desencadeadas após o acidente.

Durante o período de acompanhamento pós-exposição, aflição, ansiedade e incerteza prevalecem em virtude da possibilidade de um resultado indicativo de soro conversão e da necessidade de acompanhamento sorológico, além do uso de medicamentos antirretrovirais, vacinação e uso de imunoglobulinas, indicados nos protocolos de acidentes de trabalho com perfurocortante.

Estudo realizado por Marziale *et al.* revela que as consequências à exposição ocupacional a MBPC abrangem não apenas o acidente em si, mas também, a espera por resultados sorológicos e seguimento pós-exposição, período vivenciado com preocupação, altos índices de estresse e sentimentos de medo, interferindo na qualidade de vida do profissional.

Do mesmo modo, Januário *et al.* ao estudar a ocorrência de estresse pós-traumático após a ocorrência de acidente ocupacional com MBPC relatam que a demora para verificar exames de pacientes-fonte geram sentimentos de medo e angústia, o que é considerado tão estressante quanto o próprio acidente vivenciado.

Esses estudos indicam a necessidade de um olhar mais cuidadoso dos impactos do acidente sobre a saúde mental dos trabalhadores da saúde, principalmente, por parte dos profissionais de saúde ocupacional que acompanham essas demandas.

Vale ressaltar que, muitas vezes, a vivência do acidente e suas consequências psicológicas acabam interferindo inclusive na vida social e familiar, quando o profissional se vê frente a obrigatoriedade de revelar, em outros contextos, o acidente ou quando precisa negociar em casa os cuidados recomendados diante do eventual risco de contaminação, como por exemplo, adotar o uso de preservativos nas relações sexuais.

Capítulo 11

Em estudo conduzido em 2017, Rodrigues *et al.* apontam o aspecto positivo da experiência de acidente ocupacional com MBPC, apresentado como aprendizagem e tomada de consciência sobre a necessidade do uso correto de equipamentos de proteção individual e obediência aos padrões de controle de riscos.

Frente a amplitude das repercussões psicológicas da vivência do acidente ocupacional, entender o modo como os trabalhadores da saúde se relacionam com seus clientes durante sua prática profissional pode favorecer uma melhor análise dos fatores subjetivos envolvidos na ocorrência dos acidentes ocupacionais, além de permitir melhor compreensão dos múltiplos impactos do acidente em suas vidas.

Profissionais da saúde e os significados atribuídos ao trabalho realizado com os pacientes portadores do HIV/aids

Estudo conduzido junto a profissionais da saúde, que atendem pessoas vivendo com HIV/aids, em um hospital universitário do interior do estado de São Paulo, encontrou a busca pela autorrealização como uma das principais motivações para o exercício laboral. Como os aspectos clínicos e psicossociais da aids se apresentam de maneira bastante complexa, o envolvimento do profissional da saúde com o trabalho e a qualidade da relação que estabelece com o paciente acaba se configurando como instrumento privilegiado e imprescindível no prognóstico favorável à evolução do tratamento. Dessa maneira, parece haver uma complementaridade, entre as necessidades apresentadas pelos indivíduos infectados e àqueles que se encarregam de cuidá-los.

Quando se referem ao trabalho em si, as crenças e os valores identificados no estudo de Rissi demonstram que há uma compreensão sobre as necessidades emocionais dos pacientes, e atendê-las é parte integrante do papel profissional, o que acaba deslocando para outro nível de significado o reconhecimento da competência técnica e científica, que, embora indiscutivelmente necessária, não é suficiente para tratar a doença.

O ato de compreender pode significar conter em si, colocando o profissional como depositário de todos os sentimentos e sentidos que façam parte do significado da doença para o portador. Se considerarmos o fato de que diante dessa realidade, entre o profissional da saúde e o paciente portador do HIV/aids, encontraremos elementos relacionais e afetivos implicados, é preciso refletir sobre a consciência do trabalhador a respeito da manutenção de uma prática segura, que permita o equilíbrio entre o saber técnico e a proximidade com relação ao cliente.

Quando não consegue compreender essa complexidade, o profissional pode acabar afastando-se da realidade das dificuldades do dia a dia e agir com base em idealizações a respeito de suas responsabilidades, entendendo o paciente como alguém carente de carinho e compreensão, desencadeando um processo de afastamento da realidade (do risco concreto de se acidentar e se infectar com o HIV) levando ao descuido com as precauções de segurança.

Em um contexto mais geral de cuidados em saúde, o desenvolvimento do conceito de humanização em saúde vem de encontro à urgência de se refletir sobre a qualidade dos vínculos entre profissionais e usuários dos serviços de saúde, exigindo a superação do tecnicismo, mas não em detrimento do autocuidado por parte do trabalhador. Nesse sentido, vale destacar a necessidade de um espaço de suporte aos profissionais para que possam sentir e elaborar as angústias rechaçadas de sua vivência diária, permitindo ao profissional uma atuação mais verdadeira com relação a seus propósitos e desejos.

Os avanços observados no tratamento da aids, nas últimas décadas, determinaram uma nova realidade de atuação dos profissionais que desempenham atividade junto às pessoas que vivem com HIV. Com a introdução da terapia combinada de medicamentos antirretrovirais (ARV), a infecção é concebida hoje como uma doença crônica, que possibilita ao paciente melhor qualidade de vida e longevidade.

Contudo, esse processo é um desafio constante ao profissional da saúde, que continuamente precisa rever suas motivações e dificuldades para continuar atendendo a tal população. O resultado desses avanços só pode ser alcançado com alta adesão do paciente ao tratamento proposto, exigindo dos pacientes e profissionais envolvidos disponibilidade para aprender e ensinar.

Além disso, os profissionais devem estar prontos para auxiliar o paciente na construção de estratégias que efetivem o cumprimento do esquema terapêutico recomendado, observando para tanto, os hábitos da vida cotidiana desse paciente, a exemplo dos horários e da qualidade de sua alimentação.

A questão da adesão está presente desde o início da epidemia, embora a proposta terapêutica da época fosse frágil e estivesse voltada para o tratamento das doenças oportunistas e profilaxias secundárias. Após novembro de 1996, com a distribuição dos medicamentos ARV, a terapia combinada abriu novos caminhos, alterando o perfil clínico da doença. A medicação passa agora a exercer um papel de controle sobre a replicação do vírus, deixando de incidir exclusivamente sobre as infecções secundárias decorrentes da queda da imunidade do paciente.

Nos serviços de saúde é crescente a exigência de habilidades, como a capacidade de estabelecer vínculos de confiança e diálogos construtivos com os pacientes, e quando pensamos no contexto de atendimento ao paciente soropositivo, muitas representações pessoais sobre o indivíduo portador do HIV podem acabar interferindo na qualidade dessa relação, o que precisa ser alvo de reflexão. De modo geral, o profissional, por acompanhar muito de perto o processo de doença dos pacientes, envolve-se e acaba por participar da mesma dor, além de, muitas vezes, ser solicitado pelo paciente como sendo seu último contato social.

Estudos apontam que profissionais da saúde enxergam o paciente portador do HIV como "difícil", exigindo atenção a uma dimensão especial do cuidado para que esses vínculos sejam produtivos. Conforme observam, o termo difícil aparece associado a agressividade, exigência, carência, rebeldia, angústia e depressão.

Angelim *et al.* sugerem que os pacientes portadores do HIV/aids são extremamente desafiadores para os profissionais, tanto no que se refere aos valores individuais, quanto aos ideais religiosos, à cultura e à ética que pregam. Sem dúvida, lidar com todos esses sentimentos e aspectos da intersubjetividade que incidem na relação do profissional da saúde com seus pacientes soropositivos requer preparo, valorização e reconhecimento, para que o trabalho possa ser desenvolvido com a possibilidade de satisfação.

Em geral, o que acaba acontecendo é uma tentativa de ouvir, compreender e aconselhar essa clientela, sem preparo específico para essa tarefa, e sem ter seu próprio espaço para pensar a respeito das dúvidas e angústias que afligem a ele próprio, acabando por favorecer o envolvimento emocional entre profissionais e pa-

Capítulo 11

cientes. Consequentemente, esse processo de aproximação "pessoal" acaba gerando sentimentos de pena e uma carga ainda maior de sofrimento psíquico.

As consequências dos acidentes ocupacionais são discutidas por Feix *et al.*, apontando que essas reações de medo e sofrimento levam o indivíduo a perceber mais claramente os riscos a que se expõe diariamente, assim como as frustrações presentes em sua relação com o trabalho. É como se a experiência do acidente desencadeasse a consciência exata do risco presente durante a execução das tarefas, e no caso daqueles que trabalham em serviços de atendimento a pacientes soropositivos, o profissional se vê invadido pela certeza de que vai se contaminar pelo HIV, estando sujeito a todas as dificuldades que observa na vida daqueles que ele atende.

Diversos trabalhos têm discutido as consequências do acidente em tempos mais recentes, estabelecendo relação importante entre a ocorrência de acidentes e impactos na saúde mental do trabalhador.

Assim, a dimensão do temor ao acidente e suas consequências pode estar ligada a possíveis identificações com o próprio paciente. De acordo com Figueiredo e Turato, alguns fatores importantes levam o profissional a continuar trabalhando com o paciente portador do HIV/aids. Para esses autores, a capacidade de identificação do profissional com a situação do paciente está associada à luta contra a discriminação desse ser humano infectado, assim como à discriminação que incide sobre aqueles que se propõem a cuidá-lo. Dessa maneira, seria contraditório abandoná-lo.

Outras fontes de identificação e sensação de vulnerabilidade pessoal à doença e ao óbito apontadas pelos autores referem-se ao fato de cuidarem de pessoas jovens, até então saudáveis, que muitas vezes enfrentam uma rápida deterioração física, além de um percurso de sofrimento até o óbito.

Souza aponta a preocupação não só com o acidente em si, mas também, com um retorno às próprias concepções sobre o paciente e seu modo de vida, emergindo, de modo preponderante, os preconceitos com relação aos comportamentos de risco. O fato de que os modos de infecção, as visões sobre os comportamentos de risco e julgamentos pessoais permeiam o cotidiano das relações estabelecidas entre profissionais e pacientes portadores do HIV/aids é verificado com frequência.

Frente à vivência do acidente, o profissional parece se identificar com o paciente, com todo o espectro de preconceitos e tabus que cercam a vida desses indivíduos. O trabalhador acaba sendo alvo de estigmas ligados à aids, sendo necessário que eles enfrentem seus medos e receios, ao cuidar de tais pacientes.

Outra questão determinante dessa experiência, se refere ao seguimento pós-exposição, uma vez que todas as medidas necessárias para a profilaxia pós-acidente são desconfortáveis e acabam colocando o profissional em circunstâncias muito parecidas com aquelas vivenciadas cotidianamente pelas pessoas que vivem com HIV, como o grande número de medicamentos ingeridos, a rotina de consultas e exames, os efeitos colaterais que, algumas vezes, acabam sendo bastante incômodos, a necessidade do uso de preservativos em todas as relações sexuais assim como, no caso dos profissionais do sexo feminino, os cuidados para evitar uma possível gravidez durante esse período de observação. O acidente faz com que o profissional passe a sentir-se tão vulnerável quanto o cliente atendido. Passe a ser um igual.

É importante ressaltar que muitos estudos vêm sendo conduzidos, no sentido de avaliar a adesão e o seguimento proposto para profilaxia ARV após exposição acidental pelo profissional de saúde, com especial atenção às dificuldades apresentadas pelos profissionais de saúde em seguimento. Segundo eles, isso se deve provavelmente ao fato de que, após o pânico inicial gerado no momento de o acidente ser superado, abre-se caminho para uma nova construção dos sentimentos anteriores ao acidente. Os sentimentos de imortalidade e onipotência são características da personalidade do próprio profissional da saúde, que usa esses mecanismos como uma maneira de "proteção" contra o adoecimento.

Um aspecto em especial, que parece ser bastante significativo quando o profissional de saúde trabalha com pessoas que vivem com HIV, refere-se à gama de preocupações encontradas no ato de se paramentar para prestar o atendimento necessário. Se, por um lado, essa atitude protege o profissional da ocorrência de acidente, dado o risco de transmissibilidade, por outro produz uma sensação identificada como desconforto e que tange sua relação com o paciente. O que deveria ser interpretado como um cuidado necessário à proteção de ambos, muitas vezes ganha a tonalidade de preconceito, já que tantas barreiras são interpostas no contato entre dois indivíduos. Cabe ressaltar que o uso correto e sistemático das precauções universais, assim como do equipamento de proteção individual, é de suma importância, para que o acidente seja evitado.

Nesse sentido, Souza destaca que os profissionais de enfermagem vivenciam situações de risco cotidianamente, deixando de se proteger, de se cuidar, como se fosse uma atitude "natural", essencial para o exercício da profissão, cujo objeto é a prática do cuidar. Observa-se que, muitas vezes, a atenção dos componentes da equipe no ambiente de trabalho se concentra no cuidar, porém no cuidar apenas "dos outros".

Alguns estudos destacam que grande parte dos profissionais que vivenciaram alguma ocorrência de exposição ocupacional ao HIV conseguiu modificar hábitos, principalmente os referentes ao uso das precauções universais e do equipamento de proteção individual.

Os trabalhadores que conseguem elaborar, de modo consistente, a situação do acidente e repensam suas vidas sob o olhar dos acontecimentos, normalmente apresentam respostas cognitivas importantes, transformando suas práticas do ponto de vista da segurança profissional. Contudo, alguns relatos encontrados no estudo de Souza apontam que nem sempre as respostas são determinadas pela situação estressante, dependendo, sobretudo de experiências anteriores e de crenças pessoais.

Para Meneghin, o medo do contágio pelo HIV não percorre os caminhos da evidência científica sobre a doença, mas perpassa pelos meandros dos valores individuais e das crenças da população, evidenciando aspectos simbólicos da doença ligados intimamente à contaminação.

No contexto de atendimento às pessoas que vivem com HIV, o trabalho é percebido como um desafio no sentido mais amplo da palavra, uma vez que a tranquilidade necessária para o cumprimento das tarefas é frágil e a exigência que as tarefas impõem muito grande. Além disso, as dificuldades emocionais do paciente se refletem no dia a dia do profissional, que reconhece suas demandas e acaba se sentindo responsável pelo bem-estar do paciente. Em contrapartida, o contato com o próprio sofrimento, com os próprios preconceitos e estigmas, com os riscos e com a satisfação de necessidades imediatas por meio da realização do trabalho é colocado, equivocadamente, em outro plano.

Vale ressaltar que na maioria das instituições observa-se o sofrimento físico do trabalhador como o único acontecimento merecedor de atenção e consideração por parte do grupo responsável por tal monitoramento, desconsiderando-se sobrecargas psíquicas como parte constante da rotina desses trabalhadores. Essa condição acaba muitas vezes sendo tratada com desdém e marginalizada pela sociedade como se não fosse real, ainda que, em algumas ocasiões, a ocorrência de acidentes ocupacionais possa ser considerada a expressão concreta (ou física) de um processo paralelo e contínuo de desgaste e sofrimento mental aos quais profissionais da saúde se encontram submetidos.

Assim, a complexidade do trabalho acarreta significativo desgaste emocional, apontando para a importância de ações que garantam condições adequadas de atuação, incluindo apoio e suporte psicológico aos profissionais, favorecendo o desenvolvimento de uma relação menos ameaçadora e mais verdadeira com as pessoas atendidas.

Bibliografia consultada

- Angelim RCM et al. Representações e práticas de cuidado de profissionais de saúde às pessoas com HIV. Rev Esc Enferm USP, v. 53, p. 1-7, 2019.
- Carvalho TS, Luz RA. Acidentes biológicos com profissionais da área da saúde no Brasil: uma revisão da literatura. Arq Med Hosp Fac Cienc Med Santa Casa São Paulo, v. 63, n.1, p. 31-6, 2018.
- Centers for Disease Control and Prevention. Public health service guideline for the management of healtcare workers exposure to HIV and recom-mendation for post exposure prophylaxis. MMWR, v. 47, n. 7, 1998.
- Cooke CE, Stephens JM. Clinical, economic, and humanistic burden of needlestick injuries in healthcare workers. Medical Devices: Evidence and Research, v.10, p. 225-235, 2017.
- Dresler DE, Boemer MR. O significado do cuidado do paciente com Aids — Uma perspectiva

de compreensão. R. Bras. Enfermagem, v. 44, n. 1, p. 70-81, 1991.
- Feix MAF et al. Reflexões acerca do estresse ocupacional. Rev. Gaúcha Enfermagem, v. 19, n. 1, p. 11-4, 1998.
- Fernandes AT et al. Sentimentos vivenciados por trabalhadores de saúde na ocorrência de acidentes com material biológico. Rev Paul Enf, v.29, n.1, p.56-67, 2018.
- Fernandes MA, Silva JS. Sentimentos e emoções de trabalhadores de enfermagem frente a acidentes de trabalho: uma revisão integrativa. Rev. Pre. Infec e Saúde, v.3, n.2, p. 45-52, 2017.
- Figueiredo MAC. Aids, Ciência e Sociedade. A dicotomia entre o conhecimento técnico e a competência social no trabalho do profissional de saúde, Ribeirão Preto. Departamento de Psicologia e Educação, FFCLRP – USP, 1995.
- Figueiredo RM et al. Adherence of professionals to follow up treatment after exposure to contaminated material in a brasilian univ. hospital. Abstract. Infection control and Hospital Epidemiology, v.21, n.2, p.109, 2000.
- Figueiredo RM, Turato ER. A enfermagem diante do paciente com AIDS e a morte. J. Bras. Psiq., v. 44, n. 12, p. 641-7, 1995.
- Green B, Griffiths E.C. Psychiatric consequences of needlestick injury. Occupational Medicine, v.63, p. 183-88, 2013.
- Januário GC et al. Sintomas de transtorno de estresse pós-traumático após exposição a material biológico. Esc Anna Nery, v. 21, n.4, p. 1-7, 2017.
- Machado, A.A. Fatores relacionados à adesão em trabalhadores da área da saúde que sofreram acidente ocupacional com risco biológico. Ribeirão Preto, 2006. 162p. Tese de Livre Docência. Faculdade de Medicina de Ribeirão Preto, Universidade de São Paulo.
- Marziale MH et al. Consequências individuais e ocupacionais da exposição a material biológico entre trabalhadores de enfermagem. Rev enferm UERJ, v. 23, n. 4, p. 449-54, 2014.
- Meneguin P. Entre o medo da contaminação pelo HIV e as representações simbólicas da Aids: o espectro do desespero contemporâneo. Rev. Esc. Enfermagem USP. v. 30, n. 3, p. 399-415, 1996.

- Oliveira DC. Construção e transformação das representações sociais da aids e implicações para os cuidados de saúde. Rev Latino-Am Enfermagem, v.21, n.10, p. 276-286, 2013.
- Pereira, F.W. et. al. Transformação das práticas profissionais de cuidado diante da AIDS: representações sociais dos profissionais de saúde. Rev en-ferm UERJ, n. 23, v.4, p. 455-60, 2015.
- Puro V et al. Occupational risk of HIV and other bloodborne infection. Am. J. Infect. Control. v. 23, n. 5, pp. 273-7, 1995.
- Rissi MRR et al. Health care workers and AIDS: a differential study of beliefs and affects associated with accidental exposure to blood. Cad. Saúde Pública, v.21, n.1, p. 283-291, 2005.
- Rissi MRR. Um estudo de determinantes afetivos sobre a prática de profissionais da saúde que trabalham com síndrome da imunodeficiência adquiri-da (AIDS). Ribeirão Preto, 2001. 124p. Dissertação (Mestrado) — Faculdade de Filosofia, ciências e Letras de Ribeirão Preto, Universidade de São Paulo.
- Rodrigues SP et al. Acidente com material biológico: percepção dos profissionais de enfermagem de serviço de emergência. Rev Pre Infec e Saúde, v. 3, n. 1, p. 23-28, 2017.
- São Paulo. Secretaria do Estado de Saúde. Programa Estadual DST/AIDS: Biossegurança. São Paulo, 1998, 75p.
- Souza A. Risco biológico e biossegurança no cotidiano de enfermeiros e auxiliares de enfermagem. Ribeirão Preto, 2000. 183p. Tese (Doutorado) — Escola de Enfermagem de Ribeirão Preto, Universidade de São Paulo.

- Souza, Marcia de; MORAES, Marcia de. Acidentes Ocupacionais na equipe de enfermagem: um estudo em cinco hospitais do município de São Paulo. Jornal Brasileiro de Aids, v. 1, p. 11, 2000.
- Taerk G et al. Recurrent themes of concern in group for health care professionals. Aids Care, v. 5, n. 2, p. 215-22, 1993.
- Tarantola A, Abiteboul D, Rachline, A. Infection risks following accidental exposure to blood or body fluids in health care workers: A review of pathogens transmitted in published cases. Am J Infect Control. 2006;34(6):367-75.
- Teixeira PR et al. Tá difícil engolir? experiências de adesão ao tratamento anti-retroviral em São Paulo. São Paulo, Nepaids, 2000.
- Tellier A et al. Health care workers'(HCW) perceptions of changes in HIV infection. Paris: Association Didier Seux-Santè Mentale et Sida. In: Interna-tional AIDS Conference, Genebra, Suíça, 1998.
- Thiengo, P.C.S. et. al. As representações do cuidado voltado à pessoa que vive com HIV/AIDs para a equipe de saúde. Rev Enfermagem Atual In Derme. 2017; 82(20):12-8.
- Tribonnière X et al. Tolerance, compliance and psychological consequences of post-exposure prophylaxis in health-care workers. Int. J. STD & AIDS, n. 9, p. 591-4, 1998.
- Wang S et al. Experience of healthcare workers taking postexposure prophylaxis after occupational HIV exposures: findings of the HIV postexposure prophylaxis registry. Infect. Control. Hosp. Epidemiol., v. 21, p. 780-5, 2000.

Capítulo 11

Noções de Primeiros Socorros

12

Ana Maria Tucci Gammaro Baldavira Ferreira
Cell Regina da Silva Noca

"Toda prática profissional, sem sombra de dúvida, deve ser permeada por aspectos preventivos, a fim de evitar acidentes."

As autoras

Introdução

Este capítulo trata das condutas que devem ser adotadas, na tentativa de minimizar os danos às pessoas acidentadas durante as atividades profissionais desenvolvidas dentro do ambiente de laboratório e/ou serviços de saúde. Embora a biossegurança, no seu sentido mais amplo, seja uma vida livre de perigos, o primeiro a fazer é reconhecer que eles existem, para que se possa, efetivamente, evitá-los. Caso acidentes ocorram, a primeira conduta, ou o primeiro socorro, se realizada adequadamente, pode minimizar as consequências para o acidentado ou, até mesmo, determinar a sua sobrevida.

Torna-se necessário, portanto, ressaltar a importância que os outros autores abordaram anteriormente nos capítulos deste livro: a *prevenção*, tendo em vista os *riscos* já conhecidos. Outros aspectos também são relevantes, como a planta física e a administração, voltadas para à adequação do trabalho dentro de normas e recomendações dos órgãos oficiais, incluindo aí os aspectos preventivos quanto a possíveis acidentes. Nesse sentido, alerta-se que todos os trabalhadores que atuam na área de laboratório ou serviço de saúde, independentemente da sua função, devem ser treinados para as condutas básicas de socorro em casos específicos.

Antes de abordarmos as condutas propriamente ditas, algumas considerações são cabíveis para a pessoa que irá socorrer a vítima, de modo a realizá-las de maneira correta e segura.

Dentre outras recomendações para a segurança dos laboratórios na área de saúde, a Organização Mundial de Saúde (OMS) determina que deve haver material para primeiros socorros contido em uma caixa claramente identificada, acessível, livre de pó e umidade, com lista de material mínimo, completa e em ordem. Se utilizada, os materiais gastos devem ser repostos imediatamente após o ocorrido. Junto à caixa, ou dentro dela, deve haver, um manual básico de primeiros socorros. Sugerimos os seguintes materiais:

– Ataduras (faixa de crepe).

– Gazes esterilizadas.

– Curativos adesivos para pequenos ferimentos.

– Esparadrapo.

– Luvas descartáveis de plástico ou borracha.

– Panos e toalhas limpas.

– Tesoura sem ponta.

– Máscara para respiração boca a boca ou máscara-bolsa (AMBU).

Adicionem-se também:

– Cobertores.

– Lanterna.

– Sacos de lixo.

O que são os primeiros socorros?

Os *primeiros socorros* são as condutas iniciais a serem tomadas com segurança e rapidez, imediatamente após a ocorrência de um acidente, com a finalidade de preservar a vida, minimizar os efeitos da lesão e promover a recuperação do indivíduo que se acidentou. A pessoa que sofreu o acidente será tratada como *vítima* e quem adota as condutas iniciais como *socorrista*. A maior parte das ocorrências não pressupõe perigo de vida.

Em casos de maior gravidade, sempre a primeira atitude a tomar é pedir *ajuda*, que deve ser solicitada a qualquer outra pessoa para que o serviço de resgate de sua cidade possa ser chamado. O resgate é feito geralmente pelo corpo de bombeiros, cujo telefone 193, em todo o território brasileiro, deve ficar visível em local conhecido por todos os que trabalham no laboratório. Outros telefones,

como os da polícia (190), e Serviço de Atendimento Móvel de Urgência (SAMU – 192) solicite um desfibrilador externo automático (DEA).

Se você for forçado a deixar a vítima sozinha, minimize os riscos que ela possa correr, tomando antes as medidas para salvar a sua vida. O telefonema deve ser breve, preciso, só sendo finalizado após a autorização do atendente do outro lado da linha, para não omitir dados importantes do socorro.

A primeira recomendação para um socorrista é realizar as condutas somente se souber como fazê-las. Se não souber ou não conseguir realizá-las, não mexer na vítima, pois poderá colocar em risco ou piorar sua situação. Nesse caso, apenas solicitar o socorro, como referido anteriormente.

As situações que envolvem acidentes, geralmente, provocam ansiedade nas pessoas que presenciam ou que se propõem a prestar socorro. Estar preparado para atender uma vítima inclui também o "gerenciamento" do estresse do socorrista. O bom preparo, ou seja, conhecer e estar treinado para socorrer são fatores que amenizam a emoção. Por isso, recomenda-se treinamento periódico, atualizado, aos trabalhadores, como um fator que garante o sucesso dos atendimentos e, ao mesmo tempo, pode ser preventivo de estresse, que, se presente, pode comprometer sobremaneira o primeiro atendimento.

O socorrista deve fazer tudo o que souber e puder, não devendo ser criticado ou cobrado sobre o sucesso do atendimento.

Prestar os primeiros socorros

São abordados a seguir, de maneira bastante objetiva, os procedimentos cabíveis, quando da ocorrência dos acidentes identificados nas atividades de um laboratório ou serviço de saúde. Seguem-se as orientações mais recentes e recomendações sobre as condutas mundialmente aceitas de organismos internacionais, como a Organização Mundial da Saúde (OMS) a Cruz Vermelha Internacional, a *American Heart Association* (AHA) e Sociedade Brasileira de Cardiologia (SBC).

Agir com segurança

Antes de proceder ao atendimento propriamente dito, o socorrista tem por obrigação garantir a sua segurança. A primeira regra é não se arriscar para salvar o outro em um ato heroico, cujo resultado pode produzir, além da vítima inicial, outra vítima – o próprio socorrista, podendo vir a ser fatal para ambos. Para tanto, algumas orientações básicas devem ser rigorosamente seguidas, como verificar a segurança do local, controlar as emoções, avaliar se ainda há perigo, não fazer sozinho mais do que é possível, usar o bom senso e agir rapidamente, sempre em segurança.

Avaliar a situação

A sequência a ser seguida até aqui para um pronto atendimento é:

– Estar preparado para o atendimento.

– Manter a calma.

– Chamar por socorro.

– Agir com segurança.

Porém, várias podem ser as situações que o socorrista poderá enfrentar em um acidente e, por isso, há necessidade de realizar uma rápida avaliação da situação encontrada. O local e seus riscos para todos, a causa do acidente, o número de vítimas, a gravidade do seu estado e as possibilidades de atendimento imediato devem ser rapidamente observados. Devem-se ter em mente a eliminação do perigo e/ou a proteção da vítima, afastando-a da fonte do perigo.

Avaliar a vítima

A avaliação da pessoa que sofreu o acidente, ou de várias vítimas, deve iniciar pelo estado de consciência:

– Está desperta ou conversando.

– Apresenta apenas os olhos abertos ou não responde (inconsciente).

– Respira ou não.

– A coloração da pele: rosada, vermelha, pálida, cianótica.

– O pulso: no antebraço (radial), cervical (carotídeo).

– Ferimentos e sangramentos aparentes e sua localização.

Conforme a gravidade da vítima, use o bom senso sobre o adequado atendimento: sempre priorize a vítima mais grave, ou seja, aquela que estiver inconsciente. A vítima com lesões menos graves deve ser removida o quanto antes do local, quando possível.

Socorrer vítimas em parada cardiorrespiratória

Para que haja vida, é necessário manter o fluxo constante de oxigênio para o cérebro, transportado para todo o organismo pela circulação sanguínea pelos batimentos cardíacos.

A parada cardiopulmonar ou cardiorrespiratória é definida como a cessação súbita e inesperada da circulação de sangue e da respiração, levando a um sofrimento orgânico generalizado.

Ressuscitação cardiopulmonar

A reversibilidade da parada depende do tempo de início e o modo correto de realização das manobras de ressuscitação cardiopulmonar. Por isso, são importantes a agilidade e a organização junto ao conhecimento do que se deve fazer. Lembre-se de

Capítulo 12

127

que se trata de uma situação de emergência e de que você precisa de auxílio.

A AHA define alguns importantes passos que, se realizados corretamente, podem melhorar a sobrevida da vítima, como o rápido reconhecimento da parada, a solicitação de auxílio o mais rápido possível e o início das manobras básicas de atendimento.

Sua identificação pressupõe a existência das seguintes características:

- A pessoa está inconsciente, não respira e não tem pulso palpável nas grandes artérias como a carótida, localizada no pescoço.
- É possível sentir mais facilmente o pulso carotídeo, pressionando levemente, com dois dedos, a borda posterior do pomo-de-adão (Figura 12.1).

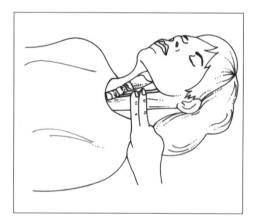

FIGURA 12.1 – *Localização do pulso carotídeo.*

A AHA, na Conferência de Diretrizes Internacionais 2000, determina que os socorristas leigos não considerem a checagem da presença de pulso como um sinal de identificação da parada cardíaca para, depois, iniciar as compressões torácicas, evitando, desse modo, a perda de tempo para iniciar a reanimação. Havendo ausência de sinais de respiração, devem-se iniciar as manobras de ressuscitação.

Utiliza-se a sequência do ABC primário, que auxilia no diagnóstico da parada e provê o tratamento inicial da vítima, mantendo um mínimo de oxigenação dos tecidos, enquanto se aguardam outras medidas terapêuticas mais efetivas.

Segundo a AHA, o ABC primário significa:

- Abrir a via aérea: posicionar a cabeça para a abertura da via aérea.
- Boca a boca: efetuar a respiração boca a boca ou com acessórios (bolsa-máscara).
- Circulação: realizar massagem cardíaca com compressões torácicas.

O primeiro passo é avaliar a responsividade: se a vítima está ou não consciente. Faça uma pergunta ou dê uma ordem, como, por exemplo; "Você está bem?" ou "Abra os olhos". Normalmente, há necessidade de gritar e sacudir cuidadosamente a vítima.

Verifique a ventilação. Coloque o seu rosto próximo à boca da vítima e observe ("ver"), ouça ("ouvir") e sinta ("sentir") a sua respiração (Figura 12.2).

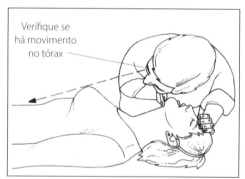

FIGURA 12.2 – *Ver, ouvir e sentir a respiração da vítima.*

Imediatamente, deve-se solicitar auxílio, se for possível, pedir de maneira clara e objetiva para acionar a equipe de PCR/médico e trazer o carro de emergência com o desfibrilador ou DEA (desfibrilador externo automático).

Coloque a vítima deitada de costas sobre uma superfície dura. Depois, abra as vias aéreas, inclinando a cabeça da vítima para trás (hiperextensão do pescoço) e elevando o queixo. Esse movimento deve ser realizado com o socorrista ao lado do paciente, conforme a Figura 12.3. Certifique-se, antes, de que não há risco de fratura da coluna.

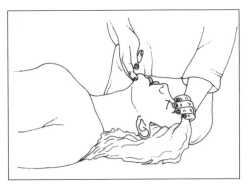

FIGURA 12.3 – *Abrindo as vias aéreas da vítima.*

Posicione-se ao lado da vítima e mantenha seus joelhos com certa distância um do outro, para que tenha melhor estabilidade. Afaste ou corte a roupa da vítima (se uma tesoura estiver disponível), para deixar o tórax desnudo.

Ao mesmo tempo em que abre a via aérea, procure por algum corpo estranho, como sangue, prótese dentária ou pedaços de alimento na boca ou garganta, e retire-o, se estiver visível. Liberada a via aérea, procure detectar a presença de ventilação. Para isso, coloque seu rosto próximo à boca da vítima e observe ("ver"), ouça ("ouvir") e sinta ("sentir").

Após ter verificado a ausência de movimento respiratório, administre duas ventilações. A ventilação deve ser feita boca a boca ou com máscara-bolsa. A seguir, cheque novamente a presença de movimentos respiratórios, pois a abertura das vias aéreas e das ventilações boca a boca ou máscara-bolsa pode ter sido suficiente para reverter a parada respiratória. Se não houver a reversão da parada, inicie a ventilação, que pode ser feita boca a boca ou boca a máscara ou bolsa-máscara.

Na ventilação boca a boca, o polegar e o indicador de uma das mãos devem pinçar as narinas, para evitar vazamento de ar, enquanto a palma da mesma mão mantém a cabeça estendida. A outra mão eleva o queixo, evitando o fechamento da via aérea. Faça uma inspiração profunda, adaptando a sua boca a boca da vítima e insufle o ar, soprando até perceber que o tórax da vítima se eleva. Retire os lábios para que o tórax relaxe. Repita esses procedimentos quantas vezes for necessário.

Na ventilação boca a boca, podem-se utilizar máscaras plásticas descartáveis para a proteção do socorrista (ventilação boca-máscara).

A ventilação bolsa-máscara requer uma máscara e bolsa autoinflável (AMBU: artificial manual breathing unit).

Em todos os tipos de ventilação, mantenha as vias aéreas abertas com o posicionamento adequado da cabeça da vítima.

Na ausência de pulso, inicie imediatamente as compressões no tórax, também denominadas massagem cardíaca externa, que visam a promover a circulação do sangue.

A massagem cardíaca deve ser realizada dois dedos acima do apêndice xifoide, ou seja, no centro do tórax, exatamente entre os mamilos. Posicione as duas mãos, uma sobre a outra, com os dedos entrelaçados, e inicie a massagem, mantendo os braços estendidos (na posição vertical, cerca de 90º acima da vítima), comprimindo o peito para baixo e soltando em seguida. Procure manter as mãos na mesma posição o tempo todo, conforme Figura 12.4.

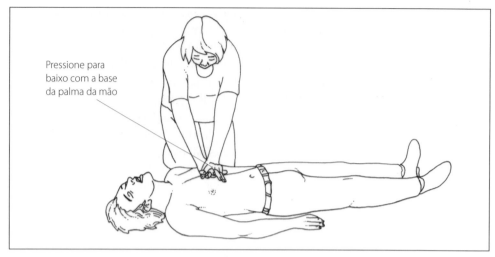

FIGURA 12.4 – *Realizando a massagem cardíaca na vítima.*

- Para a compressão torácica, use o seu peso do corpo, com movimentos contínuos e ritmados. Os braços devem ficar esticados e perpendiculares ao tórax da vítima. Não dobre os braços. Comprima na frequência de 100 a 120 compressões/minuto.
- Comprima com profundidade de, no mínimo, 5 cm (evitando compressões com profundidade maior que 6 cm). Permita o retorno completo do tórax após cada compressão, evitando apoiar-se no tórax da vítima.

Se estiver sozinho, minimize interrupções das compressões. No atendimento realizado por um leigo, estudos recomendam a realização de compressões torácicas contínuas.

Quando houver duas pessoas, reveze com outro socorrista a cada 2 minutos, para evitar o cansaço e compressões de má qualidade.

Esse procedimento deve ser mantido, enquanto durar a tentativa de reanimação, em ritmo de aproximadamente 100 compressões por minuto, em uma relação de 30 compressões torácicas para duas ventilações, ou seja, a taxa de compressão-ventilação deve ser de 30:2.

Socorrer vítimas de síncope

Síncope é a súbita perda de consciência e do tônus muscular, seguida de recuperação espontânea, causada por uma redução do fluxo sanguíneo para o cérebro. Apresenta-se de maneira dramática, podendo ocasionar danos mais graves, dependendo da situação em que ocorrer, como, por exemplo, ocasionar um acidente de trânsito ou queda.

Na síncope, há queda ou perda do nível de consciência, e a vítima desmaia, a pulsação cardíaca baixa e verifica-se palidez. Esses sintomas podem ser desencadeados por dor, emoções, medo, parada súbita de esforço físico, exaustão física, falta de alimentação, permanência na posição de pé, queda da pressão arterial, ao levantar-se subitamente, ou problemas cardíacos.

É um quadro que se verifica, frequentemente, mesmo em pessoas aparentemente normais, que podem ter um episódio sincopal ocasional, ou quando há problemas cardíacos mais graves.

Ocorrendo esse mal súbito, coloque sempre a pessoa deitada, mantendo as pernas elevadas, o que estimula o fluxo de sangue para o cérebro e o retorno mais rápido da consciência. Solicite ajuda.

Assegure-se de que a pessoa está respirando normalmente. Se ela respira e tem pulso cardíaco, deixe-a deitada, até que acorde sozinha ou chegue um socorro médico.

Quando ela recobrar os sentidos, tranquilize-a e ajude-a sentar-se. Após alguns minutos, coloque-a sentada de maneira gradativa, devagar, ajudando-a e certificando-se de que está bem.

Lembre-se de que o objetivo do cuidado é procurar aumentar o fluxo sanguíneo para o cérebro e tranquilizar a vítima, mantendo-a em uma posição confortável. Não ofereça alimentos ou líquidos.

Socorrer vítimas de ferimentos perfurocortantes

Todo acidente envolvendo o rompimento e a penetração da pele por algum objeto deve ser *imediata* e *cuidadosamente* tratado, por envolver a principal barreira de proteção física do organismo humano. Assim, relembramos que os materiais mais comuns que podem fazê-lo, como agulhas e vidro, podem carregar consigo, desde poeira até fluidos orgânicos, devendo ser considerados contaminados. Tais materiais devem ser manuseados com os equipamentos de proteção individual (EPI) indicados, observando a correta execução dos procedimentos técnicos na prática laboratorial ou procedimentos envolvendo assistência. Ressaltamos que todo trabalhador da área da saúde deve estar atento à sua imunização, por meio da vacinação atualizada, como a antitetânica, contra a hepatite B, contra a meningite, dentre outras pertinentes.

Segundo a recomendação da Secretaria do Estado de Saúde de São Paulo, após um acidente com material perfurocortante no local de trabalho, a lesão deve ser lavada em água corrente abundantemente, usando detergente, e aplicando soluções antissépticas, como polivinilpirrolidona-iodo (PVP-I), álcool 70% ou clorexidina. Em caso de exposição das mucosas, use soro fisiológico ou água boricada. Devem ser *evitadas* substâncias cáusticas, como o hipoclorito de sódio. Não proceda à expressão do local ferido, porque isso pode aumentar a área da lesão, tornando maior a exposição ao material infectante. A conduta imediata é um fator que pode influenciar a chance de aquisição de doenças. Desse modo, o quanto antes forem tomadas as medidas descritas, essa chance tenderá a diminuir.

Caso o ferimento resulte em perda de sangue da vítima, após os procedimentos de limpeza descritos, recomenda-se pressionar o local por alguns minutos, para que o sangue possa coagular. Verifique antes se não há cacos de vidro no local, para não ferir a vítima ainda mais (caso haja fragmentos grandes, não tente removê-los, pois tal atitude pode causar maior lesão e sangramento). Amarre ataduras ao redor do objeto (Figura 12.5).

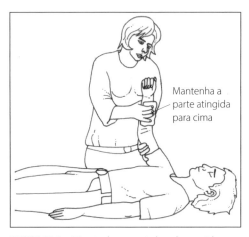

FIGURA 12.5 – *Mantenha a parte lesada erguida.*

Use gaze esterilizada, para fazer a pressão, tendo sempre suas mãos protegidas por luvas de procedimentos; prenda com faixas, sem apertar demais, para não prejudicar a circulação do local. Caso o ferimento esteja nos membros (braços ou pernas), levante o membro lesado acima do coração, deitando a vítima, a fim de reduzir o fluxo de sangue no local da lesão (Figura 12.6).

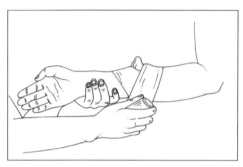

FIGURA 12.6 – *Proteja o ferimento com fragmentos, enfaixando a região ao redor do objeto.*

A chefia deve ser notificada imediatamente, para avaliar o acidente o mais precocemente possível (idealmente até duas horas seguintes à ocorrência do acidente), a fim de se instalarem medidas profiláticas ainda dentro desse período e proceder-se às notificações oficiais (vigilância epidemiológica – VE e/ou o serviço de controle de infecção hospitalar – SCIH).

Socorrer vítima de mordedura de animais

Quando houver acidentes envolvendo mordedura de animais, proceda da mesma maneira como descrita no item anterior, considerando sempre uma mordida de animal – qualquer que seja: cão, rato, camundongo, macaco, morcego – como fonte de infecções devido à presença de germes na boca. A comunicação à chefia imediata também deve ser feita para providências imediatas.

Socorrer vítimas de picadas de insetos e/ou animais peçonhentos

Em países de clima tropical e rica vegetação, existem laboratórios de saúde que manipulam insetos ou animais peçonhentos, alguns, nocivos ao homem.

Picadas provocam dor, inchaço rápido e assustam. Algumas pessoas podem ser alérgicas, desencadeando um choque anafilático fatal. As picadas na boca e garganta são graves, pois o inchaço impede a vítima de respirar. Nesse caso, forneça gelo para a pessoa chupar, a fim de diminuir o inchaço, e peça ajuda imediata. Fique ao lado, da vítima, dando apoio até o socorro chegar, observando a sua respiração.

Insetos como vespas e marimbondos não deixam ferrão após a picada. Diferente das picadas de abelhas, que morrem após picar, mas deixam o ferrão cravado na pele da pessoa. Fixe o ferrão com uma pinça o mais próximo possível da pele e puxe com firmeza (Figura 12.7). Aplique uma compressa fria com um pano limpo, pois isso reduz a dor e o inchaço. Se não houver melhora, procure um serviço médico. Mas, *atenção!* Em caso de *picada por enxame*, o Ministério da Saúde alerta que não se retirem os ferrões por pinçamento, pois a compressão na pele pode espremer a glândula ligada ao ferrão e, assim, inocular na vítima o veneno ainda existente.

As vítimas picadas por cobras e escorpiões necessitam de auxílio médico imedia-

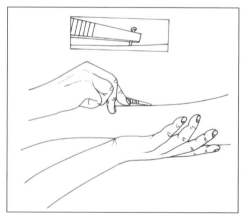

FIGURA 12.7 – *Retire o ferrão do inseto, posicionando a pinça o mais próximo possível da pele.*

to, mesmo se não apresentarem qualquer sinal de desconforto. Se possível, capture ou peça ajuda para capturar o animal, de modo que ele possa ser identificado, sempre observando a segurança pessoal. A picada pode provocar marcas de dentes na pele (cobras), dor forte no local da picada, vermelhidão ao redor, náusea e vômito, dificuldade de respirar, queda das pálpebras, distúrbios de visão, urina escura e perda da consciência.

Deite a vítima e ajude-a a acalmar-se. Ela deve ficar sem se movimentar, para evitar que o veneno seja absorvido rapidamente. Lave a ferida com água e sabão. *Não* tente sugar o veneno, *não* faça torniquetes, *não* provoque ferimentos adicionais, para drenar o veneno, *não* dê nada para a vítima comer ou beber. Chame auxílio imediatamente. Em qualquer dos casos descritos, reanime a vítima, se necessário.

Socorrer vítimas de choque elétrico e lesões por eletricidade

A passagem de corrente elétrica pelo corpo de uma pessoa, dependendo da intensidade, pode provocar desde atordoamentos até a cessação da respiração e dos batimentos cardíacos, como explica o Serviço de Atendimento Médico de Urgências (SAMU). Pode haver queimaduras visíveis no local de entrada e saída da corrente elétrica. Danos internos, não visíveis, também têm possibilidade de ocorrer.

No caso de correntes alternadas, frequentemente essas causam espasmos musculares que impedem a vítima de se soltar de um fio elétrico ou da fonte da descarga. A primeira coisa a fazer é interromper o contato, desligando a chave geral, se possível. Se não conseguir fazê-lo, desligue o fio da tomada ou puxe-o. Lembre-se de que a água, o metal e o corpo humano são potentes condutores de eletricidade, portanto, se não conseguir desligar o fio, não toque na vítima. Fique sobre material isolante, como caixa de madeira, pilha espessa de jornais ou calçado com sola de borracha, e use um cabo de vassoura de madeira, para afastar a vítima do contato. Ainda sem tocá-la, passe uma corda pelos pés ou braços, a fim de afastá-la, e somente em último caso puxe a vítima pela parte seca das suas vestes (Figura 12.8).

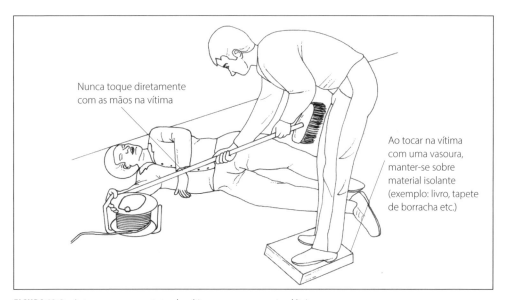

FIGURA 12.8 – *Interrompa o contato da vítima com a corrente elétrica.*

Capítulo 12

Quando o contato da vítima com a eletricidade for interrompido, verifique a respiração e o pulso. Reanime a vítima, se necessário. Refresque as queimaduras apenas com água fria durante 10 minutos (isso em qualquer tipo de queimadura), cobrindo a lesão com gaze esterilizada ou pano limpo. Se não houver lesões aparentes, a vítima deverá ser aconselhada a descansar, mantendo-a em observação. Sempre chame ajuda. A vítima deve ser avaliada por um serviço de assistência médica o mais rápido possível.

Socorrer vítimas de queimaduras

As vítimas de queimaduras devem sempre ser consideradas potencialmente como se encontrando em estado grave. As situações em que haja fogo, explosões, correntes elétricas e vapores tóxicos dificultam a aproximação da vítima e trazem grande risco para as outras pessoas, principalmente ao socorrista.

CUIDADO!

Lembre-se de garantir sua própria segurança antes de iniciar o socorro.

As lesões podem ser provocadas por calor (fogo ou objetos quentes), substâncias corrosivas (substâncias químicas, como ácidos fortes ou álcali, vapores e gases corrosivos), líquidos e vapores, frio intenso (vapores congelados, como oxigênio ou nitrogênio líquido) e radiação (exposição a fontes radioativas).

A avaliação de uma vítima queimada tem particularidades importantes, além das descritas no início deste capítulo. É necessário verificar, além da causa, a profundidade e a extensão da queimadura com relação à pele do corpo da vítima. Quanto à profundidade, pode ser *superficial* (vermelhidão

e sensibilidade), exigindo cuidados locais, *parcial* (a pele fica em carne viva e pode aparecer bolha) e *profunda* (pele branca, viscosa e, às vezes, carbonizada), essas últimas consideradas sempre muito graves, independentemente do tamanho. Quanto à extensão, qualquer queimadura equivalente ao tamanho da mão da vítima deve ser cuidada pelo médico. Quanto maior a extensão e mais profunda a queimadura, mais grave o estado da pessoa. Não esqueça de, inicialmente, chamar serviços que possam encaminhar a vítima grave com rapidez.

As vias respiratórias também podem ter sido afetadas, pois as queimaduras causam rapidamente inchaço e inflamação dessas vias, impedindo a vítima de respirar. Avalie a partir do nariz e boca (fuligem ao redor), incluindo os pelos do nariz (chamuscamento), pele ao redor da boca (lesões, feridas) e língua (vermelhidão, inchaço ou queimadura). A voz rouca e a dificuldade respiratória também denunciam perigo. Se não houver a respiração, prepare-se para reanimar a vítima imediatamente. Quando existir o envolvimento das vias respiratórias, independentemente da profundidade e extensão da queimadura, isso é um sinal de gravidade que exige imediata hospitalização.

Em caso de incêndio, se houver chama na roupa da vítima, impeça-a de sair correndo, pois isso aumenta as chamas. Deite-a no chão com a parte queimada voltada para cima e apague o fogo com água. Proteja, se possível, o corpo da vítima do contato direto com o chão, utilizando sacos plásticos como forro. De acordo com Lane, outra alternativa é enrolar com firmeza o corpo da vítima com tecido pesado não sintético (cobertor, cortina, tapete), deitando-a no chão em seguida (Figura 12.9).

Em qualquer queimadura, a área da lesão deve ser resfriada com irrigação de água contínua pelo menos por dez minutos (Figura 12.10), para reduzir o

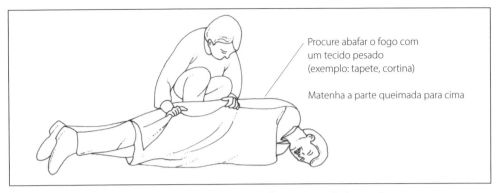

FIGURA 12.9 – *Deite a vítima no chão e enrole o corpo com firmeza, quando houver fogo nas vestes.*

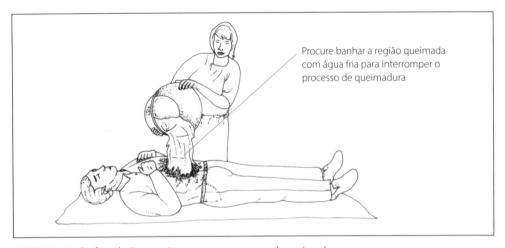

FIGURA 12.10 – *Resfrie a lesão, para interromper o processo de queimadura.*

inchaço e os danos provocados, minimizar o estado de choque e aliviar a dor. Enquanto isso, aproveite para avaliar as vias aéreas, respiração e pulso. Remova com cuidado anéis, cinto e sapatos, pois a região afetada possivelmente ficará muito inchada. Retire também as roupas queimadas somente se *não estiverem* coladas à pele. Cubra a área lesada com pano limpo (Figura 12.11) e levemente umedecido com soro fisiológico, pois a queimadura fica sujeita a infecções (podem ser usados sacos plásticos limpos em mãos e pés queimados, prendendo-os com faixa ou esparadrapo sobre o plástico, nunca sobre a pele).

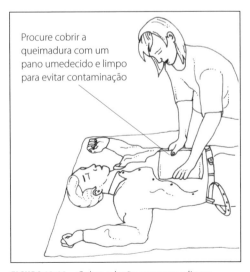

FIGURA 12.11 – *Cubra a lesão com pano limpo.*

Capítulo 12

Importa ressaltar que você não deve tocar nas lesões, nem interferir nela de modo nenhum, tampouco furar bolhas, nem aplicar loções, unguentos ou quaisquer outros produtos.

Avalie bem a vítima e só deixe de chamar ajuda em caso de queimadura muito superficial.

Socorrer vítimas de acidentes envolvendo substâncias químicas

Contaminação dos olhos

Se substâncias químicas entrarem em contato com os olhos, esses deverão ser lavados abundantemente com água fria, limpa e clorada pelo menos por 15 minutos, pode ser utilizado o bebedouro em serviços que não possuam um local apropriado para esse fim (Figura 12.12). A rapidez pode determinar a diminuição da gravidade da lesão. Use luvas de procedimentos, tomando cuidado para que a água contaminada não espirre em você ou na vítima. Se os olhos se fecharem por causa da dor, abra as pálpebras com cuidado, mas firmemente (Figura 12.13).

Não toque nem deixe a vítima tocar ou esfregar os olhos. Após a intensa irrigação, cubra o olho com um tampão de gaze esterilizada, mantendo-o firme com esparadrapo ou faixa de crepe (Figura 12.14). A vítima deve ser encaminhada o mais rápido possível à avaliação médica.

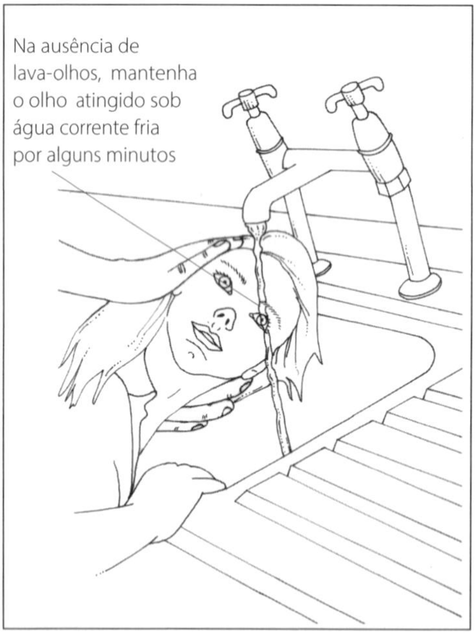

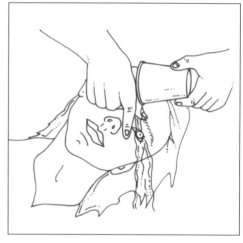

FIGURA 12.13 – *Abra firmemente as pálpebras da vítima. Cuidado para que a água não espirre no olho não lesado.*

FIGURA 12.14 – *Cubra o olho da vítima com um tampão.*

FIGURA 12.12 – *Lave abundantemente o olho da vítima, com cuidado para não espirrar em si ou na vítima.*

Contaminação de roupas

As roupas devem ser removidas imediatamente e iniciados os procedimentos de descontaminação. Coloque a vítima no chuveiro, se houver um no local, para a efetiva lavagem da pele pelo menos por 20 minutos. Mantenha suas mãos protegidas com luvas. A vítima deve ser mantida aquecida e encaminhada um serviço médico, junto com a informação do nome ou da marca do produto contaminante.

Contaminação por produtos químicos específicos

Os produtos químicos específicos, utilizados nos laboratórios e serviços de saúde, são numerosos e muitos oferecem perigo, como ácidos (ácidos acético, sulfúrico, clorídrico, nítrico e fosfórico), álcalis (sódio, potássio, amônia ou hidróxido de cálcio), narcóticos (clorofórmio, e gases anestésicos), cianuretos (cianureto de hidrogênio e cianureto de sódio ou potássio), fenóis, compostos organofosforados e compostos de mercúrio.

As lesões que podem ocorrer devido ao contato com produtos químicos são graves, e devem ser tratadas rapidamente. Preserve a sua segurança, ao aproximar-se da vítima contaminada, pois alguns desses produtos exalam gases letais, que podem afetar a vítima pelo contato com pulmões (pela inalação), pele e boca (contato com a pele e mucosas). No local lesado, pode haver dor, ardência, avermelhamento, manchas e bolhas muito discretas logo após a contaminação, tornando-se visíveis com o passar do tempo.

A orientação atual, com relação à inalação, é apenas promover a remoção da vítima do local de exposição, deixando-a descansar, mantendo-a aquecida. Em caso de grande exposição, encaminhe-a um serviço médico.

Tendo qualquer dúvida, consulte o serviço médico de referência local ou o centro de controle de intoxicações (CCI) do seu estado, mantendo também, o número do telefone de tal serviço disponível e visível junto aos telefones dos outros serviços já citados no início deste capítulo.

Socorrer vítimas envolvendo acidentes com material radioativo

É importante compreender o que vem a ser uma radiação, definida basicamente como um modo de energia que tem a propriedade de se propagar indo de um ponto a outro do espaço, com ou sem o meio material.

Os materiais radioativos são os que possuem tal característica de radiação; além disso, não possuem cheiro, não são visíveis nem palpáveis, dificultando, assim, a sua percepção no ambiente. Outra característica importante desses materiais é que a sua atividade, associada à sua quantidade, regride com o decorrer do tempo, fenômeno conhecido como decaimento. Cada material tem uma característica específica para esse decaimento.

O que fazer em caso de acidente?

A princípio, procure adotar as medidas preventivas que minimizem a possibilidade de acidente envolvendo substância radioativa, uma vez que, o principal cuidado é o de evitar os acidentes.

Quando o acidente ocorrer, considere-o uma situação de emergência e, nesse caso, a principal atitude é manter a calma. Lembre-se de que há uma série de fatores a serem considerados, dependendo do material radioativo e das suas características, mas sempre dê prioridade à proteção do trabalhador.

Também é importante reduzir os riscos de contaminação, os de propagação de uma contaminação ou a exposição das pessoas, controlando a exposição ao material radioativo. Se houver contaminação de pessoas, essas devem ser tratadas primeiramente.

Nos acidentes de contato com o material radioativo, lave a região contaminada com bastante água com temperatura de morna para fria e sabão neutro. Utilize solução descontaminante, se houver. Evite irritações na pele ou mesmo feridas. Depois, solicite auxílio e mantenha apenas o mínimo de pessoas necessário para o tratamento da vítima. Depois, procure confinar a contaminação, sempre que possível.

Com relação à contaminação de superfícies, isole imediatamente a área contaminada, demarcando-a de modo a evitar que a contaminação se propague. Vista-se adequadamente para a descontaminação, usando um avental, luvas e pró-pés. Inicialmente, utilize papéis absorventes (métodos secos), para evitar a disseminação da contaminação, delimite a área com fita de crepe e, depois, lave com sabão descontaminante.

É importante lembrar que o material utilizado em uma descontaminação deve ser tratado como rejeito radioativo. Todas as roupas utilizadas devem ser identificadas, acondicionadas em sacos plásticos e guardadas no mesmo local para o monitoramento de físicos, evitando, desse modo, a propagação da radiação.

Notifique os responsáveis pelo laboratório ou os profissionais que realizam a proteção radiológica, para que efetuem a descontaminação do local, bem como a monitoração do local do acidente e das pessoas envolvidas nele.

Socorrer vítimas de inalação por gases tóxicos

A inalação de fumaça, gases tóxicos ou vapores é uma situação grave, pois pode levar à morte da vítima. A inalação de fumaça, em caso de incêndio, por exemplo, pode ser resultado de queima de plástico, espuma de borracha e forrações sintéticas que contêm vapores venenosos. Antes de proceder ao primeiro atendimento, não se esqueça de solicitar ajuda ao corpo de bombeiros.

Novamente, é importante salientar que o socorrista deve ficar atento à sua própria segurança na situação de salvamento, não se arriscando quando houver perigo. O acúmulo de gases ou fumaça em pequenos espaços pode colocar uma pessoa em risco rapidamente, se ela não estiver utilizando equipamento de proteção. Por isso, não entre em ambientes cheios de fumaça, quando não houver visibilidade ou quando ela estiver muito comprometida.

Em caso de inalação por monóxido de carbono, presente na fumaça da maioria dos incêndios, quando a visibilidade permitir, inspire profundamente antes de entrar, sem inalar fumaça, e prenda a respiração. Entre e retire rapidamente a vítima do local, levando-a para onde houver ar fresco circulante. Mas, essa atitude só poderá ser tomada, se você estiver preparado para desenvolvê-la. Havendo inconsciência, verifique o pulso e a respiração, e proceda à reanimação, como indicado anteriormente, até que o socorro solicitado chegue ao local.

Alguns lembretes importantes: se você não conseguir retirar a vítima do local, tente cessar a fonte do gás intoxicante. Também é importante arejar os ambientes próximos do local atingido, abrindo portas e janelas, a fim de fazer o ar circular.

Socorrer vítimas emocionalmente instáveis

As emergências emocionais são aquelas em que ocorrem alterações do comportamento. Como assinala Angerami, a vítima de um acidente ou mal súbito geralmente sofre uma abrupta ruptura do processo de vida, desencadeando diversas reações emocionais para se adaptar a esse estresse. São reações de estupor, impotência e medo, podendo haver manifestações de raiva e revolta acompanhadas até de agressividade. Ocorrem, também, crises emocionais independentes de acidentes. As pessoas deprimidas e ansiosas podem mudar seu estado emocional por causa de uma tensão ou apresentar problemas psiquiátricos. Fale com calma, de maneira direta, mantendo contato visual sempre que possível. Para apoiar a pessoa, às vezes é necessário permanecer ao lado dela em silêncio, demonstrando estar sensibilizado com seus sentimentos. Não ameace ou discuta com a vítima. Assegure a ela que você está ali para ajudá-la. Se a vítima apresentar sinais de conduta violenta, mantenha distância, não tente contê-la e esteja atento para ficar em uma posição que favoreça a sua saída do local; proteja-se, mudando para um lugar seguro, e espere pela ajuda profissional que já deve ter sido chamada.

O que deve dirigir a conduta do socorrista, além da sua própria calma, é o estabelecimento de uma relação interpessoal, ou seja, uma interação entre ele e a vítima com algumas características importantes. Deve haver sincero interesse nessa ajuda com base na empatia, ou seja, o socorrista deve ter a capacidade de entender o que a vítima está passando, fazendo um "exercício" de colocar-se em seu lugar. É necessário, também, mostrar-se disponível, saber ouvir. Escute o que a pessoa está dizendo e mostre que ouviu o que ela disse. Respeite-a, sem emitir julgamentos sobre a situação; compreenda a dor e sofrimento da vítima; seja cordial e inspire confiança, porém reconheça suas limitações para fazê-lo. Evite acentuar a ansiedade da vítima, se você não estiver em condições para fazer esse contato.

Depois de prestado o socorro

O socorrista deve analisar seus sentimentos após a prestação do socorro. O atendimento sempre é desgastante, e o socorrista deixa de lado a emoção durante os cuidados que ministra. Nem sempre a sensação após um atendimento é de satisfação. O socorrista não deve cobrar de si próprio atitudes além das possíveis de serem realizadas, nem se culpar por resultados ruins. Caso isso aconteça, o importante é conversar com alguém de confiança ou um profissional após o acontecido.

Considerações finais

Um acidente pode ocorrer em qualquer local em que haja pessoas. Pela lei brasileira, todos os cidadãos brasileiros são obrigados a socorrer as vítimas de acidentes ou mal súbito. Se deixar de fazê-lo, isso configura-se como "omissão de socorro". As pessoas que houverem tido acesso a tais informações, ou que receberam treinamento para atender a uma vítima, devem fazê-lo sem temor, sabendo respeitar seus limites, ou seja, como já dito, fazerem apenas o que sabem realmente. Como profissionais de saúde, os trabalhadores de laboratório têm a possibilidade de acesso a essas informações, bem como conhecimento básico para atuar satisfatoriamente nas situações citadas. A capacitação envolve a disponibilidade pessoal para os treinamentos, as atualizações, a prática dos primeiros socorros e, fundamentalmente, o desejo de ajudar as vítimas que dependem de socorro.

Bibliografia consultada

- American Heart Association. Atualização em emergência cardiovascular – Diretrizes 2000 para ressuscitação cardiopulmonar e atendimento cardiovascular de urgência. Currents. Edição Brasileira; 1 (nº especial).
- American Heart Association. Textbook of Advanced Cardiac Life Support, 1994.
- American Heart Association. Textbook of basic life support, 1998.
- Angerami-Camon VA (org.). Urgências psicológicas no hospital, São Paulo: Pioneira, 1998.

- Bergeron JD, Bizjak G. Primeiros socorros. São Paulo: Atheneu, 1999.
- Lane JCL, Tulio S. Primeiros socorros: um manual prático. São Paulo: Moderna, 1997.
- Ministério da Saúde. Manual de diagnóstico e tratamento de acidentes por animais peçonhentos. Brasília: Fundação Nacional de Saúde, 1998.
- Noro JJ. Manual de primeiros socorros. São Paulo: Ática, 1996.
- Santos RR, Canetti MD, Ribeiro Jr. C, Alvarez FS. Manual de socorro de emergência. São Paulo: Atheneu, 1999.
- São Paulo (Estado). Secretaria do Estado de Saúde. Biossegurança. Série Atualidades em DST/AIDS, ano I, 1998.
- Serviço de Atendimento Médico de Urgências – SAMU. Emergências médicas: São Paulo, 1998.
- Sociedade Brasileira de Cardiologia. Atualização da Diretriz de Ressuscitação Cardiopulmonar e Cuidados Cardiovasculares de Emergência da Sociedade Brasileira de Cardiologia – 2019 http://publicacoes.cardiol.br/portal/abc/portugues/2019/v11303/pdf/11303025.pdf
- Teixeira MB et al. Manual de Enfermagem psiquiátrica. São Paulo: Atheneu, 1997.
- Viana MSO. Socorro de emergência: procedimentos básicos de remoção e resgate. São Paulo: Atheneu, 1999.
- Viana MSO. Socorro de emergência: procedimentos básicos de remoção e resgate. São Paulo: Atheneu, 1999.
- World Health Organization – WHO. Safety in healthcare laboratories. Geneva, 1997.

Prevenção e Combate a Princípios de Incêndio

13

Fernando Guilherme da Costa

Introdução

A cada dia, surgem novas tecnologias que possibilitam ao homem desenvolver, de modo mais eficiente, o seu trabalho. Com essas tecnologias, temos todo um maquinário que opera junto às redes elétricas, aos sistemas de gases e produtos inflamáveis, gerando com isso riscos inerentes ao desempenho de tais atividades. Esses riscos devem ser permanentemente monitorados, para serem evitados, tornando assim, as ações mais seguras e preventivas.

Na ocorrência dos acidentes, muitas vezes houve falhas na prevenção, e sendo elas transformadas em danos ao meio ambiente, perdas materiais e, o que é pior, lesões e sequelas ao organismo humano, em sua maior gravidade, ceifando vidas.

Neste capítulo, seguem algumas orientações práticas com uma nova ótica dos procedimentos do seu dia a dia no laboratório.

Fogo

O fogo é produto de uma reação exotérmica que ocorre liberando calor e luz de intensidade variável. Nessa reação, existe a combinação de quatro elementos básicos que, juntos, irão gerar o processo da combustão (Figura 13.1).

Combustão

Combustão é um processo gerado pela reação química de oxidação, sendo autossustentável, que resulta na liberação de luz, calor, gases, fumaça, dentre outros.

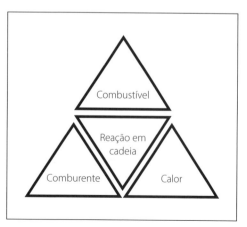

FIGURA 13.1 – *Combinação dos quatro elementos geradores do processo de combustão.*

Elementos essenciais à combustão

• Combustível

É todo elemento capaz de alimentar e sustentar o fogo. Pode estar sob as formas sólida, gasosa ou líquida.

• Comburente

O ar atmosférico é composto por 21% de oxigênio e 79% de nitrogênio. Para que o processo de combustão ocorra, deve haver uma concentração mínima de 17% de oxigênio no ambiente. Quanto maior a concentração de oxigênio em um local de incêndio, maior a velocidade de combustão.

• Calor – energia de ativação

O calor é o elemento que inicia a propagação, podendo ser obtido de várias formas de energia:

– Energia elétrica: calor gerado pela passagem da eletricidade em um aparelho elétrico.

– Energia química: calor gerado pela reação de produtos químicos.

– Energia mecânica: calor gerado pelo atrito entre estruturas.

O calor pode, ainda, ser transmitido por condução, irradiação e convecção:

– *Condução*: transmissão do calor através de um corpo sólido, de molécula para molécula. Por exemplo, ao aquecermos uma barra de ferro em uma de suas extremidades, a outra extremidade em breve fica aquecida também, o que se deve aos movimentos vibratórios gerados pela comunicação das moléculas, passando adiante a energia do calor.

– *Irradiação*: transmissão de calor gerada por ondas ou raios. O calor gerado é propagado em várias direções através do ar.

– *Convecção*: é a transferência de calor característico dos fluidos (líquidos e gases)

que se processa por meio de correntes ascendentes ou descendentes. Por exemplo, no incêndio em um prédio a formação de gases aquecidos vai transferir calor através do ar em várias direções para os objetos, provocando aquecimento.

A convecção é um fator de propagação dos incêndios, pois as correntes de ar superaquecido provocam o alastramento do incêndio em locais afastados do foco inicial do fogo. Essa transmissão de calor é facilitada através do vão de escadas, tubos de passagem de fiação (*chaft*), poços de elevadores, portas abertas etc. O ar aquecido expande-se tendendo a deslocar-se para as partes superiores através das correntes.

• Reação em cadeia

É o processo em que ocorre o desprendimento de gases ou vapores gerados pela combustão, desenvolvendo, assim, uma reação relacionada com as características dos materiais combustíveis.

Fatores essenciais à combustão

Para que a combustão ocorra, faz-se necessário o estabelecimento de determinadas condições:

– *Oxigênio*: dependendo da sua concentração, torna a reação rápida ou lenta. Pode ocorrer por meio da combustão lenta, viva ou instantânea.

– *Combustão lenta:* ocorre sem a emissão de luz, ocorrendo, em seu interior, a formação de brasas. Nessa, devemos ter uma concentração aproximadamente de 8% de oxigênio, em que o ambiente permanece ocupado por uma fumaça densa, rica em monóxido de carbono.

– *Combustão viva:* ocorre pela emissão de luz (chamas) e de calor. Caracteriza-se pela rápida emissão de calor produzida e uma grande reação. Nesse tipo de combustão, a concentração de oxigênio varia de 13% a 21%.

– *Combustão instantânea:* os eventos em que ocorrem explosões são os melhores exemplos desse tipo de combustão. Em tal processo, ocorre uma reação físico--química na qual a velocidade do processo é extremamente alta e acompanhada de um aumento elevado da pressão, que ocorre pelo fato de a energia liberada pela reação ser realizada em um intervalo de tempo muito curto, insuficiente para a dissipação.

Componentes da combustão e consequências ao organismo humano

– *Calor:* é a energia térmica em movimento, gerada entre corpos que possuam temperaturas diferentes, podendo ocasionar desidratação, exaustão, edema pulmonar e queimadura gerada por vapor superaquecido.

– Chama: é o processo de combustão onde os reagentes, o combustível e o oxidante se misturam e reagem de maneira rápida, liberando energia térmica e luminosa, onde o contato direto pode gerar queimaduras de primeiro, segundo ou terceiro grau, dependendo do tempo de contato e da intensidade.

– *Fumaça:* é a resultante de produtos de uma combustão que se elevam para a atmosfera, contendo partículas de fuligem, materiais irritantes e venenosos, dentre os quais, o monóxido de carbono. Esse, quando em concentração superior a 2%, podem matar em uma hora, e superior a 10%, instantaneamente. Como elementos essenciais à produção de fumaça, são considerados o tipo de combustível, a quantidade de combustível, a ventilação local, a concentração e o aquecimento. A fumaça é um dos fatores de maior *causa mortis* nos incêndios, pois gera dificuldade de visibilidade na hora da fuga, dificuldade respiratória, e leva ao sufocamento, asfixia e morte.

– *Gases:* a geração de gases no processo de combustão resulta na formação de vários fatores já citados anteriormente, tendo como fator principal a propriedade de serem tóxicos e asfixiantes.

Fases de desenvolvimento de um incêndio

Para que um incêndio ocorra, devemos ter associados fatores, como o tipo de combustível, a disposição do combustível e a renovação do ar. As fases de desenvolvimento de um incêndio compreendem a eclosão, a propagação, a combustão contínua e o declínio das chamas, sempre associados a tempo e temperatura:

– *Eclosão:* fase inicial de um incêndio, estando associada, para o seu desenvolvimento e duração, a quantidade do material combustível.

– *Propagação:* nessa fase, ocorre a transmissão de calor aos outros corpos, levando ao aumento de temperatura.

– *Combustão contínua:* nela o combustível existe em quantidade suficiente para manter o fogo, sendo esse controlado pela quantidade de oxigênio disponível.

– *Declínio das chamas:* com o consumo pelo fogo do material combustível, gradativamente esse diminui. Assim, ocorre declínio e dissipação de energia.

Métodos de extinção do fogo

A metodologia de extinção do fogo consiste em eliminar os elementos essenciais à sua formação, ou seja, o calor, o combustível, o comburente ou a reação em cadeia. Os principais métodos de extinção do fogo consistem em resfriamento, abafamento, isolamento e quebra da reação em cadeia.

Capítulo 13

Resfriamento

O resfriamento consiste na diminuição da temperatura do material em combustão, ocasionando, também, a diminuição da liberação dos gases e vapores inflamáveis. Esse método é uma das maneiras mais utilizadas no combate a incêndios, sendo a água seu agente extintor mais barato e mais utilizado. A redução do calor depende da quantidade de água disponibilizada para sua absorção e da maneira como é aplicada.

Abafamento

Nesse modo de extinção, ocorre a diminuição da quantidade de oxigênio ambiente até níveis necessários para a existência da produção de fogo. A taxa de concentração de oxigênio inferior a 8% é insuficiente para alimentar uma combustão. Ao abafarmos uma panela em chamas, impedimos a entrada do oxigênio (comburente) e, desse modo, interrompemos o processo.

Isolamento

É o método mais simples de extinção. Consiste em retirar ou diminuir o material combustível, que ainda não foi atingido, da área por onde o fogo se propaga. Esse trabalho ocorre por meio de força física ou com a ajuda de equipamentos de segurança. Se tivermos um princípio de incêndio na canalização de gás de um laboratório, por meio do fechamento dos registros conseguiremos interromper o fluxo de gás à área do sinistro e extinguiremos o fogo. O mesmo acontece com os líquidos inflamáveis.

Quebra da reação em cadeia

Esse método ocorre quando utilizamos agentes extintores no combate ao fogo. Por meio da interrupção da reação em cadeia, as moléculas são dissociadas pela ação do calor e se combinam com a mistura infla-mável, formando misturas não inflamáveis, interrompendo a reação.

Classes de fogo e metodologia de combate para a extinção

Um incêndio é classificado de acordo com o tipo de material envolvido e o tipo de agente extintor utilizado para a sua extinção.

Incêndios classe A

São incêndios produzidos por materiais sólidos comuns, os quais queimam na superfície e profundidade, produzem brasas e deixam cinzas como resíduos. São exemplos de material classe A tecido, papel, madeira, plástico, borracha etc. Para a extinção, utiliza-se água, pois essa atua diminuindo o calor, promovendo o resfriamento e penetrando em profundidade, reduzindo, assim, a temperatura do corpo em combustão.

Incêndios classe B

São incêndios produzidos em líquidos ou gases inflamáveis. Nesses casos, o fogo atua na superfície, somente onde ocorre o desprendimento dos vapores (gases). São exemplos de líquidos inflamáveis o álcool, éter, gasolina, benzina e acetona. O método de extinção ocorre pela interrupção da reação em cadeia ou abafamento. Como o fogo atua na superfície, o pó químico ou a espuma agem como agentes que impedem a entrada do oxigênio e abafam o fogo.

Incêndios classe C

São incêndios com a presença de equipamentos elétricos energizados. Esse tipo de incêndio é perigoso, pois oferece risco de vida aos combatentes. São exemplos de equipamentos elétricos energizados as centrífugas, cromatográficos, estufas, exaustores, computadores e refrigeradores. O método de extinção em incêndios da classe C baseia-se na interrupção do fornecimento de energia ao aparelho. Caso não se saiba como desligar o aparelho, recomenda-se utilizar um agente extintor que não conduza eletricidade, como o gás carbônico (CO_2) ou pó químico. Esses agentes extintores atuam por abafamento e quebra da reação em cadeia. Cabe lembrar que alguns aparelhos dispõem de acumuladores de energia mesmo estando desligados e podem gerar acidentes.

Incêndios classe D

São incêndios que ocorrem em materiais pirofosfóricos (materiais que se autoinflamam em contato com o ar ou com a produção de faísca). São exemplos de metais pirofosfóricos o titânio, zinco, antimônio, lítio, magnésio, sódio e fósforo branco. A utilização de alguns tipos de agente extintor, como a grafite seca, cloreto de sódio ou, até mesmo, areia e terra, interrompe a entrada do oxigênio, agindo por abafamento. Existem alguns tipos de composto halogenado específicos para o combate ao fogo de materiais pirofosfóricos. Outro modo de extinção é, sempre que possível, proceder à retirada do material. Cabe ressaltar a importância de não utilizar água nesse tipo de combate, pois ela gera o aumento do fogo.

Agentes extintores

Agentes extintores são substâncias naturais ou industrializadas, apresentadas em estado líquido, sólido ou gasoso, e que têm como objetivo a extinção dos princípios de incêndio. Os agentes extintores agem basicamente por abafamento, isolamento, resfriamento ou interrupção da reação em cadeia, bloqueando o processo da combustão.

Agentes extintores naturais

Os agentes extintores naturais são encontrados com certa facilidade, e apresentam custo relativamente baixo. Atuam por abafamento e resfriamento. Exemplos: água, terra e areia.

Agentes extintores industrializados

- Gases

Esse tipo de extintor age por resfriamento e abafamento. Exemplos: argônio, gás carbônico e nitrogênio.

- Líquidos

Agem por resfriamento e abafamento. Exemplos: água e espuma mecânica.

- Sólidos (pó químico)

Agem por abafamento. Exemplos: grafite em pó, bicarbonato de sódio e sulfato de alumínio.

Vantagens e desvantagens dos agentes extintores

Água

- Vantagens
- É o agente mais barato e mais usado mundialmente.
- É o agente encontrado com mais facilidade.
- Pode ser transportado, por canos e mangueiras, a grandes distâncias.
- É um dos melhores absorventes de calor.
- É o mais eficaz no combate ao fogo da classe A (madeira, papel, tecidos, plásticos etc.).

- Desvantagens
- Não deve ser utilizada em fogo da classe C, ou seja, equipamentos elétricos

energizados, pois é um bom condutor de eletricidade.

- Não deve ser usada para apagar o fogo em gorduras aquecidas (panelas, frita-deiras etc.).

- Não deve ser utilizada sob a forma de jato em incêndios com líquidos inflamáveis.

- Não deve ser usada em fogo da classe D (materiais pirofosfóricos, magnésio, antimônio etc.).

- Quando utilizada no combate a in-cêndios em cereais, frutas etc., esses absorvem rapidamente a água e se expandem, podendo romper os locais do seu acondicionamento.

- Quando utilizada no combate a in-cêndios em papéis e tecidos, esses acumulam grande quantidade de água, gerando o aumento do peso nas estru-turas, podendo, assim, criar o risco de desabamento (quando em estruturas suspensas).

- Nos combates ao fogo em recintos fechados, deve-se ter cuidado com a formação de nuvens de vapor, as quais podem causar queimaduras das vias aéreas por inalação.

- Ter cuidado quando no combate da aplicação de fatos diretamente sobre as estruturas, o que pode gerar o risco de rachaduras.

Dióxido de carbono

• Vantagens

- Conduz muito pouco a eletricidade, podendo ser utilizado para o combate em fogo da classe C e material elétrico energizado. Age, principalmente, por abafamento e depois por resfriamento. É inodoro e incolor.

- Quando utilizado em incêndios com alta tensão elétrica, deve-se manter

uma distância segura para o combate ao fogo.

- É um agente extintor limpo, não produz resíduo químico, não é corrosivo e dis-sipa-se rapidamente.

• Desvantagens

- É asfixiante em concentrações superio-res a 9%.

- Quando utilizado, recomenda-se não permanecer em ambiente pouco ven-tilado.

- Em incêndios da classe A, atua abafando as chamas. Nesse caso, existe o risco de reignição do material queimado.

- É um dos extintores portáteis mais pesa-dos, tornando difícil seu deslocamento.

- Em locais impregnados com CO_2, a en-trada só deve ser realizada com o auxílio de aparelho autônomo de respiração.

- Devido à forte pressurização, deve-se ter cuidado durante a sua aplicação, para evitar que líquidos inflamáveis se espalhem na hora do combate.

- Não é recomendada a sua utilização no combate ao fogo de produtos reativos, como o magnésio, hidretos metálicos e potássio.

- Não é recomendada a sua utilização no combate ao fogo de produtos químicos, como o permanganato de potássio e nitrocelulose. Esses produtos apresentam oxigênio em sua composição, facilitando a combustão.

Pó químico

• Vantagens

- Age pelo abafamento.

- Utilizado no combate a incêndios das classes B (líquidos inflamáveis) e C (equipamentos elétricos energizados). Também utilizado em incêndios com gases pressurizados, acetilenos, hidrogênio, propano etc.

- A aplicação do pó deve ser feita a favor do vento.

- No combate ao fogo em locais de alta tensão (90.000 volts), deve-se manter uma distância mínima de três metros.

- O alcance do jato de um extintor portátil é em torno de três a cinco metros.

- O pó químico age promovendo a quebra da reação em cadeia.

- Desvantagens

- Deve-se ter cuidado quando da utilização em combate ao fogo em recintos fechados ou mal ventilados (risco de intoxicação).

- O pó irá se dissolver, quando aplicado sobre superfícies úmidas ou molhadas, formando uma camada condutora que gera o risco de curto ou aterramento.

- Sua utilização em incêndios da classe A e gases sempre apresenta risco de resignação.

- Não possui eficiência quando utilizado em áreas abertas sobre condições de ventos.

Espuma

- Vantagens

- Atua por abafamento, impedindo a emissão dos vapores desprendidos e a entrada do oxigênio, por conter água na sua formação. Desse modo, resfria e penetra, atingindo material em brasa.

- A espuma mecânica é produzida basicamente por três componentes: o líquido gerador de espuma, a água e o ar.

- Desvantagens

- Não deve ser utilizada em fogo da classe C (equipamentos elétricos energizados), por conter água na sua formação.

- Não deve ser usada em incêndios em que haja materiais pirofosfóricos, magnésio, fósforo branco e ligas metálicas.

Aparelhos extintores portáteis

Aparelho de acionamento manual, constituído de recipiente e acessórios, contendo o agente extintor destinado a combater princípios de incêndio (NBR 12693 ABNT – Associação Brasileira de Normas Técnicas). A denominação de portátil é dada aos extintores que pesam até 25 kg, são de uso manual e possuem, como função, extinguir os princípios de incêndio. Os extintores portáteis devem ser colocados em locais visíveis e de fácil acesso. Quando colocados nas instalações, devem ficar em suportes, ou, quando forem fixados em paredes, devem seguir as normas que estabelecem altura mínima do solo de 20 cm, e altura máxima de 1,60 m. A retirada de um extintor do seu local de origem somente pode ocorrer em casos de operação de combate a princípios de incêndio, manutenção periódica ou recarga. Os extintores devem ter seus cilindros avaliados por testes hidrostáticos a cada cinco anos, e a carga deve ser renovada anualmente. O manômetro, mangueiras, difusores ou danos à sua estrutura, requerem avaliação mensal. Os extintores sem o lacre apresentam indício de uso, devendo ser evitados.

O extintor deve estar instalado de maneira que:

- Haja menor probabilidade de o fogo impedir sua utilização.

- Esteja em local visível, onde qualquer pessoa possa estar ciente de sua localização.

- Esteja protegido contra intempéries ou qualquer outro dano em potencial.

Capítulo 13

147

- Não fique obstruído por arranjos arquitetônicos, equipamentos, plantas decorativas, obras, mesmo que temporárias.
- Esteja instalado na área de cobertura dos riscos.
- Sua remoção não seja dificultada por suporte, base ou seu próprio abrigo.
- Não esteja instalado em escadas.
- Não devem ser colocados em locais considerados "rotas de fuga", pois podem dificultar o escape em caso de emergência, ou causar acidentes.
- A empresa fornecedora de aparelho extintor, deverá fornecer o manual contendo informações de uso, cuidados no transporte, utilização e instalação e manutenção.

As Tabelas 13.1 a 13.4 apresentam algumas características dos principais agentes extintores portáteis.

Extintores por classes de fogo

Ver Tabela 13.5.

Tabela 13.1 – Extintor portátil de água pressurizada	
Agente	Água
Emprego	Fogo da classe A
Método de extinção	Resfriamento
Restrições de uso	Fogo das classes B, C e D
Conteúdo da unidade	10 litros
Peso bruto	14 kg
Tempo de descarga	60 s
Alcance do jato	11 m
Funcionamento (Figura 13.2)	A pressão é produzida manualmente.
Manutenção	Verificar periodicamente o manômetro e o orifício de saída da água da mangueira (possibilidade de obstrução).
Gás propelente	Nitrogênio

Tabela 13.2 – Extintor portátil de espuma	
Agente	Água a 97% e líquido gerador de espuma a 3%
Emprego	Fogo das classes A e B
Método de extinção	Resfriamento e abafamento
Restrições de uso	Fogo classes das C e D
Conteúdo da unidade	10 litros
Peso bruto	14 kg
Tempo de descarga	60 s
Alcance do jato	8 m
Funcionamento (Figura 13.3)	A espuma acondicionada sobre pressão é expelida quando o gatilho do extintor é acionado
Manutenção	Verificação do manômetro e inspeção da mangueira, visando a qualquer obstrução na saída da espuma

FIGURA 13.2 – *Extintor portátil de água pressurizada. Procedimento para uso:* **A.** *Leve o extintor para próximo do local, rompa o lacre e abra a válvula;* **B.** *Aguarde a pressurização;* **C.** *Observe a direção do vento e direcione o jato à base do fogo.*

FIGURA 13.3 – *Extintor portátil de espuma. Procedimento para uso.* **A.** *Leve o extintor para próximo do local, rompa o lacre e retire o pino de segurança, pressionando o gatilho;* **B** *e* **C.** *Direcione o jato de espuma a um anteparo, para formar uma cobertura sobre o fogo.*

Tabela 13.3 – Extintor portátil de pó químico	
Agente	Bicarbonato de potássio
Emprego	Fogo das classes B e C
Método de extinção	Abafamento e interrupção da reação em cadeia
Restrições de uso	Embora possa ser utilizado em todas as classes, pode não ter eficácia em fogo da classe A, podendo haver risco de reignição
Conteúdo da unidade	A partir de 1 kg (veículos), e 2, 4, 6, 8 e 12 kg para uso predial
Tempo de descarga	15 s para os extintores com até 6 kg e 25 s para os extintores com 12 kg
Alcance do jato	5 m
Funcionamento (Figura 13.4)	O pó acondicionado sobre pressão é expelido, quando o gatilho do extintor é acionado
Manutenção	Verificação periódica, para detectar possíveis entupimentos na mangueira. Nos aparelhos a pressurizar, verifique o lacre das ampolas
Gás propelente	Nitrogênio nos extintores pressurizados e CO_2 nos extintores a pressurizar

FIGURA 13.4 – *Extintor portátil de pó químico. Procedimento para uso.* **A.** *Leve o extintor para próximo do local, rompa o lacre e abra a válvula;* **B.** *Aguarde a pressurização;* **C.** *Observe a direção do vento e direcione o jato à base do fogo, procurando formar uma nuvem de pó.*

Capítulo 13

Tabela 13.4 – Extintor portátil de CO_2	
Agente	Gás carbônico
Emprego	Fogo das classes B ou C
Método de extinção	Resfriamento e abafamento
Restrições de uso	Não deve ser empregado em materiais da classe D e materiais pirofosfóricos • Na utilização sobre líquidos inflamáveis, devido ao forte jato ter cuidado para não espalhar ainda mais o líquido em chamas. • Nos incêndios em materiais elétricos energizados, manter uma distância segura. • Nos incêndios da classe A, pode ocorrer o risco de reignição.
Conteúdo da unidade	Unidades de 2, 4 e 6 kg. A unidade predial mais utilizada é a de 6 kg
Peso bruto	20 kg
Tempo de descarga	25 s
Alcance do jato	8 m
Funcionamento (Figura 13.5)	O gás acondicionado sobre alta pressão é liberado, quando o gatilho é acionado. Por ter sua estrutura em ferro, torna-se mais pesado que os outros extintores. Seu transporte requer maior cuidado
Manutenção	Verificação periódica, para detectar o rompimento do lacre e difusor (muitas vezes, obstruídos por materiais diversos), ou solto da sua base próximo ao protetor da mão. Detecção de rachaduras na mangueira. Possíveis pontos de ferrugem na estrutura do extintor

FIGURA 13.5 – *Extintor portátil de CO_2. Procedimento para uso: **A.** Leve o extintor para próximo do local e rompa o lacre; **B** e **A**. Observe a direção do vento, pressione o gatilho e direcione a nuvem de fumaça à base do fogo.*

Tabela 13.5 – Quadro demonstrativo dos extintores por classes de fogo					
Classe	Água	Pó químico	Espuma química	CO_2	Espuma mecânica
A	• Eficiente • Age por resfriamento e abafamento • Descarga: 60 s • Jato: 10 m	• Pouco eficiente • Risco de reignição	• Eficiente • Risco de reignição	• Pouco eficiente • Risco de reignição	• Pouco eficiente • Risco de reignição
B	• Não recomendado • Risco de aumentar as chamas	• Eficiente • Age por abafamento • Descarga: 15 s • Jato: 5 m	• Eficiente • Age por abafamento • Descarga: 60 s • Jato: 7,5 m	• Eficiente • Cuidado para não espalhar o líquido • Age por abafamento	• Eficiente • Age por abafamento e resfriamento • Descarga: 60 s • Jato: 7,5 m

Continua...

Tabela 13.5 – Quadro demonstrativo dos extintores por classes de fogo – continuação				
Classe	Água	Pó químico	Espuma química	CO₂	Espuma mecânica
C	• Não recomendado • A água é condutora de eletricidade	• Eficiente • Age por abafamento	• • Não recomendado • Conduz eletricidade	• Eficiente • Age por abafamento e resfriamento • Descarga: 25 s • Jato: 2,5 m	• Não recomendado
D	• Não recomendado • Risco de provocar e explosão	• Eficiente • Age por abafamento e quebra da reação em cadeia	• Não recomendado	• Não recomendado	• Não recomendado

Possíveis causas de incêndios

– Descumprimento das normas de segurança.

– Desconhecimento ou banalização dos riscos existentes

– Falta de equipamentos de proteção coletiva

– Instalações elétricas defeituosas ou reparo elétrico realizado por pessoas não habilitadas.

– Superaquecimento de equipamentos.

– Acondicionamento de produtos inflamáveis em locais de risco.

– Displicência no manuseio de produtos inflamáveis e equipamentos elétricos.

– Acúmulo de materiais gordurosos em chaminés, exaustores, coitas e cabines.

– Fontes de ignição próximas a material inflamável, em bancadas e cabines.

– Acondicionamento de produtos perigosos próximo a fontes geradoras de calor.

– Vazamento de produtos inflamáveis em locais aquecidos.

– Vazamento de produtos químicos em pias e esgotos.

– Displicência de fumantes com ponta de cigarro ou fósforo aceso.

– Corte por atrito ou fogo para reaproveitamento de tonéis de substâncias inflamáveis.

– Vazamentos de cilindros de gases inflamáveis.

– Equipamentos elétricos esquecidos ligados ao fim do expediente (cafeteiras).

– Sobrecarga de tomadas.

– Reatividade não esperada de produtos químicos.

– Falhas em operações de carga e descarga de líquidos inflamáveis.

– Acúmulo de papel próximo a fontes de calor.

– Botijões de gás instalados dentro do laboratório.

– Uso de fogareiros para o aquecimento de refeições.

– Improviso de equipamentos.

Procedimentos a serem adotados em caso de incêndio

Assim que o fogo for detectado, tente proceder às seguintes atividades:

– Dê o alarme, procurando evitar pânico.

– Acione logo os bombeiros, informando o local, o tipo da edificação, o número de pavimentos e as atividades desenvolvidas.

Capítulo 13

- Dê o primeiro combate se possível, avalie os riscos e, se possível, procure verificar o que está queimando, para utilizar o extintor mais adequado. Desligue as fontes elétricas e interrompa o fluxo de gases. Se possível, afaste os cilindros de gás ou frascos inflamáveis das proximidades do fogo, sem que isso ofereça risco de vida.

- Se o fogo estiver fora de controle, não tente medidas heroicas. Abandone o local imediatamente fechando portas e janelas sem trancá-las, evitando pânico e correria. Não use elevador.

- Auxilie a saída de pessoas que não conheçam o local. Ajude as pessoas que possam estar feridas ou deficientes. Na hora de utilizar as escadas, evite correr; muitos acidentes ocorrem nesse momento.

- Em incêndios, a fumaça é responsável por 70% das mortes, portanto, procure sempre os locais mais ventilados para o escape. Sempre que possível, faça uso de pano molhado junto ao rosto, a fim de facilitar a fuga. Sempre que um ambiente estiver com fumaça, procure caminhar abaixado próximo ao chão, pois nessa faixa há mais chance de obter ar sem fumaça.

- Não retire a roupa do corpo; ela é uma proteção a mais para você. Se houver chance, tente molhá-la.

- Após deixar qualquer sala, feche a porta sem trancá-la. Desse modo, você diminuirá a possibilidade de as chamas serem alimentadas pelo ar circulante.

- Se você saiu, não retorne ao local do incêndio; lembre-se de que o calor e a fumaça aumentam com o tempo.

- Ajude na retirada de tudo o que pode dificultar a ação dos bombeiros, como, por exemplo, veículos estacionados junto à edificação e aglomeração de curiosos nas rotas de passagens dos veículos de socorro.

- Recepcione os bombeiros e informe os riscos do local, como:

  - Depósitos de produtos inflamáveis.
  - Depósitos de produtos químicos.
  - Produtos (ou fontes) radioativos.
  - Locais de armazenamento de cilindros de gases.
  - Laboratórios contendo agentes biológicos de alto risco:
    - Estações elétricas.

- Tente informar aos bombeiros os reservatórios, hidrantes ou fonte de captação de água, para que o combate não sofra interrupção;

- Procure informar sobre possíveis pessoas desaparecidas no interior do prédio. Não tente realizar buscas por conta própria;

- Após a extinção do fogo, só entre na edificação após a liberação do local pela autoridade competente.

Regras básicas de prevenção a incêndio

- Ter um plano de contingência contra incêndio, de conhecimento de todos e treinado.

- Manter em locais visíveis, placas com telefones de emergência.

- Fazer sempre uso do equipamento de proteção individual (EPI) durante as atividades do laboratório.

- Todos os funcionários devem possuir noções mínimas de combate a princípios de incêndio.

- Esteja ciente da localização da caixa disjuntora ou chave geral elétrica, bem como registros para fechamento de gases, caso ocorra uma emergência.

- Em ambientes perigosos, com variedade de produtos inflamáveis ou químicos, deve-se:

  - Evitar estoque de produtos em excesso.

- Ter sempre à vista EPIs e EPCs para eventuais intervenções. Certifique-se de que você é capaz de operá-los em uma emergência.
- Saber os locais de acesso a telefones e o número dos bombeiros, socorro médico, luz, gás etc..
- Antes de entrar no laboratório e acender as luzes, deixe a sala ventilar por alguns minutos.
- Ao sentir cheiro de gás ou produto químico, ventile a sala naturalmente e restrinja o acesso evite o uso de celular. Acione o serviço de segurança imediatamente.
- Evitar reparos ou improvisos no trato com equipamentos elétricos, sem que se seja capacitado para tal.
- Notificar o serviço de manutenção sempre que houver danos à estrutura do laboratório ou vazamentos de gases.
- Antes de ligar um aparelho novo em seu laboratório, certificar se junto ao eletricista, sobre se não irá ocorrer sobrecarga no sistema.
- Notificar aos colegas sempre que for efetuar um trabalho perigoso.
- Ao trabalhar com material inflamável, manter fontes de calor afastadas desses materiais.
- Não expor produtos inflamáveis à radiação solar.
- Evitar manobras com cilindros de gás em locais de risco.
- Não utilizar óleos, graxas e outros produtos em cilindros de oxigênio e ar, a fim de facilitar o engate das roscas de adaptação.
- Os cilindros de gases não inflamáveis não suportam altas temperaturas e podem provocar explosões, quando expostos ao fogo, ou gerar intoxicação aguda em locais fechados ou mal ventilados.

Cuidados com gás liquefeito do petróleo (GLP)

O GLP, classificado como 2 na qualificação de produtos perigosos, apresenta como características ser asfixiante, inodoro, incolor, atóxico, mais denso que o ar, não ser poluente, não ser corrosivo, ter alto poder calorífico e liquefazer-se sob pressão.

Procedimentos de segurança para a utilização do GLP

- Não armazenar grandes quantidades de botijões no interior do ambiente de trabalho.
- Manter os botijões em área externa à edificação, que seja bem ventilada.
- Não procurar vazamentos utilizando chamas.
- Não improvisar ferramentas para consertar botijão de gás.
- Não instalar botijões próximos a fontes de calor.
- Evitar a queda dos botijões.

Conduta em casos de vazamento de gás sem fogo

- Ao sentir cheiro de gás em um ambiente fechado, proceder com cuidado, evitando acender ou apagar luzes, ou outros aparelhos elétricos no interior da edificação.
- Evitar o uso de aparelhos celulares ou similares em locais gasados.
- Se for necessária a utilização de lanterna, acioná-la do lado de fora do ambiente.
- Procurar ventilar o local naturalmente, abrindo portas e janelas com cuidado.
- Após o gás ter-se dissipado, fechar o registro imediatamente.

Conduta em casos de vazamento de gás com fogo

- Verificar o posicionamento do vento para aproximação.
- Procurar resfriar o botijão, jogando água.
- Utilizar extintor de incêndio, na tentativa de apagar o fogo.
- Retirar do local material que possa alimentar o fogo.
- Evitar deitar o botijão de gás em chamas.
- Após a extinção do fogo, tentar fechar o registro e, se mesmo assim continuar o vazamento, procurar retirá-lo para um local ventilado.
- Afastar os curiosos e isolar o local em um raio de 50 m.
- Chamar a companhia de gás.

Bibliografia consultada

- ABNT NBR 12693:2013 - Sistema de proteção por extintores de incêndio. Disponível em https://www.abntcatalogo.com.br/norma.aspx?ID=461403 acesso em 16/02/21.
- ABNT- NBR 14785 Laboratórios clínicos requisitos de segurança. Disponível em https://www.normas.com.br/visualizar/abnt-nbr-nm/21752/abnt-nbr14785-laboratorio-clinico-requisitos-de-seguranca acesso em 17/02/2021.
- ABNT NBR 15808:2017 - Extintores de incêndio portáteis. Disponível em <http://www.abnt.org.br/noticias/5143-extintores-de-incendio acesso em 17/02/2021>.
- ABNT Norma Regulamentadora 23. Disponível em https://sys.grupodpg.com.br/public/utilitarios. Acesso em 18/02/2021.
- Allemand RM. Apostila do curso de pós-graduação em Engenharia de Segurança no Trabalho, CEFET/RJ.
- Carvalho PR. Incêndio em áreas críticas. In: Boas práticas químicas em biossegurança. Rio de Janeiro: Interciência: 61-5, 1999.
- Gomes AG. Sistemas de prevenção contra incêndios, 1998.
- Manual de Fundamentos de Bombeiros – Polícia Militar de São Paulo. 2a ed., 1998.
- Nota Técnica nº 2-01:2020 – Sistema de proteção por extintores de incêndio , Corpo de Bombeiros Militar do Estado do Rio de Janeiro. Disponível em http://www.cbmerj.rj.gov.br/pdfs/notas-tecnicas acesso em 17/02/2021.
- Pereira AG. Segurança contra incêndio., 2000.

Conduta Ética nas Pesquisas com Material Biológico Humano: Biorrepositórios e Biobancos

Paulo Henrique Condeixa de França

As pesquisas envolvendo materiais biológicos humanos podem incluir tecidos, órgãos, sangue, plasma, pele, soro, DNA, RNA, proteínas, células, cabelo, aparas de unhas, urina, saliva ou outros fluidos corporais. Tais materiais podem ter origem em procedimentos diagnósticos ou terapêuticos, amostras de autópsia e doações de órgãos ou tecidos humanos vivos ou mortos, dejetos corporais ou tecidos arquivados a longo prazo. Também podem ser coletados expressamente para um propósito específico de pesquisa; originar de procedimentos médicos ou diagnósticos sem intenção inicial de serem usados em pesquisas; ou ainda, de procedimentos rotineiros em que já esteja presente a expectativa de que venham a ser usados em pesquisas futuras, embora os projetos de cada pesquisa específica não estejam estabelecidos no momento da coleta e armazenamento do material (CIOMS, 2016).

Coleções de amostras de tecidos e fluidos humanos, geralmente conhecidas como bancos de material biológico humano, são consideradas inerentes e relevantes às pesquisas biomédicas. É essencial armazenar amostras em local apropriado e sob condições que permitam sua retestagem ou a análise de novos parâmetros, considerando o permanente avanço dos processos tecnológicos, a necessidade de confirmar resultados analíticos, nas instalações em que foram originalmente analisadas ou em centros, além de avaliar a viabilidade da extrapolação para outras populações (Capocasa et al., 2016; Malsagova et al., 2020; Marodin et al., 2014).

As definições e classificações propostas para bancos de materiais biológicos humanos permanecem variadas. Alguns usam os termos biobancos e biorrepositórios de maneira intercambiável, enquanto outros preferem distingui-los, o que é justificável em razão de serem termos relativamente novos. No Brasil, estabeleceu-se chamar como biorrepositório um conjunto de amostras biológicas humanas coletadas durante uma pesquisa específica, cujos objetivos, métodos e riscos associados foram avaliados e aprovados pelo sistema nacional de avaliação ética antes de seu início. O período de inclusão das amostras em biorrepositórios, bem como a duração do armazenamento, são definidos em acordo com o cronograma da própria pesquisa. Trata-se de uma responsabilidade direta do investigador principal – ou seus designados – gerenciar a coleta, armazenamento, uso e descarte de amostras depositadas em biorrepositórios, enquanto a responsabilidade última por tais bancos permanece com as instituições que os albergam (CNS, 2011; Marodin et al., 2013; MS, 2011).

Por outro lado, o conjunto de amostras biológicas humanas armazenadas para fins de pesquisa, desconectadas de um projeto específico, mas dispondo aprovação do sistema nacional de avaliação ética, é chamado de biobanco. Geralmente, a inclusão de amostras e informações associadas nos biobancos é realizada consecutivamente, sem prazo determinado para admissão e duração da coleção de amostras. Os biobancos são projetados e mantidos, principalmente, a partir do racional e expectativa de realização de análises futuras dependentes dos avanços científicos e tecnológicos; nesse sentido, podem permitir, por exemplo, a definição retrospectiva do quadro epidemiológico de um determinado fenômeno com relação às mudanças ambientais e sociais. As principais características dos biobancos e biorrepositórios, em conformidade com as diretrizes éticas brasileiras, encontram-se destacadas na Tabela 14.1 (CNS, 2011; Marodin et al., 2013; MS, 2011).

Os biobancos são constituídos e devem operar em acordo com as diretrizes nacionais, apresentando um conjunto definido e aprovado de padrões operacionais, técnicos e éticos. Não é considerado eticamente aceitável que esses bancos estejam sujeitos à instabilidade, dificuldades e finitude

temporal – típica da natureza humana individual – porque a confiabilidade e a durabilidade de suas coleções representam elementos-chave de sua própria existência. Portanto, para garantir a sustentabilidade das atividades dos biobancos, a responsabilidade e a gestão devem permanecer com a instituição que os albergam e os mantêm. Por outro lado, a definição do acesso autorizado às amostras armazenadas nos biobancos deve ser democrática, com base em critérios de mérito, considerando a viabilidade (tempo, apoio financeiro, capacidade da equipe executora, dentre outros aspectos) e a relevância da pesquisa proposta. Em suma, o interesse público deve prevalecer sobre as dificuldades e interesses pessoais, independendo da afiliação pública ou privada do biobanco (Marodin et al., 2014).

Independentemente de o armazenamento ocorrer em um biorrepositório ou em um biobanco, a coleta das amostras deve ser precedida de consentimento voluntário do indivíduo, a ser obtido quando esse, ou seu representante legal, tiver entendido completamente o processo e as implicações da sua decisão. Esse consentimento, livre de preconceitos ou intimidações, deve ser expresso de maneira apropriada, seja por assinatura escrita ou por impressão datiloscópica. O termo de consentimento livre e esclarecido (TCLE) deve ser considerado como o único documento capaz de validar a relação entre o sujeito e os responsáveis pelo banco de material biológico (CIOMS, 2016; Marodin et al., 2014).

Consentimento informado para bancos de material biológico humano

O tipo e o modo de obtenção do consentimento informado aplicável a bancos de material biológico humano continuam sendo objetos de intenso debate na comunidade científica. Existem argumentos favoráveis, tanto para o uso de um consentimento específico e explícito no que tange seus propósitos, quanto para o uso de um consentimento amplo e aberto; esse último é aceito pela maioria dos países europeus. Tal discussão, geralmente, é guiada por uma apologia à adoção do consentimento amplo, o que facilitaria a implementação de pesquisas subsequentes, reduzindo custos e tempo envolvidos na obtenção de consentimento específico para cada pesquisa. Também se argumenta quanto a progressiva dificuldade em se conseguir contato com os sujeitos ao longo do tempo, além da possibilidade de causar constrangimento aos indivíduos e seus parentes (CE, 2006; Malsagova *et al.*, 2020; Petrini, 2010; Salvaterra *et al.*, 2008; Ursin, 2009).

No Brasil, o sistema de revisão ética das pesquisas envolvendo seres humanos, denominado Sistema Comitê de Ética em Pesquisa/Comissão Nacional de Ética em Pesquisa (CEP/Conep), é originário da Resolução 196/96 do Conselho Nacional de Saúde (CNS). Essa resolução criou a Conep, vinculada ao CNS, em uma iniciativa pioneira de perceber o controle social como uma referência ética. Essa comissão atua como órgão colegiado, de caráter consultivo, deliberativo e educativo, sendo também responsável pelas normativas e estratégias definidas para o Sistema CEP/Conep. Sua missão é desenvolver e atualizar as diretrizes éticas para a proteção dos participantes de pesquisa e coordenar a rede de CEPs das diversas instituições (CNS, 2012).

Quando a possibilidade de reutilização for justificada, o termo de consentimento – aplicável à pesquisa em que o material biológico humano será obtido – deve mencionar o armazenamento em um biorrepositório e o uso pretendido em novos projetos aprovados pelo sistema brasileiro de avaliação ética. Em essência, a justificativa para a coleta e o armazenamento de amostras por um período especificado, sujeito à renovação da autorização, deveria ao mesmo tempo, estimular e resguardar a participação dos sujeitos em pesquisas, reduzindo o número de amostragens e, portanto, o número de indivíduos expostos aos riscos inerentes aos procedimentos de coleta. A previsão de avanços tecnológicos, a possibilidade de futuras parcerias para aumentar o poder estatístico, a possibilidade de redução de custos com repetidas amostragens e armazenamentos, dentre outras razões, podem justificar o armazenamento de material biológico humano em biorrepositórios com o objetivo de utilizá-lo em futuras pesquisas. Por exemplo, o estudo de biomarcadores, mesmo que não esteja previsto no projeto original, geralmente, pode ser realizado em menos tempo e com custos mais baixos, usando amostras armazenadas, desde que bem caracterizadas e mantidas (Marodin *et al.*, 2014).

Cada nova pesquisa realizada com material biológico humano armazenado em biorrepositório requer um consentimento específico correspondente do indivíduo que autorizou a coleta e a custódia de suas amostras. Em certas circunstâncias peculiares que apresentam dificuldades ou impedimentos relevantes para se confirmar o consentimento para novos usos (por exemplo, perda de contato com o sujeito em caso de morte ou mudança de endereço), cabe ao CEP avaliar os motivos apresentados pelo pesquisador e aceitar ou rejeitar o pedido de isenção de um novo consentimento individual (CNS, 2011; MS, 2011).

Nas últimas décadas, o crescente apelo por uma distinção inequívoca dos propósitos e obrigações aplicáveis aos biorrepositórios e biobancos ficou evidente na comunidade científica brasileira. Nesse contexto e após intensa mobilização geral, adotou-se as "Diretrizes Nacionais para Biorrepositórios

Capítulo 14

e Biobancos de Material Biológico Humano com Finalidade de Pesquisa", conforme expresso na Portaria 2.201/2011, do Ministério da Saúde. Esse documento regulatório e, acima de tudo, de natureza ética, apresenta as possíveis maneiras de consentimento aplicadas aos biobancos e ratifica a necessidade das pesquisas envolvendo seres humanos estarem adaptadas às resoluções do CNS, incluindo a Resolução 441/2011, que contém as diretrizes para análise ética de projetos de pesquisas que envolvam armazenamento de material biológico humano ou o uso de material armazenado em pesquisas anteriores (CNS, 2011; Marodin *et al.*, 2013; MS, 2011).

De acordo com essas diretrizes, o consentimento dos indivíduos com relação à coleta, armazenamento e uso de amostras armazenadas nos biobancos é necessariamente estabelecido por meio de um TCLE. Para fins de manifestação expressa e individual, o termo deve incluir as duas opções a seguir, mutuamente exclusivas, sobre o uso do material armazenado em cada pesquisa:

1. **Necessidade de novo consentimento** ou

2. **Renúncia a novo consentimento**.

Nesse sentido, o termo deve esclarecer e garantir o direito do sujeito de permitir o uso futuro da sua amostra em pesquisas aprovadas pelo sistema nacional de avaliação ética no mesmo ato de sua autorização para coletá-la e armazená-la. Dessa maneira, em sendo preferida a segunda opção pelo indivíduo, elimina-se a necessidade de novos contatos para obter um consentimento específico para a reutilização da amostra armazenada no biobanco. Nesse caso, para evitar dúvidas sobre a decisão de renunciar a uma nova permissão para cada pesquisa, o sujeito deve ser completamente informado e esclarecido sobre os campos do conhecimento cujas pesquisas podem

solicitar o uso da amostra armazenada. Em sua tomada de decisão, por exemplo, o indivíduo pode considerar relevante a existência de intenção de usar sua amostra para pesquisas envolvendo imortalização celular, estudos sobre genética comportamental e investigações sobre doenças estigmáticas, dentre outros. Alternativamente, se o indivíduo desejar, também estará estabelecido o seu direito de ser informado sobre o uso pretendido da amostra armazenada em cada nova pesquisa aprovada, permitindo-lhe a oportunidade de tomar uma decisão sobre dar ou não seu consentimento, após novo contato e apresentação de TCLE específico. Havendo recusa, a amostra armazenada no biobanco não poderá ser usada, salvaguardando-se a decisão e os interesses do indivíduo. Na situação específica, em que não puder ser encontrado, embora tenha optado por um novo contato e consentimento a cada pesquisa, o CEP pode autorizar ou proibir o uso da amostra armazenada mediante apresentação de justificativa razoável pelo pesquisador. Para isso, o comitê deve considerar os possíveis danos e benefícios associados ao indivíduo e à coletividade (Marodin *et al.*, 2014; Yunta, 2015).

Concessão de material biológico para fins de pesquisa

O indivíduo que autoriza a coleta e custódia de sua amostra biológica, seja em biorrepositório ou em biobanco, e permite seu uso para fins de pesquisa, permanece detentor de direitos sobre sua amostra. Esse é um preceito fundamental das diretrizes brasileiras e um direito inalienável que deve ser declarado no termo de consentimento. Vale ressaltar que, de acordo com o Código Civil Brasileiro, exceto por exigência médica ou para fins de transplante, ninguém pode dispor do próprio corpo (Diniz, 2017). Então, conforme arcabouço regulatório vigente no Brasil, o material biológico pertence ao participante de pesquisa. Não é cabível, portanto, a utilização do verbo "doar" para se referir ao material biológico concedido pelo participante para a pesquisa, nem no contato e diálogo com esse indivíduo (ou seu representante legal) e nem na documentação correlata à pesquisa (Marodin *et al.*, 2014).

A legislação brasileira tem regras bem definidas para a doação de células, tecido e órgãos para a assistência à saúde, mas não para o cenário da pesquisa. Desse modo, o participante de pesquisa não "doa" o material biológico, mas o concede ou o fornece para a pesquisa. Portanto, sem ter que declarar os próprios motivos, o indivíduo ou seus representantes legais podem revogar a autorização anterior a qualquer momento e solicitar a devolução ou destruição da amostra. Quando necessário, tal manifesto de desistência deve ser realizado por escrito pelo participante ou seu responsável legal. Nesse caso, a desistência, caracterizada pela retirada do consentimento, entrará em vigor no momento da notificação da decisão, não afetando os dados gerados anteriormente. Além disso, não é aceitável que a retirada do consentimento resulte em sanções ou penalidades para o indivíduo ou seu representante legal (CNS, 2011; MS, 2011).

Para além do direito de desistência, o indivíduo que autoriza sua participação em um banco de material biológico também deve ter garantido o acesso às informações associadas à amostra armazenada, incluindo aquelas de natureza genética e hereditária, exceto quando a dissociação irreversível entre amostras, sujeitos e resultados for aprovado eticamente. O livre acesso às informações e implicações associadas permanece garantido o tempo todo, respeitando-se a expressão da vontade individual. Sempre que aplicável e se desejado, o sujeito pode ter aconselhamento genético

especializado para permitir o entendimento suficiente dos riscos associados à condição genética para si e para sua família, considerando a literatura científica relevante e as diretrizes emitidas por especialistas. Esses direitos e garantias devem ser fornecidos no TCLE, independentemente de a amostra estar vinculada a um biorrepositório ou a um biobanco (Marodin *et al.*, 2014).

Em muitos países, existe uma preocupação ética e uma divergência considerável de opinião sobre o retorno dos resultados da pesquisa aos participantes, particularmente, o retorno de achados incidentais ou achados que não têm implicações clínicas conhecidas (Tassé, 2011; Wolf *et al.*, 2015). Essa questão é especialmente importante, pois existe uma tendência à aceitação de um consentimento informado amplo, por meio do qual os participantes renunciam à opção de serem recontatados para aprovar o uso de seu material biológico em novos projetos de pesquisa. Até que haja um consenso sobre o que é verdadeiramente um resultado de pesquisa válido e quem é responsável pela sua interpretação e divulgação aos participantes da pesquisa, a posição brasileira sobre esse assunto visa garantir que os participantes retenham o direito de decidir se serão ou não informados sobre os resultados da pesquisa, assim como o direito sobre o aconselhamento genético, quando resultados com implicações clínicas conhecidas forem obtidos durante o curso de uma pesquisa (Marodin *et al.*, 2014).

A posição brasileira com relação ao TCLE aplicável aos biobancos foi reconhecida pela comunidade científica internacional. Ao contrário de alguns países e alguns círculos de pesquisadores, que defendem o consentimento amplo ou o consentimento específico, a posição brasileira procura não ser impositiva ao participante de pesquisa. Permite a possibilidade do consentimento amplo, quando a permissão é obtida no momento da coleta e não se pode dizer com antecedência quais pesquisas específicas utilizarão o material biológico humano. No entanto, também mantém o direito ao consentimento específico sempre que desejado (exigindo nova autorização por ocasião de cada uso futuro), a fim de se adequar ao contexto cultural e social dos cidadãos brasileiros e respeitando o livre arbítrio dos participantes de pesquisa (Marodin *et al.*, 2013; Marodin *et al.*, 2014).

Biorrepositórios e a possibilidade de pesquisas futuras

É importante ressaltar que o tempo de armazenamento do material biológico não define a constituição de um biorrepositório, que pode variar desde alguns minutos até muitos anos. O que, de fato, define a constituição de um banco de material biológico é a intenção de coleta para pesquisa científica. Assim, considera-se que todos os materiais biológicos coletados ao longo de uma pesquisa constituem um biorrepositório (CNS, 2011; MS, 2011).

Frequentemente, os protocolos de pesquisa clínica ou de pesquisa acadêmica constituem biorrepositórios, já que são coletadas amostras biológicas especificamente para estudos específicos. Até mesmo as amostras destinadas a exames considerados rotineiros em um ensaio clínico (como, por exemplo, hemograma e função renal) são consideradas como constituintes de um biorrepositório, de curta duração, já que foram coletadas especificamente em um cenário envolvendo pesquisa. Mesmo que o material biológico coletado para uma pesquisa seja descartado após o seu processamento, entende-se que o material biológico ficará armazenado antes de ser processado e, por isso, considera-se que há formação de biorrepositório (ainda que de caráter transitório e de curta duração). Esse período de armazenamento pré-processamento pode ser tão curto quanto poucos minutos ou tão longo como meses ou anos (CONEP, 2015). Portanto, o biorrepositório pode ser de dois tipos, a saber (Tabela 14.1):

– **Atrelado a um projeto de pesquisa específico:** o material biológico é utilizado conforme previsto no protocolo de pesquisa, não havendo análises adicionais futuras diferentes das previstas no protocolo. Após o processamento e a aquisição dos resultados, o material biológico remanescente é, geralmente, descartado, mas o pesquisador pode optar por mantê-lo armazenado por mais algum tempo para repetição e confirmação dos testes previamente realizados, ou, ainda, transferi-lo para um biobanco (após autorização do Comitê de Ética em Pesquisa e adequação às normativas vigentes sobre a matéria). Assim, nesse tipo de biorrepositório, sua vigência é, no máximo, o prazo do projeto ao qual está atrelado. Para esse tipo de biorrepositório, a documentação exigida no protocolo de pesquisa (Tabela 14.2) é mais simples do que a solicitada no tipo de biorrepositório descrito a seguir.

– **Atrelado a um projeto de pesquisa, visando à possibilidade de utilização em investigações futuras:** nesse tipo de biorrepositório, após o processamento e a aquisição dos resultados, o pesquisador mantém o material biológico remanescente armazenado, almejando utilizá-lo em estudos futuros. A intenção do pesquisador em manter as amostras armazenadas após o seu processamento, realizado conforme previsto na pesquisa na qual as amostras foram coletadas, não é a possibilidade de repetir os testes e confirmar os resultados obtidos (embora possa fazê-lo), mas executar análises distintas daquela do protocolo vigente em um ou mais estudos no futuro. O prazo de vigência desse tipo de biorrepositório pode ser autorizado, atualmente, por até 10 anos, sendo possíveis renovações autorizadas pelo Sistema CEP/Conep mediante apreciação de justificativa e relatório apresentados pelo pesquisador. Para cada nova pesquisa, há necessidade de aplicação de um novo TCLE (ou, quando devidamente justificado, a obtenção de aprovação da dispensa do termo pelo comitê) para a utilização do material biológico armazenado e que foi coletado previamente.

O TCLE deve conter informações suficientes para que o participante de pesquisa minimamente compreenda a natureza do material biológico que será coletado, a quantidade, para qual instituição será encaminhado, o propósito da coleta, o destino do

Tabela 14.1 – Características dos bancos de material biológico humano utilizados em pesquisa			
Característica	*Biobanco*	*Biorrepositório atrelado a um projeto específico*	*Biorrepositório atrelado a um projeto específico, visando à utilização em pesquisas futuras*
Intenção da coleta	Sem pesquisa definida *a priori*	Para pesquisa específica	Para pesquisa específica e para outras no futuro
Intenção de armazenamento após processamento do material biológico (se houver armazenamento)	Utilização em pesquisa(s) futura(s)	Repetir e confirmar resultados da pesquisa específica	Repetir e confirmar resultados da pesquisa específica e utilização em pesquisa(s) futura(s) (novos protocolos de pesquisa)
Proprietário da amostra	Participante do biobanco (participante de pesquisa em potencial)	Participante de pesquisa	Participante de pesquisa
Responsabilidade pela guarda do material biológico	Institucional	Institucional	Institucional
Responsabilidade pelo gerenciamento do material biológico	Institucional	Pesquisador	Pesquisador
Prazo de armazenamento	Enquanto durar o biobanco	Enquanto durar a pesquisa	Até 10 anos, prorrogável por meio de solicitação do pesquisador e aprovação do Sistema CEP/Conep
Consentimento para a COLETA do material biológico	TCLE do biobanco	TCLE específico para a pesquisa	TCLE específico para a pesquisa
Consentimento para USO do material biológico	Participante escolhe se quer ser consultado ou não a cada pesquisa no TCLE. Um novo TCLE específico para cada pesquisa futura deve ser apresentado para aqueles que desejam ser consultados (reconsentimento)	TCLE específico para a pesquisa	TCLE específico para a pesquisa e novo TCLE específico para cada pesquisa futura
Patenteamento e uso comercial do material biológico	Não permitido	Não permitido	Não permitido

Fonte: Adaptada de manual de orientação: pendências frequentes em pesquisa clínica versão 1.0 2015 (https://conselho. saude.gov.br/Web_comissoes/conep/aquivos/documentos/manual_orientacao_pendencias_frequentes_protocolos_ pesquisa_clinica_v1.pdf)

Capítulo 14

Tabela 14.2 – Documentos a serem apresentados à apreciação ética nos protocolos que pretendam utilizar material biológico armazenado em biorrepositório ou biobanco

Documentação a ser apresentada ao Sistema CEP/CONEP	Biobanco	Biorrepositório atrelado a um projeto específico	Biorrepositório atrelado a um projeto específico, visando à utilização em pesquisas futuras
Justificativa para o uso do material biológico em estudos futuros	É apresentada somente na ocasião da apreciação do protocolo de desenvolvimento do biobanco	Não se aplica (não há intenção de estudos futuros)	Sim, a justificativa deve ser apresentada no protocolo em que houver a previsão de coleta de material biológico
Compromisso de submissão de protocolo de pesquisa à análise do CEP e, quando for o caso, da Conep, a cada nova pesquisa (estudos futuros)	É apresentado na ocasião da apreciação do protocolo de desenvolvimento do biobanco	Não se aplica (não há intenção de estudos futuros)	Sim, o compromisso deve ser apresentado no protocolo em que houver a previsão de coleta de material biológico
Regulamento do banco de material biológico	Sim, corresponde ao próprio protocolo de desenvolvimento do biobanco	Sim, o detalhamento operacional e de infraestrutura, bem como as condições de armazenamento do material, podem estar contidos no projeto de pesquisa ou em forma de declaração	Sim, o detalhamento operacional e de infraestrutura, bem como as condições de armazenamento do material, podem estar contidos no projeto de pesquisa ou em forma de declaração
Documento comprobatório da aprovação de constituição e funcionamento do banco	Sim (parecer de aprovação da Conep, se o biobanco for no Brasil). É apresentado na ocasião da proposição da pesquisa	Não se aplica	Não se aplica
Consentimento para coleta, armazenamento, utilização e destinação do material biológico	Deve-se apresentar o modelo de TCLE para a coleta e armazenamento no biobanco na ocasião da apreciação do protocolo de desenvolvimento respectivo. Quando da proposição de pesquisa com previsão de utilização de material armazenado no biobanco, deve-se apresentar o modelo de TCLE para reconsentimento dos participantes que optaram por ser consultados a cada pesquisa	Deve-se apresentar o modelo de TCLE da pesquisa vigente	Deve-se apresentar o modelo de TCLE da pesquisa, no qual já esteja explícita a intenção de uso futuro do material biológico. Considerar as notas explicativas [a] e [b] dessa tabela
Acordo interinstitucional (operacionalização, compartilhamento, uso do material e partilha em caso de dissolução da parceria) [c]	É apresentado somente na ocasião da apreciação do protocolo de desenvolvimento do biobanco	Apenas se houver amostra armazenada após o processamento para fins de confirmação de resultados e se houver mais de uma instituição contribuindo com o biorrepositório compartilhado	Apenas se houver mais de uma instituição contribuindo com o biorrepositório compartilhado

Continua...

162   Conduta Ética nas Pesquisas com Material Biológico Humano: Biorrepositórios e Biobancos

Tabela 14.2 – Documentos a serem apresentados à apreciação ética nos protocolos que pretendam utilizar material biológico armazenado em biorrepositório ou biobanco – continuação

Documentação a ser apresentada ao Sistema CEP/CONEP	Biobanco	Biorrepositório atrelado a um projeto específico	Biorrepositório atrelado a um projeto específico, visando à utilização em pesquisas futuras
Declaração do responsável estrangeiro na Instituição destinatária quanto ao acesso e à utilização futura às amostras armazenadas no exterior, assegurando proporcionalidade na participação	Sim, se houver encaminhamento de material biológico para o exterior	Não	Sim, se houver encaminhamento de material biológico para o exterior
Declaração do responsável estrangeiro na Instituição destinatária quanto à vedação de patenteamento e da utilização comercial do material biológico brasileiro armazenado no exterior	Sim, se houver encaminhamento de material biológico para o exterior	Sim, se houver encaminhamento de material biológico para o exterior	Sim, se houver encaminhamento de material biológico para o exterior

Fonte: Adaptada de manual de orientação: pendências frequentes em pesquisa clínica versão 1.0 2015 (https://conselho. saude.gov.br/Web_comissoes/conep/aquivos/documentos/manual_orientacao_pendencias_frequentes_protocolos_ pesquisa_clinica_v1.pdf)

[a] Biorrepositório visando à utilização em pesquisas futuras: o TCLE deverá conter consentimento de autorização para a coleta, o depósito, o armazenamento e a utilização do material biológico humano atrelado ao projeto de pesquisa específico (Resolução CNS Nº 441 de 2011, itens 2.II e 6; Portaria MS Nº 2.201 de 2011, Capítulo II, Artigos 5° e Capítulo III, Artigo 8º). O mesmo TCLE deverá, ainda, informar ao participante a possibilidade de utilização futura da amostra armazenada. O uso dessa estará condicionado: (a) à apresentação de novo projeto de pesquisa para ser analisado e aprovado pelo Sistema CEP/CONEP e (b) ao reconsentimento do participante de pesquisa por meio de um TCLE específico referente ao novo projeto de pesquisa (Resolução CNS Nº 441 de 2011, item 6 e Portaria MS Nº 2.201/11, capítulo II, artigo 5º e capítulo IV, seção II, artigos 17, 18 e 22).

[b] Para os protocolos que pretendam utilizar amostras anteriormente coletadas e que estão armazenadas em biorrepositório de uma pesquisa prévia, deve-se apresentar ao Sistema CEP/Conep dois modelos de TCLE para apreciação: a) O modelo que foi utilizado por ocasião da coleta e armazenamento do material biológico (pesquisa prévia); e b) O modelo que será utilizado para solicitar autorização do uso do material biológico armazenado (pesquisa vigente).

[c] O acordo interinstitucional deve ser firmado quando houver mais de uma instituição contribuindo com a formação de um banco compartilhado de material biológico. O documento deve contemplar os modos de operacionalização, compartilhamento e utilização do material biológico humano armazenado em biobanco ou biorrepositório, inclusive a possibilidade de dissolução futura da parceria e a consequente partilha e destinação dos dados e materiais armazenados, conforme previsto no TCLE (Resolução CNS Nº 441 de 2011, item 13). Em se tratando de biorrepositório compartilhado, o acordo deve ser assinado pelos pesquisadores responsáveis de cada instituição envolvida e por seus responsáveis institucionais.

material biológico após o seu processamento (descarte ou armazenamento) e o tempo de armazenamento. Se houver intenção de pesquisa futura com o material biológico, essa informação deve constar claramente do TCLE. Ou seja, as amostras biológicas armazenadas podem ser utilizadas em pesquisas futuras, desde que previamente aprovadas pelo Sistema CEP/Conep. Contudo, deve-se obter novo consentimento individual no caso dos biorrepositórios ou dos biobancos em que os participantes optaram pelo reconsentimento a cada nova pesquisa (CNS, 2011; MS, 2011).

Em realidade, nas pesquisas que constituem biorrepositório e que têm a intenção

Capítulo 14

adicional de utilização do material biológico em pesquisas futuras, o TCLE deve conter consentimento de autorização para a coleta, o depósito, o armazenamento e a utilização do material biológico humano atrelado ao projeto de pesquisa específico. O mesmo TCLE deve ainda informar ao participante a possibilidade de utilização futura da amostra armazenada. O uso dessa amostra estará condicionado à apresentação de novo projeto de pesquisa para ser analisado e aprovado pelo Sistema CEP/CONEP (Marodin et al., 2014).

Para os protocolos de pesquisa que pretendam utilizar amostras anteriormente coletadas e que estão armazenadas em biorrepositório de uma pesquisa prévia, deve-se apresentar ao Sistema CEP/Conep dois modelos de TCLE para apreciação (CNS, 2011):

– O modelo que foi utilizado por ocasião da coleta e armazenamento do material biológico (pesquisa prévia); e

– O modelo que será utilizado para solicitar autorização do uso do material biológico armazenado (pesquisa vigente).

Importante reforçar que, no caso específico do biorrepositório, o modelo de TCLE utilizado na pesquisa não deve conter as alternativas excludentes para o participante optar em ser consultado ou não a cada pesquisa futura. Tais opções são aplicáveis somente para os biobancos. Ao término da pesquisa, caso haja intenção de se transferir o material armazenado em um biorrepositório para um biobanco, o participante de pesquisa deve assinar o modelo específico de TCLE do biobanco, o qual foi aprovado por ocasião da análise do protocolo de desenvolvimento respectivo. Portanto, pode-se apresentar os dois documentos ao participante de pesquisa (TCLE destinado à pesquisa em que se constituirá um biorrepositório e TCLE do biobanco que

receberá a amostra residual ao término da pesquisa) e decidir sobre sua participação, consentindo ou não, na mesma oportunidade (CNS, 2011; MS, 2011).

Algumas pesquisas utilizam material biológico oriundo de acervo que não corresponde nem a um biobanco nem a um biorrepositório propriamente dito, tendo sido coletado para fins assistenciais. Esse é o caso, por exemplo, das biópsias armazenadas em blocos de parafina de um serviço de anatomia patológica. O material biológico obtido com fins assistenciais pode ser utilizado em pesquisa, desde que devidamente autorizado pelo participante, por meio de um TCLE específico da pesquisa (ou, quando devidamente justificado, a obtenção de aprovação da dispensa do termo pelo Comitê de Ética em Pesquisa). Adicionalmente, tais bancos podem solicitar seu registro, como biobanco na Conep, por meio da apresentação de um protocolo de desenvolvimento, que será avaliado segundo as normativas vigentes para biobancos (CONEP, 2015).

Confidencialidade

Um aspecto muito relevante quanto ao armazenamento de material biológico humano é a confidencialidade a ser garantida ao participante de pesquisa. Eventualmente, se as informações resultantes da análise do material forem divulgadas a terceiros, poderão causar preocupação, danos ou estigma. Os responsáveis pelos bancos devem providenciar a proteção da confidencialidade das informações, por exemplo, fornecendo apenas dados anônimos ou codificados aos pesquisadores e limitando o acesso de terceiros ao material e dados associados (CIOMS, 2016).

Durante o processo de obtenção do consentimento informado, os responsáveis pelo biorrepositório ou biobanco devem informar os potenciais participantes sobre as salvaguardas que serão tomadas para proteger a confidencialidade, bem como suas limitações. O material biológico armazenado deve permanecer anônimo ou codificado. Quando pesquisadores usam materiais codificados, obtidos em estudos posteriores, a chave do código deve permanecer com o guardião do banco. Deve-se reconhecer que a possibilidade de anonimato completo está se tornando cada vez mais ilusória à medida que a possibilidade de cruzar grandes conjuntos de dados vem aumentando. Quanto mais difícil se tornar o anonimato dos participantes, mais importante será reter a capacidade de remover dados pessoais de um conjunto de dados, constituindo uma parte crucial do sistema de governança dos biorrepositórios e biobancos (CIOMS, 2016; Zhu *et al.*, 2015).

Bibliografia consultada

- Capocasa M, Anagnostou P, D´Abramo F, et al. Samples and data accessibility in research biobanks: an explorative survey. Peer J 2016;25(4): e1613.
- CE - Council of Europe. Recommendation Rec (2006)4 of the Committee of Ministers to member states on research on biological materials of human origin. 2006 Disponível em https://www.coe.int/t/dg3/healthbioethic/Activities/10_Biobanks/Rec%282006%294%20EM%20E.pdf.
- CIOMS - Council for International Organizations of Medical Sciences. International Ethical Guidelines for Health-related Research Involving Humans. 2016. Disponível em https://cioms.ch/wp-content/uploads/2017/01/WEB-CIOMS-EthicalGuidelines.pdf.
- CNS - Conselho Nacional de Saúde. Resolução 441, de 12 de maio de 2011, Armazenamento de material biológico humano ou uso de material armazenado em pesquisas anteriores. 2011. Disponível em http://conselho.saude.gov.br/images/comissoes/conep/documentos/NORMAS-RESOLUCOES/Resoluo_n_441_-_2011_-_Armazenamento_de_Material_Biolgico.pdf.

- CNS - Conselho Nacional de Saúde. Resolução 466, de 12 de dezembro de 2012, Diretrizes e normas regulamentadoras de pesquisas envolvendo seres humanos. 2012. Disponível em http:// http://bvsms.saude.gov.br/bvs/saudelegis/cns/2013/res0466_12_12_2012.html .
- CONEP - Comissão Nacional de Ética em Pesquisa - Conselho Nacional de Saúde. Manual de orientação: Pendências frequentes em pesquisa clínica. 2015. Disponível em conselho.saude.gov.br/Web_comissoes/conep/aquivos/documentos/manual_orientacao_pendencias_frequentes_protocolos_pesquisa_clinica_v1.pdf.
- Diniz MH. O estado atual do biodireito. São Paulo: Saraiva; 2017.
- Malsagova K, Kopylov A, Stepanov A, et al. Biobanks - A platform for scientific and biomedical Research. Diagnostics (Basel) 2020;10(7):485.
- Marodin G, Salgueiro JB, Motta ML, et al. Brazilian guidelines for biorepositories and biobanks of human biological material. Rev Assoc Med Bras 2013;59(1):72-7.
- Marodin G, França PHC, Salgueiro JB, et al. Alternatives of informed consent for storage and use of human biological material for research purposes: Brazilian regulation. Dev World Bioeth 2014;14(3):127-31.
- MS - Ministério da Saúde. Portaria 2201, de 14 de setembro de 2011, Estabelece as Diretrizes Nacionais para Biorrepositório e Biobanco de Material Biológico Humano com Finalidade de Pesquisa. 2011. Disponível em http://bvsms.saude.gov.br/bvs/saudelegis/gm/2011/prt2201_14_09_2011.html.
- Petrini C. "Broad" consent, exceptions to consent and the question of using biological samples for research purposes different from the initial collection purpose. Soc Sci Med 2010;70(2):217-20.
- Salvaterra E, Lecchi L, Giovanelli S, et al Banking together. A unified model of informed consent for biobanking. EMBO Rep 2008;9:307-13.
- Tassé AM. Biobanking and deceased persons. Hum Genet 2011;130(3):415-23.
- Ursin LO. Personal autonomy and informed consent. Med Health Care Philos 2009;12:17-24.
- Wolf, SM. Returning a research participant's genomic results to relatives: Analysis and recommendations. J Law Med Ethics 2015;43(3):440-63.

Capítulo 14

- Yunta ER. Ethical issues of consent for genetic research in Latin American bio-banks. J Clin Res Bioeth 2015;6(2).

- Zhu S, Shen M, Qiu X, et al. Ethical management guidelines for the Shanghai disease-based biobank network. Biopreserv Biobank 2015;13(1):8-12.

Ética em Pesquisa com Animais: Princípios, Diretrizes e Regulamentação

Pedro Canísio Binsfeld
Nínive Aguiar Colonello

Introdução

A pesquisa científica pode ser descrita como sendo um processo formal e sistemático que visa a produção, o avanço do conhecimento ou elucidar fenômenos mediante emprego de método científico. E a pesquisa científica com animais é a pesquisa que, individual ou coletivamente, use o animal, de modo parcial ou em sua totalidade, direta ou indiretamente, para o desenvolvimento tecnológico, produção e controle da qualidade de drogas, medicamentos, alimentos, imunobiológicos, instrumentos, ou quaisquer outros testes em animais, excluindo, porém, as práticas zootécnicas relacionadas à agropecuária.

Apesar da amplitude da definição dada pela legislação nacional, é importante ressaltar que a diretriz geral da lei, tem na sua essência o estímulo ao avanço científico e tecnológico considerando a ética e o bem-estar animal. Isto é, a pesquisa científica com animais só se justifica se, além de resultados científicos, a pesquisa resultar em benefícios reais ou potenciais para os próprios animais, para humanos ou para a sociedade e que essas contribuam para a promoção da qualidade de vida, considerando os princípios éticos e o respeito aos animais.

Embora a questão do *status* moral dos animais seja ainda objeto de debate, os princípios éticos que regem a interpretação do marco regulatório nacional emanam de diretrizes nacionais e internacionais, dentre as quais, a Declaração Universal do Direito dos Animais, o Código de Nuremberg e a Declaração de Helsinque que do ponto de vista científico, partem da premissa do respeito, proteção e o cuidado com o animal que participa de uma pesquisa experimental ou de uma atividade de ensino.

É importante lembrar que, o Código de Nuremberg e a Declaração de Helsinque, visando coibir condutas reprováveis ocorridas em pesquisas envolvendo seres humanos, definiram que os estudos, em que houvesse seres humanos envolvidos na pesquisa, devem ser precedidos por estudos pré-clínicos com a utilização de modelos celulares, tissulares ou animais.

A regulamentação específica da pesquisa com animais é recente no Brasil, e até a publicação da Lei Arouca – Lei 11.794, de 8 de outubro de 2008, não havia uma sistematização e nem um mecanismo regulatório que estabelecia procedimentos para o uso científico e didático de animais no país. Com essa lei, inicia-se o processo de estruturação sistemática, com a criação do Conselho Nacional de Controle e Experimentação Animal – CONCEA, e a instalação das Comissões de Ética no Uso de Animais – CEUA, nas instituições que criam e usam animais para fins de ensino e pesquisa científica. A lei delineou a política e organizou o sistema nacional de controle e experimentação animal no país.

O presente capítulo tem como objetivo apresentar uma síntese de aspectos éticos em pesquisa com animais, considerando, os princípios e as diretrizes da regulamentação nacional, visando prover subsídios aos pesquisadores que pretendem utilizar modelos animais em seus projetos de pesquisa ou em atividades didáticas.

Importância da pesquisa com animais

Embora os métodos alternativos ao uso de animais desempenham um papel cada vez mais importante em pesquisas biomédicas, ainda não é possível substituir integralmente o uso de animais. As notáveis semelhanças anatômicas e fisiológicas entre humanos e animais, particularmente mamíferos, levaram os pesquisadores a investigar uma ampla gama de mecanismos e avaliar novas terapias em modelos animais antes de aplicá-las em seres humanos.

Os modelos animais são empregados em um amplo espectro de pesquisas científicas, das ciências básicas ao desenvolvimento, avaliação de novos procedimentos, teste de medicamentos ou terapias avançadas.

O uso de animais tem base na semelhança biológica entre a maioria dos mamíferos. Por exemplo, 95% dos genes dos camundongos são homólogos aos dos seres humanos, tornando-os um modelo importante para estudos pré-clínicos, além dessa semelhança, as doenças de animais frequentemente afetam humanos e vice-versa. Essa situação é verificada para um grande número de doenças infecciosas, assim como para o diabetes tipo I, hipertensão, alergias, câncer, epilepsia, miopatias, dentre outras. Além das doenças serem comuns, os mecanismos patogênicos também costumam ser tão semelhantes que mais de 90% dos medicamentos de uso veterinário são idênticos ou muito semelhantes aos de uso humano.

É também importante considerar que a pesquisa em modelos animais esteve presente em quase todos os avanços biomédicos no último século. E, graças ao uso de modelos animais foi possível o desenvolvimento de técnicas cirúrgicas, transplantes de órgãos, desenvolvimento de vacinas que salvam milhões de vidas humanas e animais, o tratamento de diabetes tipo I, as terapias celulares para a regeneração de tecidos usando células-tronco, o desenvolvimento e o aprimoramento das terapias gênicas, assim como, toda a pesquisa veterinária se baseou no uso de modelos animais da qual humanos também se beneficiam.

Vale destacar, ainda, que graças às pesquisas com animais foi possível a erradicação da varíola, aumentar as taxas de sobrevivência ao câncer, como no caso da *herceptin*, uma proteína humanizada de camundongo, que aumenta a taxa de sobrevivência em mulheres com câncer de mama. Outro exemplo, é o desenvolvimento das inúmeras vacinas contra a poliomielite, a influenza, a tuberculose, a meningite, o papilomavírus humano, que tem sido associado ao câncer do colo do útero, dentre outros.

Em síntese, a pesquisa com animais teve contribuição fundamental para um grande número de avanços científicos, terapias e medicamentos no século passado e continua a ajudar na compreensão de fenômenos biomédicos e ao desenvolvimento de medicamentos e novas terapias.

Princípios éticos de pesquisa com animais

Os princípios que regem a interpretação do marco regulatório nacional baseiam-se em diretrizes éticas mundialmente aceitas. No processo da concepção da legislação nacional, o legislador reconhece a necessidade da proteção dos animais, para isso, cria o CONCEA como autoridade normativa e regulatória, e as Comissões de Ética no Uso de Animais – CEUAs, nas respectivas instituições, como autoridade ética institucional, com a missão de cumprir e fazer cumprir aos pressupostos das diretrizes internacionais e da legislação nacional.

Todos os animais têm direito ao respeito e à proteção, que se traduzem em princípios básicos que orientam a legislação nacional, como o: (i) princípio da não maleficência que impõe à obrigação de não infringir dano intencional e deriva da máxima da ética *primum non nocere*", ou seja, "antes de tudo, não fazer nada que prejudique"; (ii) princípio do tratamento humanitário observado quando a lei incumbe ao CONCEA formular e zelar pelo cumprimento das normas relativas à utilização humanitária de animais orientados pelo bem-estar desses; (iii) princípio do benefício considera que qualquer atividade de ensino e pesquisa científica com animais somente é aceitável, se, resultarem reais benefícios aos animais ou humanos; (iv) princípio dos 3Rs que a Lei 11.794, de 8 de outubro de 2008, reconhece nos art. 14 e 15 quando orienta a adoção do refinamento, redução,

e substituição de animais em atividades de ensino e pesquisa científica sempre que for possível.

Do ponto de vista de princípios éticos, é preciso considerar também que qualquer procedimento que envolve animais deve ser projetado e executado levando em consideração sua relevância para a saúde animal ou humana, o avanço do conhecimento ou o benefício para a sociedade.

Diretrizes gerais de pesquisa com animais no Brasil

O país, por meio do legislativo, quando definiu o marco normativo de pesquisa científica com animais, optou pelo estímulo ao avanço científico e tecnológico, considerando os princípios éticos e do bem-estar animal. O legislador reconhece a importância e a necessidade de estimular pesquisas relacionadas às ciências básicas, ciências aplicadas, desenvolvimento tecnológico, produção e controle da qualidade de drogas, medicamentos, alimentos, imunobiológicos, estudos pré-clínicos, instrumentos, dentre outros, fito em soluções para as áreas da saúde animal e humana.

Entretanto, é interessante observar que o legislador não se limitou aos interesses do avanço científico e tecnológico, mas à necessidade de respeito e proteção aos animais, pois, instituiu a autoridade nacional de Controle de Experimentação Animal – o Conselho Nacional de Controle de Experimentação Animal – CONCEA, e torna vinculante a análise dos projetos de pesquisa por uma comissão de ética – a Comissão de Ética no Uso de Animais – CEUA, vinculada a instituição na qual se realiza a pesquisa. Além disso, vincula e atribui aos investigadores que utilizam animais a responsabilidade sobre o bem-estar e qualidade de vida dos animais envolvidos em seus projetos, com a responsabilidade pela adequação dos procedimentos experimentais, das espécies de animais utilizadas e pelo número de animais necessários.

A legislação nacional reforça a responsabilidade institucional na medida em que somente autoriza atividades de ensino e pesquisa com animais para pessoas jurídicas, sendo vedada às pessoas físicas em atuação autônoma e independente, ainda que mantenham vínculo empregatício ou qualquer outro com pessoa jurídica. E complementa nos artigos 12 e 13 da Lei 11.794, de 8 de outubro de 2008, que a criação ou uso de animais fica restrita, exclusivamente, às instituições legalmente estabelecidas no país, credenciadas no CONCEA e que possuam CEUA.

Em outras palavras, o Brasil reconhece a importância da utilização de animais para fins científicos e tecnológicos, entretanto, o faz sob regras restritas e com sanções em caso de infrações. Atividades de pesquisa, aquisição, transporte, manutenção e uso de animais devem, em todos os casos, cumprir as diretrizes, a legislação e o regulamento federal, estadual e local, além das normas da instituição.

Normas aplicadas à pesquisa com animais

A Constituição Federal de 1988, no capítulo do meio ambiente, art. 225, define que todos têm direito ao meio ambiente ecologicamente equilibrado, bem de uso comum do povo e essencial à sadia qualidade de vida, impondo ao poder público e à coletividade, o dever de defendê-lo e preservá-lo para às presentes e as futuras gerações. Para assegurar a efetividade desse direito, incumbe ao poder público, como mencionado mais especificamente no inciso VII do §1º, proteger a fauna e a flora, sendo vedadas, na forma da lei, as práticas que coloquem em risco sua função ecoló-

gica, provoquem a extinção de espécies ou submetam os animais a crueldade.

A regra jurídica escrita e ratificada na forma da Lei 11.794, de 8 de outubro de 2008, autoriza, estabelece limites, cria mecanismo de controle e fiscalização para a criação e utilização de animais em atividades de ensino e pesquisa científica, em todo o território nacional. Essa lei, além de cunhar uma política nacional e organizar um sistema nacional de controle e experimentação animal, primordialmente impõe a ética e tratamento humanitário em atividades com animais.

A Lei 11.794, de 8 de outubro de 2008, cria maior segurança jurídica com relação às legislações antes vigentes, estabelece equidade entre instituições com vistas na superação da assimetria em procedimentos com animais, autoriza a implementação de políticas públicas com relação ao uso de animais e estimula o desenvolvimento de tecnologias alternativas ao uso de animais. Assim como, define e dá conhecimento das sanções, em caso de infrações das disposições da lei e seu regulamento.

As principais imposições da lei às instituições que utilizam animais para fins de ensino e pesquisa científica são:

– As instituições interessadas em realizar atividade prevista na lei, ficam obrigadas a criar a CEUA, no prazo máximo de noventa dias, após a sua regulamentação (art. 25), com a finalidade de aprovação, controle e vigilância das atividades de criação, ensino e pesquisa com animais em conformidade com as determinações da lei e as normas complementares.

– A instituição e a respectiva CEUA devem cumprir e fazer cumprir a legislação com base nos preceitos éticos e de bem-estar animal, a fim de assegurar que a utilização de animais seja justificada, levando em consideração os princípios e as diretrizes da legislação.

– As instituições com atividades previstas na lei devem compatibilizar suas instalações físicas, no prazo máximo de cinco anos, a partir da entrada em vigor das normas estabelecidas pelo CONCEA, com base no inciso V do caput do art. 5º da Lei.

Para essa lei, os animais só poderão ser submetidos a intervenções autorizadas em protocolos de pesquisa ou atividades de aprendizado. Os animais utilizados deverão receber cuidados especiais antes, durante e após o experimento, conforme resoluções estabelecidas pelo CONCEA. Também a legislação compele a adoção de metodologias alternativas que substituam animais sempre que possível.

O Decreto 6.899, de 15 de julho de 2009, que regulamenta a Lei 11.794 de 8 de outubro de 2008, dispõe sobre a composição do CONCEA, além de estabelecer as normas para o seu funcionamento e de sua secretaria executiva e criou o Cadastro das Instituições de Uso Científico de Animais – CIUCA, que é destinado ao cadastramento das instituições que criam ou utilizam animais. Além disso, o decreto trata de infrações e sanções administrativas aplicáveis pela ação ou omissão, de pessoa física ou jurídica, que viole as normas previstas na lei, no decreto, resoluções do CONCEA e demais disposições legais pertinentes.

As resoluções normativas do CONCEA têm a finalidade de detalhar o conteúdo da Lei nº 11.794/2008 e do Decreto nº 6.899/2009, isto é, as resoluções normativas detalham o conteúdo da legislação, visando a fiel execução técnica e operacional das atividades de ensino e pesquisa científica com animais, em conformidade com as diretrizes e a legislação vigente no país.

Dentre as diretrizes do CONCEA destaca-se a "diretriz brasileira para o cuidado e a utilização de animais para fins científicos e didáticos" – DBCA, que tem a finalidade de apresentar princípios de condutas que permitam garantir o cuidado e o manejo éticos de animais utilizados para fins científicos ou didáticos. Os princípios estabelecidos no DBCA são orientações para pesquisadores, professores, estudantes, técnicos, para as instituições, Comissões de Ética no Uso de Animais – CEUAs e todos os envolvidos no cuidado e manejo de animais para fins científicos ou didáticos.

Essa diretriz ressalta as responsabilidades de todos que utilizam animais e tem por finalidade de: (i) garantir que a utilização de animais seja justificada, levando em consideração os benefícios científicos ou educacionais e os potenciais efeitos sobre o bem-estar dos animais; (ii) garantir que o bem-estar dos animais seja sempre considerado; (iii) promover o desenvolvimento e uso de técnicas que substituam o uso de animais em atividades científicas ou didáticas; (iv) minimizar o número de animais utilizados em projetos ou protocolos e (v) refinar métodos e procedimentos a fim de evitar a dor ou a distresse de animais utilizados em atividades científicas ou didáticas.

Ética nos procedimentos de pesquisa com animais

As pesquisas com animais despertam grande interesse público em todo mundo e sempre com a manifestação de preocupações com as incertezas sobre o tratamento ético e o bem-estar dos animais. Os questionamentos sobre a ética, o bem-estar e a real necessidade de utilizar animais em atividades científicas e didáticas intensificou o movimento global em prol de rígida regulamentação e controle nos procedimentos, além da progressiva substituição dos animais por metodologias alternativas. A partir da segunda metade do século XX, diversos países, incluindo o

Capítulo 15

Brasil, estabeleceram normas e diretrizes específicas para regulamentar os procedimentos de pesquisa com animais, no caso do Brasil é a "diretriz brasileira para o cuidado e a utilização de animais para fins científicos e didáticos" – DBCA". Destaca-se também as "diretrizes de integridade e de boas práticas para produção, manutenção ou utilização de animais em atividades de ensino ou pesquisa científica" que estabelece os princípios que orientam a conduta dos pesquisadores que utilizam animais em suas atividades, visando o desenvolvimento ético da pesquisa e ensino.

Com a regulamentação da pesquisa com animais, assim como, com os recentes avanços científicos, tecnológicos e o desenvolvimento de metodologias alternativas fez com que o comportamento dos pesquisadores e profissionais mudasse muito. Atualmente, o pesquisador possui conhecimento e sensibilidade para reconhecer que os animais, de modo similar aos humanos, sentem dor, angústia, ansiedade, que devem ser mitigados ou evitados em atividades de pesquisa com animais.

A literatura nacional e internacional e as normas aplicáveis referem que antes de iniciar qualquer procedimento de pesquisa com animais é preciso considerar alguns critérios mínimos, como: (i) o objetivo científico da pesquisa deve ter significado potencial que justifique a pesquisa com animais; (ii) escolher a espécie correta de acordo com os objetivos da pesquisa; (iii) definir o número correto de animais por experimento para garantir resultados válidos; (iv) estabelecer limites para procedimentos que causam dor e sofrimento; (v) prover tratamento humanitário aos animais; (vi) submeter os projetos para apreciação de um comitê de ética – CEUA; (vii) monitorar e fiscalizar a estrutura e os procedimentos com animais; (viii) garantir a responsabilização pública em caso de infrações; (ix) valorizar a transparência em pesquisas com animais, especialmente em atividades de ensino e na formação de novos pesquisadores e (x) ter a garantia do suporte institucional.

Ao levar em consideração esses critérios de procedimentos com animais, é importante situar os pesquisadores responsáveis para criar um ambiente de qualidade e bem-estar aos animais, com fácil acesso à água e uma dieta nutritiva; habitação apropriada para a espécie, prevenção a lesões, alívio de dores e doenças. E, pesquisas devem ser evitadas nos casos em que o sofrimento do animal seja superior aos benefícios gerados com o conhecimento ou o avanço científico.

Nessa perspectiva da responsabilidade sobre a pesquisa com animais, vale mencionar que as diretrizes e normas não conferem apenas responsabilidade ao pesquisador, mas estabeleceram que as instituições possuem responsabilidade compartilhada e têm a obrigação ética, moral e legal de desempenhar um papel ativo no suporte aos procedimentos e na promoção da educação, assim como, a manutenção de um diálogo com o público em geral. A instituição não deve apenas promover as boas práticas de pesquisas com animais, mas também compartilhar e ter transparência com as pesquisas e ensino que envolve animais.

Quanto aos procedimentos experimentais, vale destacar que no desenho experimental, sempre, devem ser consideradas as melhores práticas visando o bem-estar do animal em todas as etapas dos procedimentos. Técnicas assépticas devem fazer parte dos procedimentos rotineiros em animais de laboratório, quando há procedimentos invasivos. Os procedimentos cirúrgicos e anestesia devem ser realizados sob a supervisão direta de um profissional competente e qualificado no procedimento específico. E, quando o procedimento ci-

172   Ética em Pesquisa com Animais: Princípios, Diretrizes e Regulamentação

rúrgico cause importante desconforto, deve ser realizado sob anestesia e mantido assim até o término do procedimento, a menos que haja justificativa específica para agir de outra maneira. Os animais não podem ser submetidos a procedimentos experimentais sucessivos, a menos que sejam exigidos pela natureza da pesquisa ou para o bem-estar do animal. Vários procedimentos invasivos no mesmo animal devem ser evitados, e, em situações especiais devem receber aprovação da CEUA. O detalhamento dos procedimentos experimentais encontra-se descrito na DBCA.

Métodos alternativos ao uso de animais em pesquisa

Com a publicação da Lei nº 11.794, de 8 de outubro de 2008, estabeleceu-se a base para implementação de uma política nacional de desenvolvimento e validação de metodologias alternativas que substituam, sempre que possível, a utilização de animais. Nesse sentido, o CONCEA, tem sido atuante desde a sua instituição, em 2009. E, por reconhecer a importância das metodologias alternativas, criou a Câmara Permanente de Métodos Alternativos que, dentre outras atribuições, propõe ao conselho as diretrizes regulatórias para o desenvolvimento e validação de métodos alternativos à utilização de animais.

Os resultados dos trabalhos da Câmara Permanente de Métodos Alternativos não tardaram e o CONCEA normatizou o reconhecimento dos métodos alternativos ao uso de animais em atividades de pesquisa por meio da Resolução Normativa n° 17 de 3 de julho de 2014, e reconheceu vários métodos alternativos que foram publicados na Resolução Normativa n° 18, de 24 de setembro de 2014; Resolução Normativa nº 31, de 18 de agosto de 2016 e Resolução Normativa n° 45, de 22 de outubro de 2019, dando início um processo de mudanças com relação à utilização de animais em pesquisas científicas no Brasil, e que deve promover uma redução significativa ou a substituição completa desses, para diversos tipos de pesquisa e atividades de ensino.

Essas resoluções normativas reconhecem o uso, no Brasil, de métodos alternativos validados, e tem por finalidade a redução, a substituição ou o refinamento do uso de animais em atividades de pesquisa, nos termos do inciso III do art. 5º da Lei nº 11.794, de 8 de outubro de 2008, e sua regulamentação, estabelecendo prazo de até cinco anos para implementação dos métodos alternativos reconhecidos. Ainda é importante destacar que os métodos alternativos aprovados nas respectivas resoluções, estão validados internacionalmente e os trabalhos realizados com esses possuem aceitação regulatória internacional.

Embora o desenvolvimento e validação de métodos alternativos não seja um processo simples, nos últimos anos, pesquisas envolvendo métodos alternativos avançaram consideravelmente em todo o mundo e com tendência crescente. No Brasil, após a publicação da Lei nº 11.794, de 8 de outubro de 2008, essa tendência também é observada, o que pode ser corroborado pela série de iniciativas para o desenvolvimento e validação de métodos alternativos, assim como, o reconhecimento regulatório das metodologias alternativas como válidas para comprovar a segurança de produtos testados, tanto pelas autoridades sanitárias nacionais quanto internacionais.

No Brasil, identifica-se um crescente interesse acadêmico e científico, e há um crescente número de grupos de pesquisa que desenvolvem métodos alternativos. Uma característica predominante é a dispersão, poucos encontros científicos, recursos financeiros limitados e escassez de profissionais especializados. A Rede Nacional de Métodos Alternativos visa modificar esse cenário na medida em que catalisa e dinamiza o processo de desenvolvimento, validação e certificação de métodos alternativos.

O desenvolvimento e a validação de métodos alternativos é um processo que em média leva de 5 a 10 anos. Embora, se tenha métodos que foram desenvolvidos e validados em tempo menor, outros, estão em estudos aproximadamente 20 anos e ainda não foram concluídos. Dentre os fatores mais importantes para o desenvolvimento e a validação, estão os procedimentos metodológicos que dependem da inovação e dos avanços científicos e tecnológicos.

Em decorrência dessa realidade, embora os avanços em métodos alternativos seja um processo cadenciado, à medida que o conhecimento humano for se acumulando e novas tecnologias forem implementadas, essas podem contribuir para progressivamente alcançar métodos alternativos cada vez mais eficazes e que sejam capazes de substituir o uso de animais em atividades de ensino e em pesquisas científicas.

Considerações finais

As preocupações relacionadas às pesquisas com animais têm dimensão global, assim como, os esforços no sentido de desenvolver metodologias substitutivas ao uso de animais em atividades de ensino e pesquisa científica. O Brasil, nos recentes anos tem se somado e alinhado com a comunidade internacional no sentido de promover o uso ético, assim como, a substituição do uso de animais em atividades acadêmicas e científicas.

É interessante ressaltar que esse movimento nacional pode ser reconhecido em diversas iniciativas como, por exemplo: (i) A publicação da Lei nº 11.794, de 8 de outubro de 2008, que disciplina o uso

de animais para finalidade de ensino e pesquisa científica; (ii) a estruturação de um sistema nacional de controle e experimentação animal, com a criação da autoridade nacional – o Conselho Nacional de Controle de Experimentação Animal – CONCEA e a rede de Comissões de Ética no Uso de Animais – CEUAs, vinculadas às instituições de ensino e pesquisa, que exige que todos os projetos antes de sua execução requerem aprovação da Comissão de ética; (iii) a publicação da "diretriz brasileira para o cuidado e a utilização de animais para fins científicos e didáticos – DBCA" que disciplina os procedimentos de pesquisa com animais no Brasil; (iv) a validação e o reconhecimento, tanto pelo CONCEA, quanto pela Anvisa, de diversos métodos alternativos substitutivos ao uso de animais em atividades de ensino e pesquisa científica; (v) maior responsabilidade dos pesquisadores sobre os procedimentos experimentais, o bem-estar e a qualidade de vida dos animais envolvidos em atividades de ensino e pesquisa; (vi) maior responsabilidade das instituições nas quais são desenvolvidas atividades de ensino e pesquisa com animais, que além de criar uma CEUA, tem a obrigação ética, moral e legal de desempenhar um papel ativo na promoção da educação e no suporte as atividades com animais.

E, ainda, com relação a ética no uso de animais em atividades de ensino e pesquisa, vale mencionar que na atualidade os pesquisadores, estudantes e a sociedade não aceitam atividades com animais que não atendam princípios éticos e de boas práticas de manejo e dos procedimentos. Ainda, na última década verifica-se uma crescente transparência nas atividades de ensino e pesquisa com animais e um crescente alinhamento com os principais países que também desenvolvem atividades científicas com animais, além disso, o Brasil incorporou diversas metodologias alternativas ao uso de animais validadas pela Organização para a Cooperação e Desenvolvimento Econômico – OCDE.

E por fim, é importante lembrar que pesquisas com animais ainda são imprescindíveis para o desenvolvimento de novos procedimentos, testes de medicamentos ou terapias avançadas. A legislação e a atuação do CONCEA e das CEUAs atualmente parecem suprir para que as atividades de ensino e a pesquisa com animais transcorram de maneira ética e responsável no país. Porém, deve-se ter em mente que as atividades de ensino, as publicações científicas, as novas terapias e o registro de produtos tecnológicos, para animais e humanos, só poderão ser entendidos como éticos se forem realizados sob os princípios e requisitos da ética e bem-estar animal. Pois, a educação e o desenvolvimento científico e tecnológico em hipótese nenhuma podem advir em detrimento da ética, da moral e do respeito pela vida.

Bibliografia consultada

- Agência Nacional de Vigilância Sanitária. Resolução – Resolução da Diretoria Colegiada - RDC Nº 35, de 7 de Agosto de 2015. Dispõe sobre a acei-tação dos métodos alternativos de experimentação animal reconhecidos pelo Conselho Nacional de Controle de Experimentação Animal. [aces-so 17 de dezembro de 2019]. Disponível em: https://www.mctic.gov.br/mctic/export/sites /institucional/institucional/concea/arquivos/legislacao/outros/Resolucao-RDC-N-35-de-7-de--Agosto-de-2015-ANVISA.pdf
- Barré-Sinoussi F, Montagutelli X. Animal models are essential to biological research: issues and perspectives. Future Sci. OA, 2015:1(4). [acesso 10 de dezembro de 2019]. https://doi.org/10.4155/fso.15.63.
- Binsfeld PC. Sistema Nacional de Controle de Experimentação Animal para Atividades de Ensino e Pesquisa Científica. RESBCAL, São Paulo,

2012:1(2):175-183; abr./maio/jun. 2012. [acesso 13 de janeiro de 2020]. Disponível em: http://www.sbcal.org.br/old/upload/arqupload/artigo-6volume2-61831.pdf
- Binsfeld, P. Sistema Nacional de Ética de Pesquisas com Seres Humanos. Cadernos De Ética Em Pesquisa, 2019:1(1),17-30; [revista em Internet] dezembro de 2019; [acesso 27 de janeiro de 2020]. Disponível em: http://cadernosdeeticaempesquisa.cienciasus.gov.br/index.php/Caderno19/article/view/10.
- Brasil. Constituição 1988. Constituição da República Federativa do Brasil: Promulgada em 5 de outubro de 1988. Brasília: Senado Federal, Subsecre-taria de Edições Técnicas; 2011. 578 p.
- Brasil. Decreto n. 6.899, de 16 de julho de 2009. Dispõe sobre a composição do Conselho Nacional de Controle de Experimentação Animal – CONCEA, estabelece as normas para o seu funcionamento e de sua Secretaria-Executiva, cria o Cadastro das Instituições de Uso Científico de Animais – CIUCA, mediante a regulamentação da Lei n. 11.794, de 8 de outubro de 2008, que dispõe sobre procedimentos para o uso científi--co de animais, e dá outras providências. Diário Oficial da União, Brasília; 2009; Seção 1. [acesso 08 de dezembro de 2019]. Disponível em: http://pesquisa.in.gov.br/imprensa/jsp/visualiza/index.jsp?jornal=1&pagina=2&data=16/07/2009.
- Brasil. Lei nº 11.794, de 8 de outubro de 2008. Regulamenta o inciso VII do § 1 do art. 255 da Constituição Federal, estabelecendo procedimentos para uso científico de animais; revoga a Lei n 6.638, de 8 de maio de 1979; e dá outras providências, Diário Oficial da União, Brasília, DF, n. 196, 9 out. 2008. Seção 1, p. 1-2. [acesso 15 de dezembro de 2019]. Disponível em: http://pesquisa.in.gov.br/imprensa/jsp/visualiza/index.jsp?jornal=1&pagina=1&data=09/10/2008.
- Brasil. Ministério da Ciência, Tecnologia, Inovações e Comunicação. Legislação do CONCEA. Brasília. [acesso 28 de janeiro de 2020]. Disponível em: https://www.mctic.gov.br/mctic/opencms/institucional/concea/paginas/legis-lacao.html.
- Conselho Nacional de Controle e Experimentação Animal. Resolução Normativa nº 30, de 02 de fevereiro de 2016, publica a Diretriz Brasileira

- para o Cuidado e a Utilização de Animais em Atividades de Ensino ou de Pesquisa Científica - DBCA. [acesso 23 de janeiro de 2020]. Disponível em: https://www.mctic.gov.br/mctic/export/sites/institucional/institucional/concea/arquivos/legislacao/resolucoes_normativas/DBCA_RN.30.pdf.
- Conselho Nacional de Controle e Experimentação Animal. Resolução Normativa nº 32, de 6 de setembro de 2016, publica as Diretrizes de Integri-dade e de Boas Práticas para Produção, Manutenção ou Utilização de Animais em Atividades de Ensino ou Pesquisa Científica. [acesso 05 de fe-vereiro de 2020]. Disponível em: https://www.mctic.gov.br/mctic/export/sites/institucional/institu-cional/concea/arquivos/legislacao/resolucoes_normativas/Resolucao-Normativ-a-CONCEA-n-32-de-06.09.2016-D.O.U.--de-08.09.2016-Secao-I-Pag.-05.pdf.
- Conselho Nacional de Controle e Experimentação Animal. Resolução Normativa nº 17, de 3 de julho de 2014, dispõe sobre o reconhecimento de métodos alternativos ao uso de animais em atividades de pesquisa no Brasil e dá outras provi-dências. [acesso 05 de fevereiro de 2020]. Disponí-vel em: https://www.mctic.gov.br/mctic/export/sites/institucional/institucional/concea/arquivos/legislacao/resolucoes_normativas/Resolucao-Normativa-CONCEA-n-17-de-03.07.2014-D.O.U.--de-04.07.2014-Secao-I-Pag.-51.pdf
- Conselho Nacional de Controle e Experimentação Animal. Resolução Normativa nº 18, de 24 de setembro de 2014, reconhece métodos alternativos ao uso de animais em atividades de pesquisa no Brasil, nos termos da Resolução Normativa nº 17, de 03 de julho de 2014, e dá outras provi-dências. [acesso 05 de fevereiro de 2020]. Disponível em: https://www.mctic.gov.br/mctic/export/sites/institucional/institucional/con-cea/arquivos/legislacao/resolucoes_normativas/Resolucao-Normativa-CONCEA-n-18-de-24.09.2014-D.O.U.-de-25.09.2014-Secao-I-Pag.-9.pdf.
- Conselho Nacional de Controle e Experimentação Animal. Resolução Normativa nº 31, de 18 de agosto de 2016, reconhece métodos alternativos ao uso de animais em atividades de pesquisa no Brasil. [acesso 22 de janeiro de 2020]. Disponível em: https://www.mctic.gov.br/mctic/export/sites/institucional/ institucional/concea/arquivos/legislacao/resolucoes_normativas/Resolucao-Normativa-CONCEA-n-31-de-18.08.2016-D.O.U.--de-19.08.2016-Secao-I-Pag.-04.pdf.
- Conselho Nacional de Controle e Experimentação Animal. Resolução Normativa nº 45, de 22 de outubro de 2019, reconhece método alternativo ao uso de animais em atividades de pesquisa no Brasil. [acesso 05 de fevereiro de 2020]. Disponível em: https://www.mctic.gov.br/mctic/export/sites/institucional/ institucional/concea/arquivos/legislacao/resolucoes_normativas/Resolucao-Normativa-n-45.pdf
- Guimarães MV, Freire JEC, Menezes LMB. Utilização de animais em pesquisas: breve revisão da legislação no Brasil. Rev. Bioét. 2016:24(2):217-224; [revista Internet]. Agosto de 2016; [acesso em 28 de janeiro de 2020]; dx.doi.org/10.1590/1983-80422016242121.
- Mehdi G, Ahmad RD. Ethical considerations in animal studies. J. Med. Ethics Hist. Med. 2009;2:12. [acesso em 28 de janeiro de 2020] Disponível em: https://www.ncbi.nlm.nih.gov/pmc/articles/PMC3714121/
- Miziara ID, Magalhães ATM, Santos MA, Gomes ÉF, Oliveira RA. Ética da pesquisa em modelos animais. Braz. j. otorhinolaryngol. 2012:78(2):128-131; [revista em Internet]. Abril de 2012; [acesso 12 de janeiro de 2020]; dx.doi.org/10.1590/S1808-86942012000200020.
- Moretto LD, Stephano MA. Métodos alternativos ao uso de animais em pesquisa reconhecidos no Brasil. 1ª Ed. São Paulo: Limay Editora, 2019.
- Russell WMS, Burch RL. The Principles of Human Experimental Technique. Methuen, London, UK, 1959, 238 p.

Poluentes Emergentes — 16

Gilmar Sidnei Erzinger

Introdução

Organizações e regulamentos internacionais dedicaram esforços consideráveis na definição e caracterização de Poluentes emergentes (PEs). O termo "emergente" refere-se a novos poluentes identificados nos meios e organismos aquáticos ou a novas características e impactos de compostos que já estão presentes no meio ambiente. Atualmente, uma grande variedade de produtos farmacêuticos, pesticidas, hormônios e produtos para cuidados pessoais são frequentemente encontrados em água e esgoto. Esses compostos são denominados contaminantes emergentes e têm atraído atenção significativa devido ao seu potencial impacto ambiental e à saúde.

A Norman Network definiu PEs como substâncias detectadas no meio ambiente, mas, atualmente, não incluídas em programas de rotina de monitoramento ambiental e que podem ser candidatas a legislação futura, devido a seus efeitos adversos e/ou persistência. Atualmente, segundo Norman Network, são 1.035 substâncias reunidas em 16 classes (toxinas de algas, agentes antiespuma e complexantes, antioxidantes, detergentes, subprodutos de desinfecção, plastificantes, retardadores de chama, fragrâncias, aditivos de gasolina, nanopartículas, substâncias perfluoroalquiladas, produtos de higiene pessoal, produtos farmacêuticos, pesticidas, anticorrosivos).

Diversos autores descrevem os PEs como sendo considerados potencialmente perigosos, uma vez que muitos deles são desreguladores endócrinos reconhecidos e sua liberação não pode ser facilmente controlada porque são usadas quantidades elevadas em todo o mundo. Outro fator importante está relacionado as atuais metodologias empregadas no tratamento de efluente e que visam a eficiência de remoção de contaminantes emergentes na baixa eficiência, para não dizer insignificante a quase completa. Ainda nesse contexto, a maioria dos produtos farmacêuticos é resistente a tratamentos de oxidação química, e sua toxicidade dificulta a degradação biológica de modo que a descarga no ambiente representa um problema preocupante.

Kostunica *et al.* reuniram vários estudos realizados em diferentes contextos geográficos e demográficos, e revelaram a falta de conhecimento sobre o descarte adequado de medicamentos não utilizados e os riscos ambientais associados ao descarte inadequado. Com base em 830 estudos publicados entre 2005 e 2015, um dos principais dados revelados está apresentado na Tabela 16.1. Mesmo em países com alto desenvolvimento, boa parte dos medicamentos são descartados diretamente no lixo ou na água. Dos países citados, apenas a Suécia e Alemanha apresentaram resultados adequados no que tange ao descarte de medicamentos. Os demais países, incluindo os Estados Unidos, realizam o descarte dos medicamentos com alto grau de comprometimento ambiental (Tabela 16.1).

Existe uma preocupação crescente com a contaminação dos recursos hídricos por "poluentes emergentes" que atualmente se enquadram na categoria de produtos farmacêuticos, especificamente como resíduos de medicamentos e seus derivados. Uma abordagem importante a ser feita, está sobre os aspectos de biossegurança para consumo humano ou de animais, ou mesmo para uso na agricultura dos recursos hídricos nesse atual momento. Esses poluentes são encontrados em pequenas quantidades no ambiente, o que, em princípio, não deve trazer complicações imediatas à saúde humana. No entanto, as complicações e os riscos ambientais para a saúde humana e animal durante uma exposição crônica devem ser avaliados. Essa discussão merece atenção especial porque existem poucos, se houver, métodos para remover esses poluentes; pesquisas nesse campo ainda estão surgindo, mas são promissoras. Outro fator importante está relacionado ao aspecto de legislação para descartes desses produtos no meio ambiente, poucos países possuem legislação específica.

Um estudo desenvolvido por Erzinger *et al.*, em 2013, revelou a frequência relativa do principais PEs provenientes do consumo de fármacos em ambientes aquáticos (Figura 16.1).

Tabela 16.1 – Métodos de descarte de medicamentos e frequências em que são relatados em diferentes países			
Países	**Retorno de drogas na farmácia (%)**	**Jogadas no lixo (%)**	**Descartadas na água* (%)**
Estados Unidos	20-30	40-50	20-30
Alemanha	40	≤ 1	5-10
Suécia	40	≤ 1	≤ 4
Inglaterra	30-40	50-60	10-20
Irlanda	20-30	50-60	10-20
Lituânia	10-20	≥ 80	5-10
Servia	10-20	≥ 80	5-10
Nigéria	10-20	80	5-10
Gama	10-20	≥ 80	≤ 4
Arábia Saudita	10-20	50-60	20-30
Omã	20-30	40-50	–
Índia	10-20	≥ 80	5-10
Bangladesch	10-20	≥ 80	20-30
Tailândia	10-20	60-80	≤ 4
Nova Zelândia	20-30	50-60	10-20

*Descarregado na pia ou vaso sanitário.

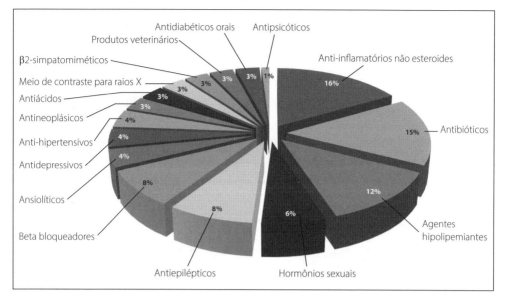

FIGURA 16.1 – *Classes terapêuticas detectadas no ambiente, expressas em frequência relativa. Dados coletados de 134 artigos publicados entre 1997 e 2009.*

No que tange à contaminação, existem dois principais modelos para justificar a presença desses PEs nos sistemas aquáticos (Figuras 16.2 e 16.3). O infográfico descrito na Figura 16.2 ilustra como esses produtos farmacêuticos podem acabar no ciclo da água quando se não descartados adequadamente. Esse modelo utilizou como base o trabalho descrito por Shea, o qual observou que, em 2009, 3,9 bilhões de prescrições foram dispensadas nos Estados Unidos, e cerca de 10% a 40% dos medicamentos não foram utilizados. Esse modelo admite que todas as cidades possuem tratamento de efluentes preconizados segundo normas técnicas e em conformidade com a legislação para qualidade da água. Segundo Shea, 80% das 139 amostras coletadas no EUA nos anos 1999-2000 apresentaram pelo menos um fármaco. Esses dados fizeram com que 22 estados no EUA criassem legislação de devolução de drogas a partir de 2009. Cabe ressaltar que os atuais sistemas de tratamento de efluentes não dispõem de tecnologia que consigam eliminar os compostos químicos farmacêuticos denominados PEs (Figura 16.2).

O segundo modelo, descrito na Figura 16.3, tem como base o uso geral dos medicamentos em todo o sistema produtivo não levando somente em conta as cidades que possuem tratamento de efluentes. Esse modelo foi proposto por Boxall, e observa que mesmo os que são absorvidos pelo solo, o destino sempre será nos reservatórios aquáticos e lençol freático em decorrência de chuvas.

No Brasil, segundo o Sistema Nacional de Informações sobre Saneamento – SNIS 2018, somente 53% dos brasileiros têm acesso à coleta de esgoto, 46% dos esgotos do país são tratados e quase 100 milhões de brasileiros não têm acesso a esse serviço. O indicador médio do tratamento de esgotos nos 100 maiores municípios em 2018 foi de 56%; pequeno avanço com relação aos 55,6% de 2017. Segundo o Instituto Tata Brasil, em 2020, o país lançou aproximadamente 5.622 piscinas olímpicas de esgoto

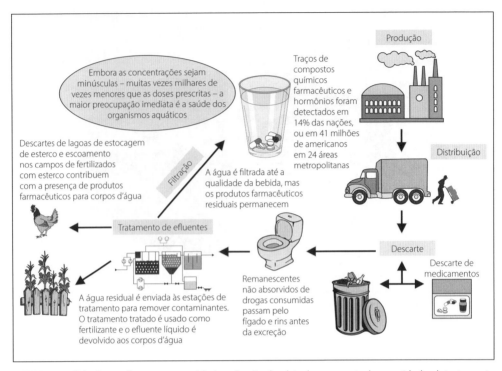

FIGURA 16.2 – *Ciclo dos medicamentos em cidades urbanizadas dotadas que contenham unidades de tratamento de efluentes.*

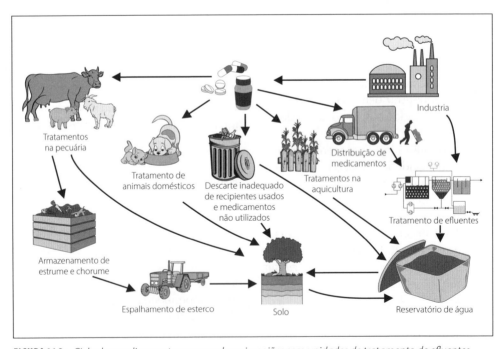

FIGURA 16.3 – *Ciclo dos medicamentos em nas demais regiões sem unidades de tratamento de efluentes.*

não tratado na natureza. Desse modo, o modelo proposto por Shea é o que mais representa a realidade brasileira em termos de risco da presença de PEs nos recursos hídricos (Figura 16.2).

Por outro lado, segundo a Associação da Indústria Farmacêutica de Pesquisa, o Brasil é o 5º maior produtor de medicamentos no mundo, atrás dos EUA, China, Japão e Alemanha. As vendas de medicamentos em farmácias alcançaram R$ 57 bilhões de Reais em 2018, com 162 bilhões de doses comercializadas e com ausência total de normas ou leis sobre o descarte correto desses medicamentos (Figura 16.4).

Poluentes emergentes como desreguladores endócrinos

Alguns dos compostos enquadrados como contaminantes, considerados os que apresentam maior toxicidade e com baixa degradação natural são os estrogênios emergentes e seus derivados, como 17α-etinilestradiol e 17β-estradiol. Esses hormônios, chamados "desreguladores endócrinos", estão sendo encontrados no suprimento de água em concentrações na faixa de nanogramas, o que pode representar riscos imediatos para a saúde e o meio ambiente. A exposição crônica causa a feminização dos peixes. Adicionalmente, o consumo de água contaminada pode causar desequilíbrios endócrinos que podem aumentar o risco de câncer de colo do útero e de mama em mulheres, e câncer de próstata em homens. Uma das ações atribuídas a esses hormônios corresponde a efeitos antioxidantes em organismos vivos que podem influenciar os processos metabólicos existentes. A contaminação dos recursos hídricos pelo estrogênio e seus derivados têm sido extensivamente estudada, e os esforços atuais estão focados na identificação e remoção desses hormônios químicos, a fim de evitar a interação com organismos vivos. O monitoramento biológico da toxicidade ambiental promovida pelo estrogênio e o aproveitamento do uso de bioensaios tem sido estudado devido à importância de dispor de recursos que permitam o desenvolvimento de opiniões sobre a toxicidade aguda e crônica desses hormônios ambientais em ambientes aquáticos.

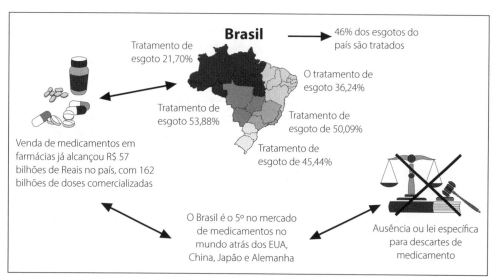

FIGURA 16.4 – *Panorama da relação de tratamento de esgotos e produção de medicamentos no Brasil.*

Perspectivas para os processos de remoção

O processo mais utilizado no momento para destruição e remoção dos PEs são os processos oxidativos avançados (POAs). A eficiência dos POAs está largamente comprovada, porém, o problema que está sendo investigado atualmente refere-se a compostos formados a partir dos processos de oxidação empregados e se os resíduos gerados podem apresentar um certo grau de ecotoxicidade ambiental aguda ou crônica. Os processos comumente empregados são eficazes na remoção da atividade endócrina, mas pouco se sabe sobre o risco potencial dos resíduos gerados; estudos nesse campo são necessários em diferentes níveis tróficos.

Atualmente, existem vários processos destinados a remover 17β-estradiol e 17α-etinilestradiol dos suprimentos de água e das águas residuais. Enquanto os estudos estão sendo realizados sob diversas condições, o primeiro passo deve avaliar como o processo ocorre e a perspectiva desses processos em condições naturais. Alguns estudos buscam a remoção com vários solventes; uma vez concluídas as pesquisas em água, elas subsequentemente criam situações semelhantes às encontradas no meio ambiente.

Alguns dos processos para a remoção de 17β-estradiol e 17α-etinilestradiol são conhecidos como processos oxidativos avançados (POAs). Esses processos são definidos como a promoção de uma condição química que gera radical hidroxila o suficiente para afetar uma molécula contaminante de modo a remover sua atividade biológica conhecida, promovendo a purificação da água. No entanto, um complexo de ataque de radicais hidroxila pode iniciar uma cascata de reações que podem levar à mineralização de compostos orgânicos. Os agentes oxidantes mais usados são peróxido de hidrogênio (H_2O_2), ozônio (O_3), cloro (Cl_2) e dióxido de cloro (ClO_2). Os processos avançados de oxidação usam H_2O_2/UV, TiO_2/UV, O_3/UV e H_2O_2/Fe^{2+}. Eles diferem principalmente em termos de custo, aplicabilidade no tratamento de água e esgoto, e eficácia e eficiência na remoção do poluente em estudo. As análises da eficiência e eficácia desses processos limitam-se aos aspectos químicos da remoção, e discussões sobre a ecotoxicidade e o uso de bioensaios ainda não foram exploradas.

Métodos utilizados para avaliação ambiental de poluentes emergentes

Embora a maior parte da água do nosso planeta seja salgada demais para consumo humano ou imobilizada na neve e no gelo, apenas uma pequena fração é potável. As crescentes demandas de uma população humana em rápido crescimento e da indústria e da agricultura são um fardo adicional para os recursos em declínio. Ao mesmo tempo, o descarte de substâncias tóxicas de fontes municipais e industriais, bem como da agricultura, resulta na poluição de rios e lagos, além de reservatórios de água subterrânea. A avaliação da qualidade e o monitoramento dos recursos de água doce são de alta prioridade, a fim de evitar danos à saúde humana e à integridade do ecossistema.

As análises químicas são demoradas, caras e geralmente limitadas a algumas classes de substâncias, o que contrasta com o crescente número de produtos químicos potencialmente tóxicos que contam na casa das dezenas de milhares. Além disso, as toxinas combinadas com outras substâncias ou outros fatores de estresse ambiental podem ter efeitos sinérgicos que escapam às análises químicas de rotina. Os limites superiores para toxinas variam entre os países e podem mudar com o tempo e, o que é mais importante, podem não refletir a ameaça real à saúde humana e à biota. Como alternativa às análises químicas, a presença de substâncias tóxicas e poluentes pode ser monitorada a partir de bioensaios que utilizam organismos como bioindicadores.

Gavrilescu et al. descreveram o comportamento e a eficiência do bioensaios no monitoramento, riscos ambientais e à saúde associados a micro poluentes químicos (farmacêuticos, desreguladores endócrinos, hormônios, toxinas, dentre outros) e biológicos (bactérias, vírus) em solos, sedimentos, águas subterrâneas e industriais e águas residuais municipais, efluentes da aquicultura e ecossistemas marinhos e de água doce. Esses pesquisadores destacaram que essas ferramentas apresentam novos horizontes para o monitoramento de riscos ambientais e de saúde. Um exemplo clássico foi o uso de peixes colocados em água potencialmente poluída. Quando os peixes revelaram comportamento anormal de natação ou morreram, essa resposta foi considerada como uma indicação da presença de concentrações letais ou subletais de poluentes na água. Hoje muitos organismos e materiais biológicos são empregados em bioensaios, incluindo biomoléculas, linhas celulares, bactérias, microrganismos, plantas inferiores e superiores, bem como invertebrados e vertebrados. Diferentes desfechos podem ser analisados como indicadores de toxicidade, incluindo mortalidade, motilidade, comportamento, crescimento e reprodução, bem como respostas fisiológicas como fotossíntese, biossíntese de proteínas e alteração genética.

Segundo Häder e Erzinger, é de conhecimento que os bioensaios não fornecem informações sobre a natureza química do poluente, mas indicam a presença de uma toxina que pode representar uma ameaça à saúde humana ou à função e integridade do ecossistema. Sua sensibilidade, eficiência de custos, velocidade de análise e facilidade de uso de bioensaios disponíveis comercialmente são comparados e os regulamentos legais são discutidos para vários países desenvolvidos e em desenvolvimento.

Legislação sobre descartes de poluentes emergente

No Brasil existe a Política de Recursos Hídricos que visa assegurar a adequada disponibilidade de água para consumo humano (Brasil, 1997), e a Portaria 2914/12 do Ministério da Saúde, que são documentos oficiais que definem os padrões de potabilidade para o consumo de água. Tal condição leva esses compostos a não serem identificados e nem sequer serem tratados nas estações de tratamento de água e de esgoto sanitário.

Pinto et al. demonstraram que no Brasil o descarte de medicamento é regulado não de maneira específica, e a abordagem com relação a toxicidade ambiental que pode acometer o meio ambiente não é considerada. Diversos países e organizações internacionais (União Europeia – EU, a Agência de Proteção Ambiental do Norte da América – EPA e a Organização Mundial da Saúde – OMS) editaram diferentes diretrizes e leis no intuito de alertar a respeito dos riscos da presença de medicamentos em ecossistemas aquáticos nos quais foram exigidos estudos que promovam a remoção desses, a fim de estabelecer limites aceitáveis para as águas disponíveis ao consumo humano. O Brasil não possui nenhuma legislação específica para esse fim.

Hernando et al. relatam que na Europa, a avaliação de risco ambiental (ERA) sobre os poluentes emergentes foi introduzida na década de 1980, nos quais vários protocolos foram desenvolvidos para avaliar o risco ambiental de produtos químicos. A União Europeia introduziu o regulamento

Capítulo 16

183

conhecido como registro, avaliação, autorização e restrição de substâncias químicas (REACH) por legislação em 2007, sendo considerado o seu desenvolvimento mais importante nesse campo. O REACH cobre materiais com base em nanotecnologia, mas as metodologias presentes podem não ser apropriadas e oferecem uma visão geral das abordagens sob a legislação da água na Europa, que cobrem as estruturas de ERA para contaminantes emergentes. Apesar do sistema REACH apresentar, atualmente, muitos aspectos positivos no campo da avaliação de riscos (ou seja, ensaios in vitro para avaliação de efeitos), por outro lado, das principais dificuldades relacionadas ao uso da avaliação de risco é a disponibilidade de dados e, quando os dados estão disponíveis, muitas vezes são carregados de incerteza.

Novos produtos foram avaliados sistematicamente na União Europeia e nos Estados Unidos, incluindo: 61 regulamentos, aspectos políticos e sociais, limites de toxicidade 97% dos principais produtos químicos em uso e mais de 99% dos produtos químicos produzidos em volume, mas não foram necessariamente tratados adequadamente. Hartung estima que faltam dados para 86% dos produtos químicos e o processo REACH visa corrigir essa defasagem. O regulamento afeta 27.000 empresas, que são obrigadas a fornecer informações sobre propriedades e usos tóxicos de 30.000 produtos químicos após uma fase de pré-registro em 2008. A União Europeia tem a perspectiva que esse formulário REACH seja uma ferramenta importante para enfatizar a toxicologia e, principalmente, definir os limites dos poluentes emergente.

Atualmente, a maioria dos países possui legislação e regulamentos sobre valores de toxicidade aceitos para a comercialização de produtos químicos agrícolas e industriais, biocidas, cosméticos, aditivos alimentares, medicamentos e outras substâncias, e utiliza bioensaios para a proteção da saúde humana e do meio ambiente. Uma abordagem atual sobre os regulamentos, aspectos políticos e sociais, limites de toxicidade em diferentes países foi descrito por Erzinger e Häder em 2017.

Bibliografia consultada

- Ahmadi, A., Tiruta-Barna, L., Benetto, E., Capitanescu, F., Marvuglia, A., 2016. On the importance of integrating alternative renewable energy resources and their life cycle networks in the eco-design of conventional drinking water plants. J. Clean. Prod. 135, 872–883. doi:10.1016/j.jclepro.2016.06.201.
- Alzahrani, S., Mohammad, A.W., 2014. Challenges and trends in membrane technology implementation for produced water treatment: A review. J. Water Process Eng. 4, 107–133. doi:10.1016/j.jwpe.2014.09.007.
- Amin, M.T., Alazba, a a, Manzoor, U., 2014. A Review of Removal of Pollutants from Water/Wastewater Using Different Types of Nanomaterials. Adv. Mater. Sci. Eng. 2014, 1–25. doi:10.1155/2014/825910.
- Amini, A., Kim, Y., Zhang, J., Boyer, T., Zhang, Q., 2015. Environmental and economic sustainability of ion exchange drinking water treatment for organics removal. J. Clean. Prod. 104, 413–421. Doi:10.1016/j.jclepro.2015.05.056.
- Antonopoulou, M., Evgenidou, E., Lambropoulou, D., Konstantinou, I., 2014. A review on advanced oxidation processes for the removal of taste and odor compounds from aqueous media. Water Res. 53, 215–234. doi:10.1016/j.watres.2014.01.028.
- Arena, N., Lee, J., Clift, R., 2016. Life Cycle Assessment of activated carbon production from coconut shells. J. Clean. Prod. 125, 68–77. doi:10.1016/J.JCLEPRO.2016.03.073.
- Boxall, A. B. (2004). The environmental side effects of medication. EMBO reports, 5(12), 1110-1116.
- da Silva CGA, Collins CH (2011). Aplicações de cromatografia líquida de alta eficiência para o estudo de poluentes orgânicos emergentes. Química Nova, vol.34, n.4. São Paulo.

- Erzinger, G. S. (2013). Emerging Pollutants: Environmental Impact of Disposal of Drugs. Pharmaceut Anal Acta, 4, e155.
- Erzinger, G. S., Brasilino, F. F., Pinto, L. H., & Hader, D. P. (2014). Environmental Toxicity Caused by Derivatives of Estrogen and Chemical Alternatives for Removal. Pharm Anal Acta, 5, e165.
- Erzinger, G.S Pinto, LH, del Ciampo LF, Schulter LS, Sierth R, Teixeira MCF Biff H, Pezzini BR. Emerging Pollutants: Environmental Impact of Disposal of Drugs. Environ Health Perspect. 2013 Aug 19;121(S1). doi: 10.1289/ehp.ehbasel13
- Ferreira MGM (2008) Remoção da atividade estrogênica de 17ß-estradiol e de 17a-etinilestradiol pelos processos de ozonização e O3/H2O2. USP. Tese de Doutorado.
- Gavrilescu, M., Demnerová, K., Aamand, J., Agathos, S., & Fava, F. (2015). Emerging pollutants in the environment: present and future challenges in biomonitoring, ecological risks and bioremediation. New biotechnology, 32(1), 147-156.
- Hader, D., & Erzinger, G. (Eds.). (2017). Bioassays: Advanced Methods and Applications. Elsevier. 459 p.
- Hartung, T. (2009). Toxicology for the twenty-first century. Nature, 460(7252), 208-212.
- Hernando, M. D., Rodríguez, A., Vaquero, J. J., Fernández-Alba, A. R., & García, E. (2011). Environmental risk assessment of emerging pollutants in water: Approaches under horizontal and vertical EU legislation. Critical reviews in environmental science and technology, 41(7), 699-731.
- Instituto Tata Brasil. 2020.http://www.tratabrasil. org.br/estudos/estudos-itb/itb/ranking-do-saneamento-2020. Acessado 30/03/2020.
- Interfarma -Associação da Indústria Farmacêutica de Pesquisa. Guia 2018: Dados do setor - Interfarma. https://www.interfarma.org.br/guia/guia-2018/dados_do_setor/ Acessado 30/03/2020.
- Kusturica, M. P., Tomas, A., & Sabo, A. (2016). Disposal of unused drugs: Knowledge and behavior among people around the world. In Reviews of Environmental Contamination and Toxicology Volume 240 (pp. 71-104). Springer, Cham.
- Maniero M G, Bila DM, Dezotti M (2008) Degradation and estrogenic activity removal of 17β-17α-estradiol and ethinylestradiol by ozonation and O$_3$/H$_2$O$_2$, Sci.

- Norman Network. Network of reference laboratories, research centres and related organisations formonitoring of emerging environmental substances, 2020. Why do We Need to Address Emerging Substances? https://www.norman-network.net/?q=node/19.
- P. Amrita, K. Yew-Hoong Gin, A. Yu-Chen Lin, M. Reinhard, Impacts of emerging contaminants on freshwater resources: review of recent occurrences, sources, fate and effects, Sci. Total Environ. 408 (2010) 6062–6069.
- Pinto, L. H., Cardozo, G., Soares, J. C., & Erzinger, G. S. (2016). Environmental toxicity of effluents of different laboratories of a compounding pharmacy. Ambiente e Agua-An Interdisciplinary Journal of Applied Science, 11(4), 819-832.
- Pinto, L. H., Cardozo, G., Soares, J. C., & Erzinger, G. S. (2016). Toxicidade ambiental de efluentes advindo de diferentes laboratórios de uma farmácia magistral. Revista Ambiente & Água, 11(4), 819-832.
- R. Loos, B.M. Gawlik, G. Locoro, E. Rimaviciute, S. Contini, G. Bidoglio, Eu-wide survey of polar organic persistent pollutants in European river waters, Environ. Pollut. 157 (2009) 561–568.
- Shea, K. Infographic: Unprescribed – Drugs in the Water Cycle. December 2, 2011/in North America, Pollution, Sanitation/Health, Water News, Water Policy & Politics. https://www.circleofblue.org/2011/world/infographic-unprescribed-%E2%80%94-drugs-in-the-water-cycle/. Acessado em 20/03/2020.
- SNIS - Sistema Nacional de Informações Sobre Saneamento. 2018. http://www.snis.gov.br/. acessado em 28/03/2020.
- Son RWR, Santos RL, Vieira EM (2007) Emerging Pollutants as Endocrine Disruptors, J Braz Corporation Ecotoxicol 2: 283-288.
- Tobajas, M., Belver, C., & Rodriguez, J. J. (2017). Degradation of emerging pollutants in water under solar irradiation using novel TiO2-ZnO/clay nanoarchitectures. Chemical Engineering Journal, 309, 596-606.
- Valcárcel Y, González Alonso S, Rodriguez-Gil JL, Romo R, Gil A et al. (2011). Analysis of the presence of cardiovascular and analgesic/anti--inflammatory /antipyretic drugs in fluvial and drinking water of the Madrid Region in Spain. Chemosphere 82 (7): 1062-1071.

Capítulo 16

Biohacking: o Movimento Social *Do It Yourself Biology* – DIYbio

Rodolfo Coelho Prates

"Se a miséria dos pobres é causada não pelas leis da natureza, mas por nossas instituições, grande é o nosso pecado."

Charles Darwin

Introdução

Desde os tempos mais remotos, a sociedade se defronta com questões legais, morais e éticas. Os livros religiosos, como a Bíblia, o Alcorão e a Torá, apresentam exemplos de como os povos antigos tratavam com essas delicadas questões. Notadamente, o aspecto da fé tinha grande inserção nos elementos balizadores de conduta das pessoas.

Normalmente, tais questões se superpõem. O roubo é uma prática condenada pela sociedade, não apenas porque a lei implica punição a quem o faz, mas, também, por conta de padrões éticos e morais que a sociedade, ou pelo menos grande parte dela, reconhece, pratica e transmite às novas gerações. Por outro lado, podem se mostrar antagônicas. A lei de trânsito salienta que é proibido aos motoristas ultrapassar o limite de velocidade, e há punições específicas para quem a transgride. Mas dirigir em direção ao hospital em velocidade acima do permitido, com o propósito de socorrer uma vítima de infarto do miocárdio, é algo eticamente aceitável. Enquanto a lei se manifesta por um conjunto codificado de regras e normas e, *a priori*, universal, a moral e a ética são flexíveis, e podem pertencer apenas a grupos específicos, a exemplo dos códigos de ética profissionais.

Com relação à ciência, a ética e a moral se mostram extremamente importantes, pois sempre há a necessidade de avaliar, do ponto de vista da sociedade como um todo, os caminhos que a ciência vem trilhando. Isso decorre de que a ciência apresenta resultados, tanto benéficos, quanto maléficos à sociedade.

De fato, a institucionalização da ciência e a profissionalização da atividade de pesquisa vêm contribuindo para que eventuais desvios éticos sejam punidos. Tais desvios se referem tanto a trabalhos desqualificados, a exemplo de resultados forjados, quanto a trabalhos que ameacem, desde a dignidade das pessoas, até os princípios e valores considerados essenciais para a sociedade.

No entanto, há um movimento recente de pessoas que contribuem ao conhecimento científico e estão à margem das regras e crivos institucionais. E mais, o campo de atuação dessas pessoas é capaz de interferir em processos biológicos de todos os seres vivos, e, em particular, dos seres humanos. Essas pessoas constituem um movimento denominado *"do it yourself biology"* (DIYbio), e se apoiam no avanço do conhecimento genético, bem como no domínio de suas técnicas de manipulação.

Pelo fato do movimento DIYbio ser uma nova maneira de atuação científica e por estar relacionado a temas de grande interesse social, o presente trabalho traz uma visão panorâmica de tal movimento, discutindo alguns de seus aspectos e relacionando-os com as questões éticas. Embora, como se verá ao longo deste capítulo, o movimento ainda esteja em sua fase inicial, ele pode trazer sérias implicações à biossegurança, sobretudo se desrespeitar os padrões éticos vigentes.

A primeira seção apresenta um breve histórico da institucionalização do conhecimento científico. Na sequência, discutem-se as questões fundamentais da ética na ciência. Depois é descrito o movimento DIYBio e, na última seção, nas considerações finais, são ponderados elementos éticos para esse movimento.

A institucionalização do conhecimento científico

Atualmente, há o consenso de que o conhecimento, sobretudo aquele proveniente da ciência e tecnologia e da pesquisa e desenvolvimento, está atrelado às universidades ou às organizações, tanto públicas, quanto privadas. No entanto, paralelamente a essa rede institucionali-

zada de conhecimento (universidades e empresas), há iniciativas atomizadas, que também cumprem um papel significativo e, em até certas condições, importante para o progresso científico e tecnológico.

Durante vários séculos, a geração de conhecimento científico não estava restrita apenas às universidades, visto que vários segmentos sociais contribuíam, de maneira variada, para tal geração. Por exemplo, na idade média, as tradicionais guildas se comportavam como baluartes no desenvolvimento e na manutenção do conhecimento, sobretudo aqueles relacionados ao seu próprio processo produtivo.

Durante muito tempo, a ciência também foi vista como uma atividade diletante, pois, sem uma inserção prática na vida das pessoas, ela assumia a forma de entretenimento e lazer, sobretudo para os membros das classes sociais mais abastadas. Vale destacar que a imensa contribuição de Leonardo da Vinci, com as belíssimas ilustrações da anatomia humana, foi um esforço individual, e que o próprio Leonardo era desprovido de formação acadêmica. Sua contribuição é fruto de seu próprio espírito curioso.

Nas universidades europeias, cuja tradição é bastante longínqua temporalmente, a relação com o conhecimento, particularmente com as ciências, é mais recente, pois durante muito tempo ela esteve condicionada ao contexto escolástico, ou seja, os esforços para conciliar a fé e a tradição filosófica grega.

Mas, é a partir do século XVII, no continente europeu, que progressivamente houve a fusão do conhecimento científico com o ambiente universitário. Essa fusão contou com uma etapa intermediária: a instauração, nos moldes ingleses, da Academia de Ciências e da Sociedade Real. Nas palavras de Van den Daele, Krohn (1977):

"a incorporação da Sociedade Real e a Academia de Ciências deu nascimento às instituições que definiam padrões científicos e começaram a exercer o controle sobre tais padrões. Ciência se tornou metropolizada e hierarquizada. A Academia e a Sociedade Real funcionavam como árbitros do trabalho de outros cientistas, repetindo seus experimentos e avaliando seus escritos. Com as 'Transações Filosóficas', a Sociedade Real estava no controle das mais importantes publicações do período. As atividades de Secretarias e a padronização de jornais científicos e periódicos gerou um fluxo estável de informações para outros cientistas e para o grande público".

Nesse novo contexto, a academia e a sociedade tinham o poder para julgar o que era apropriado e relevante e o que era inadequado e insignificante à ciência. Notadamente, herdamos essa configuração de juízes da vanguarda científica aos nossos dias. Esse novo contexto era também marcado pela exclusão de elementos relacionados à religiosidade, às questões morais, políticas, metafísicas etc. Estava-se assim, institucionalizando os padrões e limites da ciência, onde punições eram asseguradas àqueles que transgredissem tais limites. Mas vale ressaltar que a discussão científica, no âmbito da Sociedade Real, tinha importância semelhante à escolha de quem poderia ser seus membros, caracterizando um comportamento exclusivo e elitista.

Uma maior aproximação entre ciência e universidade foi alavancada na Alemanha, com a reestruturação de uma nova configuração universitária, a qual se tornou modelo para demais instituições acadêmicas em todo o mundo. No início do século XIX, particularmente em 1808, foi fundada a Universidade de Friedrich Wilhelm, que permaneceu assim denominada até 1949, quando trocou sua denominação por Universidade Humboldt. Nesse novo molde

germânico, "as universidades significam que os membros dessa nova classe intelectual deveriam ser recrutados em grande escala para o serviço estatal, e então serem absorvidos, politicamente neutralizados e estarem sob o cuidado do estado. Essa união de intelectuais e do estado, nessa instituição conjunta, a nova universidade, tornou-se as bases social e política para a extraordinária expansão da ciência como nunca havia existido".

Como afirma Brown (1993), a unificação nas universidades do ensino com a pesquisa "também exigia capital de investimento para sustentar a produção intelectual. Assim, para institucionalizar suas disciplinas em universidades de pesquisa e centros científico-administrativos especializados, os profissionais procuraram demonstrar sua utilidade para clientes ou clientes em potencial. Ao longo do caminho, as disciplinas se tornaram mais instrumentalmente orientadas, com seus conceitos, métodos e tópicos moldados para atender aos requisitos de profissionalização e institucionalização. A própria linguagem da ciência também mudou de acordo com sua nova ênfase".

Com essa nova concepção de universidade, o ensino e a pesquisa se configuraram em um ente único, o ensino deixou de ter uma fundamentação filosófica e passou a ter um caráter técnico-científico. Nesse período, o conhecimento científico ganhou um impulso extraordinário, tornando as universidades uma espécie de monopólio do conhecimento, bem como professores equipados com seus laboratórios, tornando-se cada vez mais especializados. Há assim o avanço de um conhecimento caracterizado por uma estrutura burocratizada, onde a administração e o controle se tornaram uma etapa fundamental da geração de conhecimento e a autoridade era exercida pelos níveis mais elevados de conhecimento dentro de tal estrutura burocrática e hierárquica.

Essa estrutura de organização universitária, ou melhor, de organizar as atividades de ensino e pesquisa, tornou-se o modo padrão e se disseminou para outras universidades na grande maioria dos países. Na França, por exemplo, a inspiração alemã originou os institutos. Além disso, essa nova configuração universitária marca uma mudança radical, sobretudo no campo da pesquisa, o qual passou a ser dependente da estrutura burocrática da universidade: "o cientista privado desapareceu primeiro, a ser seguido eventualmente pelo estudioso particular [...]. Em suma, com algumas raras exceções, os ex-produtores quase-artesanais de conhecimento e cultura foram expropriados e transformados em funcionários universitários remunerados".

Como ressalta Rotblat (1999), o conhecimento científico, em seus anos iniciais, configurou-se apartado dos temas gerais da humanidade e levou a comunidade científica a fundar sua própria "torre de marfim", onde a ciência estava completamente desconectada da realidade social. Nesse ambiente singular, alguns preceitos foram adotados: "a ciência pela ciência"; "a ciência deve ser objetiva e racional"; "a ciência é neutra e não tem ligações políticas" e "a ciência não pode ser responsabilizada por sua indevida e incorreta aplicação".

No entanto, por conta do avanço científico no século XX, a relação entre sociedade e ciência se modificou, por conta, justamente, dos grandes benefícios que essa trouxe àquela, contribuindo para a melhora significativa do bem-estar social. Mas a ciência também tem o seu reverso. Como bem lembra Lenoir (1996) "a mudança na sociedade à luz do progresso científico tem sido essencialmente na perspectiva, com uma crescente conscientização universal, particularmente desde o final da Segunda

Guerra Mundial, de quão ambivalente esse progresso pode ser: embora certamente seja um fator no bem-estar da humanidade e na libertação das restrições naturais, é agora também considerado como um possível instrumento de autodestruição". Foi justamente o conhecimento científico que propiciou a revolução verde e a grande oferta de alimentos; no entanto, por conta do uso de químicos, particularmente os agrotóxicos, a revolução também contribuiu para muitos problemas de saúde, como o câncer. E, também, deve-se lembrar que, sem o conhecimento científico, não haveria o lançamento das bombas nucleares no Japão, em 1945.

Esses dois exemplos mostram claramente que a ciência tem, também, um grande potencial destruidor. E há de se ressaltar que caminhos mais recentes da ciência colocam em dúvida, se o conhecimento gerado e se as possibilidades de aplicação, em decorrência de tal conhecimento, são benéficas ou maléficas à sociedade. É inegável que os prodigiosos avanços da tecnologia da informação trouxeram inúmeros benefícios; por outro lado, ela também apresenta riscos potenciais com relação à privacidade individual. E não se sabe quais consequências futuras o desenvolvimento da engenharia genética e sua imensa capacidade de interferência nos seres vivos terão sobre os indivíduos, as espécies e a sociedade.

Portanto, são questões em curso que necessitam de um debate amplo envolvendo todas as parcelas da sociedade. De fato, é visível, desde a década de 1960, que questões éticas e morais vêm ganhando força no âmbito científico, e não apenas como um elemento meramente reflexivo e passivo. Elas vêm sendo institucionalizadas, tanto por meio dos comitês de ética, quanto pela promulgação de leis e demais códigos regulatórios, visando que os direitos humanos fundamentais não sejam anulados ou enfraquecidos para garantir o avanço da ciência. Diante da importância desse tipo de reflexão, a próxima seção tece, justamente, algumas considerações sobre as questões éticas e morais na pesquisa científica.

Questões éticas e morais na pesquisa científica

É justamente, com o final da Segunda Guerra Mundial, que questões éticas e morais se inseriram, de maneira decisiva, à ciência. Em 1946, na ocasião do Tribunal de Nuremberg, foram a julgamento muitos médicos que realizaram experimentos em seres humanos, quando esses estavam aprisionados em campos de concentração. Além de grupos étnicos, como russos, judeus e ciganos, por exemplo, havia também homossexuais, dissidentes políticos e criminosos comuns, e, a princípio, todos poderiam ser vítimas de tais experimentos. Foram vários os tipos de experimentos, como transplantes de ossos, músculos e nervos, congelamento, esterilização, eletrochoque e experimentos genéticos.

O caso de maior repercussão, sem dúvida, é o de Joseph Mengele, que ficou conhecido como o "anjo da morte", por conta da realização de inúmeros experimentos genéticos, entre maio de 1943 e janeiro de 1945, com seres humanos no campo de concentração de Auschwitz-Bierkenau, localizado na Polônia. Na busca por supostos seres humanos perfeitos, utilizou vários gêmeos univitelinos, com o propósito de verificar a importância da genética e do meio ambiente no desenvolvimento de características pessoais. Quando um dos gêmeos morria em decorrência do experimento, o outro era também morto para exames comparativos.

Antes da Segunda Guerra Mundial, houve duas fases distintas com relação às pesquisas envolvendo seres humanos. Até o final do século XIX, eram raras as iniciativas, justamente por conta do juramento de Hipócrates. Porém, logo no início do século XX houve vários experimentos com humanos na chamada Revolução Científica da Medicina, pois na época não havia normas e códigos de conduta que orientassem e disciplinassem tais experimentos.

Já os experimentos conduzidos amplamente nos campos de concentração, os quais ocorriam sem o consentimento das pessoas envolvidas, causavam dor, sequelas, sofrimento e mortes. Por conta disso, os médicos envolvidos em tais experimentos foram julgados por crimes de guerra no Tribunal de Nuremberg. Como desdobramento dos julgamentos, e de posse das evidências sobre os experimentos realizados, foi elaborado o chamado Código de Nuremberg, que disciplinou os experimentos em seres humanos.

De fato, as questões éticas vêm se tornando um grande balizador no avanço da ciência, restringindo e balizando os avanços científicos. E isso se deve a dois pontos fundamentais. O primeiro se refere às pesquisas realizadas secretamente por alguns governos, sobretudo no âmbito da Guerra Fria, que se revelaram por meio da imprensa, fora de quaisquer padrões éticos. E o segundo se relaciona com o próprio processo da construção científica que, por meio de falhas éticas, como alteração de dados e resultados, plágios, conflitos de interesse, acaba por ameaçar a integridade da própria ciência.

Ioannidis (2019), por exemplo, salienta que a maior parte das pesquisas realizadas na área médica não é confiável. Isso se deve tanto a erros involuntários, como o próprio desconhecimento de procedimentos estatísticos adequados, quanto de erros intencionais, que visam encontrar os resultados desejados, mesmo quando as evidências apontam para outros resultados. Sem nenhum tipo de dúvida, pode-se generalizar para todas as ciências o padrão encontrado por Ioannidis.

Ainda hoje, a inserção de questões éticas na pesquisa não é bem aceita por uma parcela dos pesquisadores. Pois julgam que a pesquisa trata de questões objetivas e de fatos, enquanto a ética se debruça sobre valores, cujos resultados seriam meramente opiniões. Mas como ressalta Resnik (1998), a pesquisa envolve muitos elementos, os quais são passíveis de crivos éticos.

Em primeiro lugar, a pesquisa é elaborada por pesquisadores, constituindo uma profissão. Uma carreira profissional profícua em ciência envolve obtenção de financiamento, controle de recursos, desenvolvimento de experimentos, publicações e premiações, por exemplo. Um segundo aspecto a ser observado advém do fato de que muitas pesquisas são realizadas por meio de recursos públicos, cada vez mais escassos, tornando competitivo o acesso a tais recursos. E para ter competitividade aos recursos é necessário mostrar resultados, por meio de publicações e patentes. O terceiro ponto se relaciona com a maneira de tornar públicos os estudos. Normalmente é feito por pares, os quais podem não detectar possíveis erros do trabalho. E finalmente, a pressão sobre os pesquisadores pode incentivar desvios éticos, como a manipulação intencional de dados para alcançar resultados satisfatórios e publicáveis.

Portanto, a ciência não ocorre em um ambiente isento de interesses políticos, econômicos e sociais, sendo assim, está completamente inserida em questões éticas. Além disso, e como bem ressalta Cardoso (1998), "não existe um profissional ético, sem antes um homem ético".

E em segundo lugar, a pesquisa lida com temas sensíveis à sociedade e às pessoas, como a clonagem de seres humanos, a formação de bebês com material genético de três pessoas diferentes, a edição genética e a biologia sintética, por exemplo. Vale ressaltar que esses temas valem para todos os seres vivos, e não somente aos humanos. Diante desses avanços, Resnik (1998) aponta vários questionamentos, a exemplo de: a) quais as implicações tais pesquisas podem trazer à biologia e à sociedade? b) tais pesquisas afrontam a dignidade humana? c) como equilibrar os avanços científicos e os valores morais? Além desses, é possível acrescentar: d) como determinar o risco futuro das mudanças genéticas realizadas atualmente? e) é aceitável interferir na vida de pessoas sem o prévio consentimento? f) problemas reais devem estar cerceados por questões morais? g) há limites para a ciência? h) caso exista um limite, quem o definiria?

De fato, embora discussões calorosas alimentem tais questionamentos, não há um entendimento geral que abarque todas as posições, pois, como afirmam Kincaid, Dupré, Wylie (2007), "fatos e valores podem mutuamente suportar um ao outro na ciência". É nesse mesmo sentido que Lenoir (1996) salienta que o progresso científico, por si só, não garante o progresso moral, pois a ciência serve tanto para propósitos benéficos, quanto maléficos.

Da discussão acima aflora o entendimento de que nem mesmo em um ambiente institucionalizado, como nas universidades e nas organizações públicas e privadas, há um consenso sobre como deve ser a relação entre o avanço científico e as questões éticas. Além disso, há também, pelo menos para uma parcela dos pesquisadores, o entendimento de que as questões éticas se configuram como um obstáculo ao avanço científico.

E alguns desses descontentes, sobretudo da área biológica, integram grupos alternativos para produzir ciência sem tais limitações, uma dessas maneiras é justamente o movimento DIYbio. A próxima seção discute as características desse movimento recente.

O movimento *do it yourself biology*

Não há dúvidas de que o movimento DIYbio surgiu no meio acadêmico, em meados da primeira década do atual milênio, particularmente em 2008. Desde seu início, DIYbio "está se tornando um movimento global, dentre outras razões, por estabelecer uma rede supranacional, um arcabouço ético geral para seus praticantes e um conjunto de laboratórios dedicados pelo mundo". Segundo Keulartz e van den Belt (2016), esse movimento é caracterizado pela disseminação do uso da biotecnologia por um grupo de pessoas fora do ambiente acadêmico e organizacional. Curry (2014), por vez, compreende que o movimento DIYbio não é inteiramente novo, pois ele está baseado na longa tradição da biologia experimental amadora.

Da mesma maneira que todos os demais movimentos *do it yourself*, DIYbio é considerado um tipo de realização "caseira" e sem o auxílio de especialistas, portanto, ele é considerado um movimento executado por amadores. Embora a ideia de amadorismo seja um rótulo para o movimento, é também consenso de que muitos profissionais altamente qualificados, a exemplo de doutores e pós-doutores, pertençam a ele.

Em estudo publicado na Nature, por um autor anônimo, no período inicial do movimento, salientou que a maior parte dos *biohackers* não realiza experimentos mais sofisticados e complexos do que aqueles do ensino médio. Nesse mesmo sentido, Landrain *et al.* (2013) afirmam que os experimentos dos membros do movimento DIYbio sobre biologia sintética são bastante modestos diante do seu modo institucionalizado. Porém, atualmente, e à medida que

as comunidades se tornem mais amplas, os recursos mais acessíveis e o conhecimento mais disseminado, é natural que os experimentos sejam mais complexos e próximos da fronteira de conhecimento.

O movimento DIYbio é considerado um tipo de *biohacking*, embora esse último seja mais amplo e diversificado e abarque outros tipos de atividades e objetivos. O termo *biohacking* é uma adaptação à biologia da palavra *hacking*, que se refere às pessoas comumente denominadas por *hackers*, as quais possuem elevado nível de conhecimento computacional e são capazes de compreender profundamente a estrutura de dispositivos, programas e redes. Embora não seja comum a todos, por conta desse conhecimento superior, muitos *hackers* o utilizam para burlar regras de segurança dos sistemas e coletar informações, senhas, documentos, valores etc.

Embora exista uma visão negativa de tais *hackers*, internamente eles são vistos como pessoas capazes, de maneira geral, de avançar as fronteiras da computação, incluindo os próprios sistemas de segurança. Essa visão é também atribuída aos *biohackers*, e particularmente aos membros do DIYbio, pois eles apresentam um grande potencial de alargar as fronteiras da biologia, particularmente da engenharia genética e da biologia sintética.

Com base no trabalho de Ikemoto (2017), a Tabela 17.1 apresenta as principais características do movimento DIYbio.

Um levantamento da página eletrônica da organização DIYbio.org mostra que há 109 comunidades organizadas mundialmente, conforme a Tabela 17.2. A maior parte delas está localizada na América do Norte, e da totalidade de 109 comunidades, 50 delas estão distribuídas entre os Estados Unidos e o Canadá, com 42 e 8 comunidades, respectivamente. A Europa tem 40 comu-

Tabela 17.1 Características do DIYbio	
DIYbio	
É um tipo de *biohacking*	*Biohacking* inclui outros tipos de atividades e de objetivos, a exemplo dos que desejam modificar o seu próprio corpo ou melhorar sua capacidade cognitiva.
Contrasta com a ciência institucionalizada – CI	A CI presume atividades ligadas às universidades e organizações públicas ou privadas. Esses ambientes são caracterizados pela burocracia, profissionalismo e hierarquia. A comunidade DIYbio é desprovida de todas essas características.
Atua em áreas não atrativas da CI	Embora não seja uma regra, a comunidade DIYbio procura avançar com o conhecimento em áreas marginalizadas pela CI.
Admite a presença de amadores	Diferentemente da CI, que admite apenas pessoas qualificadas, como bacharéis, especialistas, mestres e doutores, a comunidade DIYbio tem todo o tipo de pessoas, incluindo aquelas sem nenhuma instrução acadêmica.
Atua em comunidade	Tais comunidades têm cultura coletiva. DIYbio.org é uma organização sem fins lucrativos que agrega as diversas comunidades em nível mundial.
Adota postura de ciência aberta	Compartilham dados, resultados e metodologias. Os mais experientes ajudam os ingressantes em diversas etapas, inclusive com a construção de equipamentos. Há a premissa da transparência.
Usa equipamentos de segunda mão ou de baixo custo	Ciência exige elevadas somas de recursos financeiros, incluindo a aquisição de equipamentos de alto valor. Por conta disso, a comunidade utiliza equipamentos usados ou cria os seus próprios equipamentos, visando sempre o menor custo possível.
Divulgação pública dos resultados	Como praticantes da ciência aberta, os resultados são disponibilizados por meio de páginas da internet, de *blogs* e por meio pessoal.
Mecanismos de financiamento	O financiamento é variado. Alguns recebem apoio financeiro de organizações. Outros vendem *kits* para outros praticantes da DIYbio. Há também aqueles que conseguem obter recursos por meio de *crowdfunding*.
Relação indireta com a CI	São estimulados por pessoas da comunidade científica institucionalizada. Inclusive muitos membros da comunidade DIYbio são provenientes da comunidade científica institucionalizada, que preferem pesquisar sem as limitações da ciência institucionalizada.
Entusiastas	Os membros da comunidade DIYbio exercem seus experimentos em suas horas livres, mesmo que sejam pesquisadores profissionais. Consideram a ciência divertida e gostam de descobertas.

Fonte: Elaborada pelo autor com base no trabalho de Ikemoto (2017).

Tabela 17.2 Número de comunidades DIYbio entre países e continentes		
Local	*Número de comunidades*	*Participação percentual*
Estados Unidos	42	38,5
Canadá	8	7,3
Europa	40	36,7
Ásia	8	7,3
América Latina	6	5,5
Oceania	5	4,6
Total	109	100,0

Fonte: Elaborada pelo autor com base nas informações disponibilizadas pela DIYbio.org.

nidades, sendo Londres a cidade de maior concentração, com três unidades.

Na Ásia há oito comunidades; na América Latina há seis comunidades, no Brasil, as únicas três estão localizadas na cidade de São Paulo. E na Oceania existem cinco. Vale ressaltar que na página da organização DIYbio.org não há registro de nenhuma comunidade localizada no continente africano.

As comunidades DIYbio também facilitam para os membros do movimento, independentemente de suas experiências, o acesso a laboratórios para que conduzam seus experimentos. Algumas comunidades cobram um valor monetário irrisório para o acesso, outras o disponibilizam gratuitamente.

Os objetivos dos membros são os mais diversos, variando desde a confecção de equipamentos com baixo custo, até tratamentos para doenças que não são de interesse das empresas farmacêuticas. Pelo fato de a comunidade ser aberta, é plausível que o número de ideias e de projetos seja grande, pois é natural supor que os membros tenham uma aderência com a realidade maior que os pesquisadores profissionais do mundo acadêmico.

Suas motivações também são variadas. Há um grupo que se dedica apenas por curiosidade pessoal, como se fosse uma espécie de atividade de lazer. Há também aqueles que almejam reconhecimento e prestígio, mesmo em um ambiente não institucionalizado; porém, os atuais mecanismos de reconhecimento vão muito além daqueles tradicionalmente oferecidos pela comunidade acadêmica. É possível encontrar aqueles portadores de espírito altruísta, cujo objetivo é encontrar maneiras acessíveis para elevar a qualidade de vida das pessoas, e há também aqueles orientados a ganhos financeiros por meio de alguma descoberta que seja economicamente viável.

Um ponto intrigante, embora perfeitamente compreensível, refere-se aos trabalhos resultantes do movimento DIYbio, que não têm espaço para publicação nas revistas especializadas da área. É notório que os trabalhos publicados tenham o cumprimento de vários protocolos, incluindo requisitos éticos. No entanto, essas mesmas revistas publicam trabalhos sobre o movimento DIYbio, muitos desses trabalhos são frutos de acadêmicos e descrevem os experimentos e resultados obtidos de experimentos da comunidade DIYbio.

A página da organização DIYbio.org também divulga dois códigos de ética das comunidades mais atuantes, respectivamente norte-americana e europeia. A Tabela 17.3 exibe as diretrizes de ambos os códigos. Nota-se que, embora compartilhem de vários pontos, há especificidades em cada um deles e o europeu é ligeiramente mais abrangente.

De maneira geral, nota-se que ambos os códigos de ética têm preocupação com a própria organização e com a expansão do conhecimento relacionado à biotecnologia. O código europeu faz referência direta, ao pregar respeito ao ser humano e igualmente aos demais seres vivos; por sua vez, o norte-americano enfatiza respeitar o meio ambiente. Nesse caso, percebe-se uma preocupação mais abrangente que o europeu, pois entende-se que os seres vivos fazem parte do meio ambiente. Por outro lado, o código europeu salienta a responsabilidade com todos os seres vivos, mas também não especifica o tipo e a intensidade responsabilidade.

Notam-se, em ambos os códigos, noções muito vagas que se aplicam a vários contextos e que não disciplinam pesquisas envolvendo seres vivos, sobretudo nessa área da biotecnologia. Como se bem sabe, essa área está em sua fase embrionária e ainda se mostra como uma caixa preta para todas

Capítulo 17

Tabela 17.3
Código de ética das comunidades europeia e norte-americana

	Europa	EUA
Segurança	Adotar práticas seguras	Adotar práticas seguras
Acesso aberto	Promover a ciência cidadã e o acesso descentralizado à biotecnologia	Promover a ciência cidadã e o acesso descentralizado à biotecnologia
Educação	Ajudar a educar o público sobre biotecnologia, seus benefícios e implicações	Envolver o público sobre biologia, biotecnologia e suas possibilidades
Modéstia	Ter conhecimento de que você não sabe tudo	
Comunidade	Ouvir atentamente todas as preocupações e perguntas e respondê-las honestamente	
Propósitos pacíficos	A biotecnologia deve ser usada apenas para fins pacíficos	A biotecnologia deve ser usada apenas para fins pacíficos
Respeito	Respeitar os seres humanos e todos os sistemas vivos	
Responsabilidade	Reconhecer a complexidade e dinâmica dos sistemas vivos e nossa responsabilidade com relação a eles	
Prestação de contas	Permanecer responsável por suas ações e pela manutenção desse código	
Transparência		Enfatizar a transparência, o compartilhamento de ideias, conhecimentos e dados
Meio ambiente		Respeitar o meio ambiente
Interação		Mexer com a biologia leva ao *insight*; o *insight* leva à inovação

Fonte: Elaborada pelo autor com base nas informações disponibilizadas pela DIYbio.org.

as suas futuras implicações, tanto aos seres humanos, quanto a todos os seres vivos.

Não foi encontrado um código de ética explícito para as demais comunidades dos outros continentes. Isso se mostra preocupante, pois sua ausência implicitamente se configura um espaço livre para qualquer tema de pesquisa, inclusive aqueles mais sensíveis.

Considerações finais

A expansão do movimento DIYbio é, a princípio, algo salutar, pois é uma evidência concreta de que o conhecimento, científico ou não, não está e nem deve estar sob o domínio exclusivamente acadêmico. Além disso, e como bem ressaltado por Curry (2013), esse movimento é a fase mais atual de uma longa tradição de biólogos experimentais amadores.

Pelo fato de os temas pesquisados pelo movimento DIYbio serem os mesmos que a ciência institucionalizada, as questões éticas também devem ser as mesmas e todos devem ter clareza, como bem expressado por Kaebnick e Murray (2014), a não "brincar de Deus", sem um amplo consenso social expresso pelos padrões morais e éticos vigentes. Dessa maneira, advoga-se que os mesmos requisitos éticos a pesquisadores institucionalizados devem ser aplicados aos amadores, incluindo, caso necessário, sanções legais, como o caso do cientista chinês que anunciou, em 2018, o nascimento dos primeiros bebês geneticamente modificados. O tribunal chinês o condenou a três anos de prisão acrescido de pagamento de multa.

Sabe-se que as pesquisas nesse campo podem ser acobertadas ou camufladas, de tal sorte que seja uma atividade complexa compreender os seus meios e igualmente os seus fins. Mesmo assim, é fundamental haver um órgão controlador que monitore e avalie todo o avanço nesse campo.

Além disso, algumas questões preocupantes emergem, a exemplo dos membros da comunidade DIYbio que não têm suas atividades controladas por padrões mais rígidos na condução das pesquisas. Eles poderiam receber apoio instrumental e financeiro de grandes corporações, como se fossem uma espécie de terceirização ilegal de pesquisas que violem os padrões morais e éticos definidos socialmente. Desse modo, as organizações conseguiriam atender a todos os requisitos legais, morais e éticos, mas paralelamente continuariam a avançar em temas sensíveis. Caso os resultados sejam promissores, avançariam por caminhos institucionalizados, ou mesmo alargariam tais caminhos.

Portanto, independentemente do tipo de conhecimento científico, institucionalizado ou não, é fundamental que todos estejam dentro dos padrões éticos e morais vigentes. Pois somente desse modo o conhecimento continuará tendo um valor social e ajudará a melhorar o bem-estar.

Bibliografia consultada

- Anônimo. Garage Biology. Amateur scientists who experiment at home should be welcomed by the professionals. Nature. 2010; 467:634.
- AnRotblat J. Science and human values. In: Proceedings of the World Conference on Science in Budapest. Budapeste: 45–49, 1999.
- Brown RH. Modern Science: Institutionalization of Knowledge and Rationalization of Power. The Sociological Quarterly. 1993; 34(1):153-168.

- Cardoso CM. Ciência e ética: alguns aspectos. Revista Ciência & Educação. 1998: 5(1): 1-6.
- Curry HA. From garden biotech to garage biotech: amateur experimental biology in historical perspective. The British Journal for the History of Sci-ence. 2014; 47(3):539-565.
- Ikemoto L. DIYbio: Hacking Life in Biotech's Backyard. U.C Davis Law Review. 2015;15(2):539-568.
- Ioannidis JP. Why most published research findings are false. Chance. 2019;32(1);4-13.
- Issacson W. Leonardo da Vinci. Rio de Janeiro: Intrínseca; 2017. 640p.
- Kaebnick G. Murray T. editors. Synthetic biology and morality. Artificial life and the bounds of nature. Cambridge: The MIT Press; 2013. 222p.
- Keulartz, J., Van Den Belt, H. DIY-Bio – economic, epistemological and ethical implications and ambivalences. Life Sci Soc Policy 12, 7 (2016).
- Kincaid H, Dupré J. Wylie, A. Value-free Science? Ideals and Illusions. New York: Oxford University Press; 2007. 255p.
- Kor EM, Buccieri LR. Surviving the angel of death: the story of a Mengele twin in Auschwitz. Indianapolis: Tanglewood Publishing; 2009. 175p.
- Landrain T, Meyer M, Perez AM, Sussan R. Do-it--yourself biology: challenges and promises for an open science and technology movement. Systems and Synthetic Biology. 2013;7:115-26.
- Lenoir N. The ethics of science: between humanism and modernity. UNESCO World Science Report. 1996. 204–213.
- Mostafalou S, Abdollahi, M. Pesticides: an update of human exposure and toxicity. Archives of Toxicology: 2017; 91(2);549–599.
- Posner GL, Ware J. Mengele: the complete story. New York: Cooper Square Press; 2000. 400p.
- Redner H. The institutionalization of science: a critical synthesis. Social Epistemology: 2018; 1(1): 37-59.
- Resnik DB. The ethics of science: an introduction. London: Routledge; 1998. 232p.
- Van Den Daele W, Krohn W. The political direction of scientific development. In Mendelsohn E, Weingart P, Whitley R, organizators. The Social Production of Scientific Knowledge. Sociology of the Sciences A Yearbook, vol 1. Dordrecht: Springer; 1977. 239-241p.

Ensino de Biossegurança no Brasil

Carlos José de Carvalho Pinto

O ensino no Brasil é regulamentado pela Lei Nº 9.394, de 20 de dezembro de 1996, conhecida como Lei de Diretrizes e Bases da Educação – LDB, embora tenham sido aprovadas várias leis posteriormente que a modificaram. Essa lei normatiza que a educação no Brasil é dividida níveis escolares:

– Educação infantil
– Educação básica:
   • Pré-escola.
   • Ensino fundamental.
   • Ensino médio; que pode ser regular ou profissionalizante.
– Educação superior:
   • Graduação.
   • Pós-graduação (especialização, mestrado e doutorado).
   • Extensão.

O artigo 26º da LDB normatiza que os currículos da educação infantil, do ensino fundamental e do ensino médio devem ser formulados de acordo com uma Base Nacional Comum.

No Brasil, o ensino médio é normatizado pelos Parâmetros Curriculares Nacionais para o Ensino Médio (PCNEM), que foram lançados no ano de 2000, e a Base Nacional Comum Curricular do ensino médio (BNCC), que foi homologada em 2018.

O PCNEM possui o objetivo de cumprir o duplo papel de difundir os princípios da reforma curricular e orientar o professor na busca de novas abordagens e metodologias. Esse documento não faz menção a palavra biossegurança, mas o conceito fica subentendido na área de Ciências da Natureza, Matemática e suas Tecnologias nos temas três, quatro e em alguns itens da unidade temática quatro do tema cinco conforme segue:

Tema 3. Identidade dos seres vivos – permitem também que se familiarizem com as tecnologias de manipulação do material genético, os transgênicos, por exemplo, e com o debate ético e ecológico a elas associados e, nesse caso, contribuem para o desenvolvimento de competências de avaliar os riscos e os benefícios dessas manipula-

ções à saúde humana e ao meio ambiente e de se posicionar diante dessas questões.

Tema 4. Tecnologias de manipulação do DNA – relacionar, dentre os organismos manipulados geneticamente, aqueles que são considerados benéficos para a população humana, sem colocar em risco o meio ambiente e demais populações e os que representam risco potencial para a natureza, analisando os argumentos de diferentes profissionais.

Tema 5. Transmissão da vida, ética e manipulação gênica.

Unidade temática 4 – os benefícios e os perigos da manipulação genética: um debate ético.

– *Reconhecer a importância dos procedimentos éticos no uso da informação genética para promover a saúde do ser humano sem ferir a sua privacidade e sua dignidade.*

– *Posicionar-se perante o uso das terapias genéticas, distinguindo aquelas que são eticamente recomendadas daquelas que devem ser proibidas.*

– *Avaliar a importância do aspecto econômico envolvido na utilização da manipulação genética em saúde: o problema das patentes biológicas e a exploração comercial das descobertas das tecnologias de DNA.*

– *Posicionar-se perante a polêmica sobre o direito de propriedade das descobertas relativas ao genoma humano, analisando argumentos de diferentes profissionais".*

A BNCC do ensino médio define conhecimentos e habilidades que os alunos de ensino médio devem desenvolver, conforme diretrizes do Conselho Nacional de Educação. Nessa base também não é citada a palavra biossegurança, mas ela fica subentendida em algumas habilidades da área de Ciências da Natureza e suas Tecnologias no ensino médio que destacamos a seguir:

– *Analisar e debater situações controversas sobre a aplicação de conhecimentos da*
área de Ciências da Natureza (como tecnologias do DNA, tratamentos com células-tronco, neurotecnologias, produção de tecnologias de defesa, estratégias de controle de pragas, dentre outros), com base em argumentos consistentes, legais, éticos e responsáveis, distinguindo diferentes pontos de vista.

– *Avaliar os riscos envolvidos em atividades cotidianas, aplicando conhecimentos das Ciências da Natureza, para justificar o uso de equipamentos e recursos, bem como comportamentos de segurança, visando à integridade física, individual e coletiva, e socioambiental, que pode fazer uso de dispositivos e aplicativos digitais que viabilizem a estruturação de simulações de tais riscos.*

Podemos observar que os conceitos de biossegurança laboratorial (ou biossegurança praticada) ou a biossegurança legal podem e devem ser trabalhadas pelos professores no ensino médio regular. Porém, segundo Costa *et al.* (2008), é necessário melhorar a capacitação dos professores de ensino médio e os livros didáticos utilizados. Os autores analisaram 26 livros didáticos utilizados no ensino médio de ciências, sendo 11 de química, 11 de biologia e 4 de física, utilizados no período de 1997 a 2005, e, concluíram que os livros possivelmente não facilitaram a compreensão de conceitos relacionados à biossegurança. Segundo os autores, a biossegurança é considerada, sobretudo, como um mero atendimento a regras e normas, cuidados com relação às doenças e às questões relativas à alimentos transgênicos e seus possíveis efeitos ao meio ambiente e à saúde humana. Os autores sugerem ainda, que a biossegurança seja trabalhada de maneira mais intensa e abrangente, com uso de material visual como figuras, esquemas, diagramas e proposição de exercícios, de modo a explorar o tema de maneira in-

Ensino de Biossegurança no Brasil

terdisciplinar, e contribuir para um melhor entendimento das implicações sociais, técnicas e econômicas da biossegurança. Além da análise de livros, esses mesmos autores realizaram entrevistas com 18 professores de disciplinas de ciências do ensino médio sobre biossegurança, e relataram que os professores não estavam devidamente qualificados para o ensino da biossegurança.

Professores do ensino médio também acreditam que o ensino de biossegurança deva começar no ensino médio, conforme uma pesquisa realizada por Carvalho (2008), em escolas da rede pública de ensino médio do Rio de Janeiro. Os professores consideraram importante trabalhar os conceitos de biossegurança na escola, não só com os riscos das atividades de laboratório didáticos da escola, mas também, em suas futuras profissões. Segundo o autor, o assunto em biossegurança deve ser abordado na educação infantil e no ensino fundamental, permitindo que uma maior facilidade de aprendizado ao chegarem no ensino médio. Essencialmente, o ensino de biossegurança deve ser ensinado nas escolas, especialmente no ensino médio, de modo a facilitar a criação de uma cultura de prevenção com base no aprendizado, o que propiciaria a transmissão desse conhecimento para as próximas gerações Mastroeni (2008).

Ainda que insuficiente, já existem iniciativas de atividades sobre diferentes aspectos de biossegurança em escolas do ensino médio, que geraram boa receptividade e propiciaram o interesse e entusiasmo sobre o tema.

Para as pessoas que já finalizaram o ensino médio, já existem no Brasil, várias iniciativas de cursos sobre biossegurança. A Escola Nacional de Saúde Pública Sergio Arouca (ENSP) e a Escola Politécnica de Saúde Joaquim Venâncio (EPSJV), ambas unidades da FIOCRUZ, localizadas no Rio de Janeiro, foram pioneiras na capacitação em biossegurança no país, tanto em cursos na modalidade a distância, como presenciais, oferecidos no Rio de Janeiro e em outros locais em colaboração com secretarias de saúde estaduais e municipais. A seguir uma lista de cursos oferecidos por essas instituições conforme citado por Costa (2005):

ENSP

– De 1998 a 2001 – Curso de Aperfeiçoamento em Biossegurança – 180 horas – primeiro na modalidade na América Latina. Capacitou profissionais de vários países.
– De 1997 a 2001 – Atualização em Engenharia Genética – direcionado a profissionais de ensino superior.

EPSJV

– Curso de Atualização em Biossegurança, para nível médio, no Instituto Gonçalo Muniz, em Salvador/BA e no Instituto Rene Rachou, Belo Horizonte/MG, no ano de 1992.

A EPSJV oferece até os dias atuais, vários cursos de formação inicial e continuada, em diferentes áreas da biossegurança dos quais cito alguns:

– Atualização Profissional em Ambiência, Segurança e Saúde para os Serviços de Saúde.
– Atualização Profissional em Biossegurança.
– Atualização Profissional em Biossegurança e Boas Práticas em Laboratoriais.
– Atualização Profissional em Biossegurança em Biotérios.
– Atualização Profissional em Boas Práticas de Manipulação de Alimentos.
– Atualização Profissional em Prevenção e Combate a Incêndios em Laboratórios.
– Atualização Profissional em Segurança e Saúde em Almoxarifados.

No ensino superior, algumas iniciativas importantes de órgãos governamentais brasileiros para o ensino de biossegurança foram realizadas. Dentre elas destaca-se o Programa de Apoio ao Desenvolvimento Científico e Tecnológico (PADCT) que ficou sob coordenação do Conselho Nacional de Desenvolvimento Científico e Tecnológico (CNPq). Esse programa foi um instrumento da política científica e tecnológica brasileira para atender grupos de pesquisa atuando em áreas consideradas prioritárias. O programa teve várias versões e o PADCT III, já na década de 1990, previa o treinamento em biossegurança de pessoal de nível superior, como consequência da Lei de Biossegurança, recém-aprovada.

Outro fator positivo para o ensino de biossegurança, foi a criação, na década de 1980, do Centro Brasileiro-Argentino de Biotecnologia (CBAB), um programa de integração técnica entre o Brasil e a Argentina, com objetivo de promover o desenvolvimento científico e tecnológico em atividades comuns aos dois países. As atividades do CBAB começaram com os cursos de curta duração para capacitação de pesquisadores e técnicos atuantes em biotecnologia, inclusive alguns cursos de biossegurança. Na época, pelo caráter de biotecnologia, os cursos eram direcionados para a biossegurança de organismos geneticamente modificados (OGM).

Também foi importante o Programa de Biotecnologia e Recursos Genéticos implementado a partir do ano 2000, pelo Ministério da Ciência e Tecnologia, com ação direcionada para a formação e capacitação de recursos humanos, na área de biossegurança. Segundo esse o programa, as atividades relacionadas à essa ação deveriam ser implementadas juntamente com a Comissão Técnica Nacional de Biossegurança (CTNBio), e deveriam apoiar a realização de cursos de curta e longa duração no país

e no exterior. Essa ação permitiria difundir os conhecimentos sobre biossegurança, não só entre os pesquisadores e profissionais ligados à área científica e tecnológica, mas na sociedade em geral.

Nos cursos de extensão, apoiados pelo Programa de Biotecnologia e Recursos Genéticos, foram certificadas 2.833 pessoas, com diferentes formações, incluindo farmacêuticos, médicos, agrônomos, biólogos, enfermeiros, médicos, agrônomos, advogados, veterinários, químicos, dentre outros), e foram oferecidos por instituições de diferentes estados. Algumas dessas instituições ofereceram os cursos mais de uma vez:

– Escola Nacional de Saúde Pública – Fundação Oswaldo Cruz/RJ

– Faculdade de Engenharia Química de Lorena/SP

– Universidade de Caxias do Sul/RS

– Universidade de Mogi das Cruzes/SP

– Universidade Estadual de Maringá/PR

– Universidade Estadual do Norte Fluminense Darcy Ribeiro/RJ

– Universidade Federal de Alagoas/AL

– Universidade Federal de Goiás/GO

– Universidade Federal de Mato Grosso do Sul/MS

– Universidade Federal de Minas Gerais

– Universidade Federal de Pelotas/RS

– Universidade Federal de Pernambuco/PE

– Universidade Federal de Santa Catarina/SC

– Universidade Federal do Amazonas/AM

– Universidade Federal do Paraná/PR

– Universidade Federal do Rio de Janeiro/RJ

O Programa de Biotecnologia e Recursos Genéticos previa também, o apoio para criação de programas de pós-graduação no nível de especialização (*lato sensu*) para apoiar a oferta de cursos de aperfeiçoamento e especialização na área de biotecnologia, como cursos de bioinformática, biossegurança, análise de risco, propriedade intelectual, dentre outros. Foi nesse contexto, que surgiu o curso de especialização de biossegurança da Universidade Federal de Santa Catarina, em 2002, e que contou com três edições. O curso foi criado em parceria com a CTNBio, com o apoio do CNPq, da Fundação de Ciência e Tecnologia do Estado de Santa Catarina (Funcitec), e da Associação Nacional de Biossegurança (Anbio). Desde 1996, a UFSC participa de iniciativas na formação de recursos humanos em biossegurança, por meio da disciplina de biossegurança do programa de pós-graduação em biotecnologia. De 1997 a 1999, a UFSC ofereceu cursos de extensão em biossegurança, com a colaboração da Secretaria Estadual de Saúde do Estado de Santa Catarina, e de vários pesquisadores da FIOCRUZ. Cabe lembrar que o curso de especialização da UFSC foi organizado no modo gratuito, com 420 horas-aula e foram oferecidas três edições: 2002, 2004 e 2005, sendo certificados 122 especialistas em biossegurança. Ou seja, esforços do governo federal, do Programa de Biotecnologia e Recursos Genéticos e do PADCT contribuíram significativamente para a criação de disciplinas de biossegurança, tanto nos cursos de pós-graduação, como nos cursos de graduação no país.

Em uma consulta nas páginas eletrônicas de 64 universidade federais brasileiras, quase 80% apresentam disciplinas para graduação com o nome ou a palavra biossegurança no nome da disciplina. Em nove disciplinas, o termo biossegurança faz parte do ementário de alguma disciplina para graduação. Essas disciplinas são oferecidas para diferentes cursos de graduação, com maior frequência, nos cursos de bacharelado em Ciências Biológicas, Farmácia, Biotecnologia, Biomedicina, Odontologia e Enfermagem.

Considerações finais

Embora seja evidente o aumento do ensino de biossegurança nos cursos de graduação, nos últimos anos, especialmente, nos cursos de áreas biológicas e de saúde, a biossegurança ainda não é muito explorada no ensino básico. Talvez seja necessária sua inclusão, também, nos cursos de formação de professores de ciências e biologia (cursos de licenciatura), para que o tema seja efetivamente difundido em escolas, especialmente no ensino médio. Adicionalmente, eventos importantes como a pandemia ocasionada pelo COVID-19 reforçam e ampliam a discussão de conceitos de biossegurança nas escolas, especialmente no ensino médio.

Bibliografia consultada

- BRASIL. Lei nº 9.394, de 20 de dezembro de 1996. Estabelece as diretrizes e bases da educação nacional. Diário Oficial da União, Brasília, 23 dez 1996. Disponível em: http://www.planalto. gov.br/ccivil_03/leis/l9394.htm
- BRASIL. Ministério da Educação. Base Nacional Comum Curricular. Brasília, 2018. Disponível em http://basenacionalcomum.mec.gov.br/images/ BNCC_EI_EF_110518_versaofinal_site.pdf
- BRASIL. Parâmetros Curriculares Nacionais Para o Ensino Médio. Ciências da Natureza, Matemática e suas Tecnologias. Brasília: MEC, 2006. Disponível em http://portal.mec.gov.br/seb/arquivos/ pdf/book_volume_02_internet.pdf
- Carvalho, PRO. Olhar docente sobre a biossegurança no ensino de ciências: um estudo em escolas da rede pública do Rio de Janeiro. Tese [Douto-rado em Ensino em Biociências e Saúde] – Instituto Oswaldo Cruz.; 2008.
- Costa MAF, Costa MFB, Murito MMC, Carvalho PR, Pereira MEC. Biossegurança no Ensino Médio: uma discussão preliminar sobre conteúdos em livros didáticos de ciências e práticas docen-

- tes. In: Anais do I Seminário Nacional Educação Profissional e Tecnológica, 2008, Belo Horizonte, MG, Brasil.
- Costa MAF, Costa MFB. Educação e competências em biossegurança. Revista Brasileira de Educação Médica. 2004; 28(1):46-50.
- Costa MAF. Construção do conhecimento em Saúde: O ensino de biossegurança nos cursos de ensino médio da Fundação Oswaldo Cruz. Tese [Dou-torado em Ensino em Biociências e Saúde] – Instituto Oswaldo Cruz.; 2005.
- Mastroeni MF. A difícil tarefa de praticar a biossegurança. Ciência e Cultura. 2008; 60(2):4-5.
- Ministério da Ciência e Tecnologia. Manual Operacional do Programa de Apoio ao Desenvolvimento Científico e Tecnológico - PADCT III. Brasília, DF; 1998. Disponível em http://www.dominiopublico.gov.br/download/texto/ci000125.pdf
- Ministério da Ciência e Tecnologia. Programa de Biotecnologia e Recursos Genéticos, Brasília, DF; 2002. Disponível em https://www.redetec.org.br/wp-content/uploads/2015/02/mct_programa_biotecnologia.pdf
- Oliveira ABS, Farias LHS, Oliveira FM. Sistematização de práticas educativas relacionadas à biossegurança no ensino médio regular. In: Anais do VII Colóquio Internacional "Educação e contemporaneidades", 2014, São Cristóvão, SE, Brasil.
- Silva MO, Silva NA, Lima AMO. O ensino de biossegurança em escola de formação profissional. In: Anais do VI Encontro Nacional de Ensino de Biologia do Nordeste, 2015, Vitória da Conquista, BA, Brasil.

Índice Remissivo

A

Abafamento, 144
Acidente(s), 28
  com material
    biológico em laboratórios de pesquisa e
    saúde, 107
    radioativo, 137
  com perfurocortantes, 94
  de trabalho, 107
    com exposição a material biológico, 5
  em laboratórios e serviços de saúde, 83
  envolvendo substâncias químicas, 136
  ocupacionais com material biológico
  potencialmente contaminado e implicações
  psicológicas, 116
  prevenção de, 87
Acondicionamento, 76
Agentes extintores, 145
  industrializados, 145
  naturais, 145
Agir com segurança, 127
Água, 145
Aparelhos extintores portáteis, 147
Áreas do laboratório de biologia molecular, 62
Armazenamento
  e estoque
    de materiais, 88
    de produtos, 42
  externo, 77
  temporário, 77
Árvore de causas, 24
Aspectos
  ergonômicos, 40
  psicológicos associados ao acidente
  ocupacional com material biológico
  potencialmente contaminado, 115
Aterros sanitários, 75
Atividades dos trabalhadores, 28
Avaliação dos riscos, 6
  da radiação, 52
  infravermelha, 54
  de ruído, 56
  do calor, 49
Avaliar
  a situação, 127
  a vítima, 127

B

Balões volumétricos, 11
Bancos de material biológico humano, 155, 161
Biobancos, 155, 156
Biohacking, 187
Biorrepositórios, 155, 160
Biossegurança, 1, 4
  aplicada a tecnologia do DNA
  recombinante, 66
  educação em, 7
  em laboratórios de biologia molecular, 61
  ensino no Brasil, 199
  princípios de, 4
Boas práticas de laboratório, 44
  de pesquisa e serviços de saúde, 81, 85
Brometo de etídio, 65

C

Cabines de segurança biológica, 89
Cálculo(s)
  de soluções em percentual, 17
  utilizados para o preparo de soluções
  químicas, 13
Calor, 48, 58, 142, 143
  radiante, 49
Cargas de trabalho, 24, 30
Chama, 143
Choque elétrico, 133
Classes de fogo, 144
Código de ética das comunidades europeia e
norte americana, 196
Coleta e transporte externos, 77
Comburente, 142

Combustão, 141
  componentes da, 143
  consequências ao organismo humano, 143
  contínua, 143
  elementos essenciais à, 142
  fatores essenciais à, 142
  instantânea, 143
  lenta, 142
  viva, 142
Combustível, 142
Comunicação organizacional, 25
Concentração, 10
  em g/l, 14
  molar, 13
Concessão de material biológico para fins de pesquisa, 158
Condições
  inseguras, 24
  sanitárias, 42
Condução, 48, 142
Conduta
  em casos de vazamento de gás
    com fogo, 154
    sem fogo, 153
  ética nas pesquisas com material biológico humano, 155
Confidencialidade, 164
Consentimento informado para bancos de material biológico humano, 156
Construção
  da representação gráfica, 29
  do mapa de risco, 26
Contaminação
  de roupas, 137
  por produtos químicos específicos, 137
Controle
  das práticas de trabalho, 103
  de engenharia, 100, 103
  do risco de
    calor, 50
    radiações ionizantes, 53
    radiações não ionizantes, 55
    ruído, 56
  no ambiente, 56
  no pessoal, 57

Convecção, 48, 142
COVID-19, 111
Cuidados
  com gás liquefeito do petróleo, 153
  no preparo de soluções, 22
  relacionados com a eletricidade, 39
Curie (Ci), 52

D

Declínio das chamas, 143
Definições de classificação e riscos associados aos RSS, 70
Densidade, 10
Descarte de resíduos de reagentes utilizados em laboratório de biologia molecular, 65
Descrição
  das atividades dos trabalhadores, 28
  das equipes de trabalho, 27
  dos equipamentos e instalações, 26
  dos produtos, materiais e resíduos, 26
Design do laboratório, 4
Diluição(ões), 10
  seriadas, 21
  simples, 20
Dióxido de carbono, 146
Diretrizes
  básicas para um plano de radioproteção, 53
  gerais de pesquisa com animais no Brasil, 169
Disposição final, 77
DIYbio, 194
Doenças, 28

E

Eclosão, 143
Educação em biossegurança, 7
Elementos essenciais à combustão, 142
Eletricidade, 88
Emergências emocionais, 138
Energia
  de ativação, 142
  elétrica, 142
  mecânica, 142
  química, 142
Engenharia genética, 2
Ensino de biossegurança no Brasil, 199

Equipamentos, 44
  de proteção
    coletiva, 40
    individual, 40, 82, 86
  de segurança, 4
  e consumíveis dedicados, 65
  e instalações, 26
Equipes de trabalho, 27
Era
  genética, 2
  microbiológica, 1
Ergonomia, 88
Espuma, 147
Estado
  gasoso, 9
  líquido, 9
  sólido, 9
Estoque, 27
Estratégias
  de controle e prevenção, 103
  utilizadas na prevenção dos acidentes com
  perfurocortantes, 97
Ética
  em pesquisa com animais, 167
  nos procedimentos de pesquisa com
  animais, 171
Excitação, 51
Exposição
  ao material biológico, 107
  ao risco, 4
  aos agentes biológicos, 5
Extintor(es)
  por classes de fogo, 148
  portátil de
    água pressurizada, 148
    CO_2, 150
    espuma, 148
    pó químico, 149

F

Fases de desenvolvimento de um incêndio, 143
Fator(es)
  de diluição, 20
  de risco para os acidentes com
  perfurocortantes, 94

essenciais à combustão, 142
Ferimentos perfurocortantes, 131
Fleming, Alexander, 1
Fluxo de trabalho unidirecional, 62
Fluxograma de produção, 26
Fogo, 141
Fumaça, 143

G

Gases, 145
Gerenciamento de resíduos
  biológicos, 69
  dos serviços de saúde, 76
Golpes de calor, 49

H

Hemodinâmica, 29
Higiene, 86
HIV/AIDS, 118

I

IALS (infecções adquiridas em laboratório), 108
Identificação, 77
  do risco
    ao manuseio de perfurocortantes, 102
    da(s) radiação(ões), 51
      não ionizantes, 54
    de calor, 49
    de ruído, 56
Inalação, 112
  por gases tóxicos, 138
Incêndio(s), 143
  classe A, 144
  classe B, 144
  classe C, 144
  classe D, 145
  fases de desenvolvimento de um, 143
  possíveis causas de, 151
  prevenção de, 41
  procedimentos a serem adotados em caso
  de, 151
Infecções adquiridas em laboratório, 108
Ingestão, 112
Inspeção de segurança, 37, 38

Instalações, 38, 39
Institucionalização do conhecimento
científico, 188
Ionização, 50
Irradiação, 142
Isolamento, 144

K

Koch, Robert, 1

L

Laboratório(s)
  de biologia molecular
    descarte de resíduos de reagentes
    utilizados em, 65
    procedimentos padrão em, 61
  de pesquisa
    preparo de soluções químicas em, 9, 11
    vidrarias utilizadas em, 10
  e serviços de saúde riscos físicos em, 48
Laser, 54
Legislação sobre descartes de poluentes
emergente, 183
Lesões por eletricidade, 133
Levantamento e sistematização do processo de
produção, 26
Limpeza, 42
Líquidos, 145
Lista de atos, 24
Lister, Joseph, 1

M

Manuseio
  de perfurocortantes, 91
  de produtos químicos, 89
  e descarte de resíduos, 41
Mapa de risco, 23, 25
  aplicação do, 29
  construção do, 26
Massa molar, 13
Massagem cardíaca, 129
Material(is)
  biológico potencialmente contaminado, 116
  com design seguro, 100
Medicina nuclear, 52

Medidas para a redução da intensidade de
calor, 50
Método(s), 23
  alternativos ao uso de animais em
  pesquisa, 173
  de extinção do fogo, 143
  retrospectivos, 24
  utilizados para avaliação ambiental de
  poluentes emergentes, 182
Metodologia(s), 23
  de combate para a extinção, 144
  para a identificação de riscos, 23
  para o levantamento de riscos, 24
Molaridade, 13
Monitoramento da taxa de positividade nas
reações de PCR, 65
Mordedura de animais, 132
  Movimento social *do it yourself biology*
  DIYbio, 187, 193

N

Nightingale, Florence, 1
Normas aplicadas à pesquisa com animais, 170

O

Occupational Safety and Health
Administration (OSHA), 98
Oxigênio, 142

P

Pacientes portadores do HIV/AIDS, 118
Padrões OSHA, 99
Parada cardiopulmonar ou
cardiorrespiratória, 127
Pasteur, Louis, 1
Perfurocortantes, 94
Pesagem, 11
Pesquisa(s)
  com animais, 168
    no Brasil, 169
      princípios éticos de, 169
  futuras, 160
Picadas de insetos e/ou animais
peçonhentos, 132

Pipetas
  graduadas, 11
  resistentes a aerossol, 65
  volumétricas, 11
Planejamento participativo, 25
Plano de ação de emergência (PAE), 57
  para a falta de
    água, 58
    de energia elétrica, 58
Pó químico, 145, 146
Políticas organizacionais de incentivo à
segurança, 103
Poluentes emergentes, 177
  como desreguladores endócrinos, 181
Precauções
  padrões, 98
  universais, 97, 98
Preenchimento do quadro, 28
Preparo de soluções químicas em laboratórios
de pesquisa, 9, 11
Prevenção, 6
  de acidentes, 87
  de incêndio, 41
  e combate a princípios de incêndio, 141
Primeiros socorros, 125, 126
Princípios
  de biossegurança, 4
  éticos de pesquisa com animais, 169
Procedimentos padrão em laboratórios de
biologia molecular, 61
Processo(s)
  de remoção, 182
  ensino-aprendizado, 25
Produtos, materiais e resíduos, 26
Profissionais da saúde
  e pacientes portadores do HIV/AIDS, 118
  na pandemia por COVID-19, 111
Propagação, 143
Prostração térmica
  pelo decréscimo do teor de sal, 49
  por queda do teor de água (desidratação), 49

Q

Quebra da reação em cadeia, 144
Queimaduras, 134

Questões éticas e morais na pesquisa
científica, 191

R

Rad, 52
Radiações, 48, 50
  infravermelhas, 54
  ionizantes, 51
  não ionizantes, 53
Radioproteção, 53
Radioterapia, 51
Reação em cadeia, 142
Recomendações, 29
Redução temporária da acuidade auditiva, 55
Regras básicas de prevenção a incêndio, 152
Rem, 52
Resfriamento, 144
Resíduos
  de serviços de saúde, 69
  sólidos, 69
Ressuscitação cardiopulmonar, 127
Riscos, 4, 28
  biológicos, 28
  de acidentes, 28
  ergonômicos, 28
  físicos, 28, 47
    em laboratórios e serviços de saúde, 48
  ocupacional(is), 24, 30
    relacionado com o manuseio de
    perfurocortantes, 92
  químicos, 28
Roentgen (R), 52
Roteiro de inspeção de segurança, 37, 38
Ruído, 55

S

Sars-Cov-2, 111
Saúde, 43, 88
  ocupacional, 74
Segregação, 76
Segurança, 43, 88
  biológica, 4
Serviços, 41
Setor de hemodinâmica, 29
Síncope, 130

Sintomas/sinais,, 28
Sistema(s)
  ativo, 100
  de segurança
    incorporados aos materiais, 100
    integrado, 100
  passivo, 100
Sobrepressão, 58
Socorrer vítima(s)
  de acidentes envolvendo substâncias químicas, 136
  de choque elétrico e lesões por eletricidade, 133
  de ferimentos perfurocortantes, 131
  de inalação por gases tóxicos, 138
  de mordedura de animais, 132
  de picadas de insetos e/ou animais peçonhentos, 132
  de queimaduras, 134
  de síncope, 130
  em parada cardiorrespiratória, 127
  emocionalmente instáveis, 138
  envolvendo acidentes com material radioativo, 137
Sólidos, 145
Solubilidade, 9
Solução(ões), 9
  concentradas, 9
  diluídas, 10
  em ppm, 18
  estoque, 10
  insaturada, 9
  saturada, 9
  supersaturada, 9
Soluto(s), 9
  líquidos, 11
  sólidos, 11
Solvente, 9

Suporte organizacional, 103
Surdez
  profissional, 55
  temporária, 55

T

Técnica(s)
  de inspeção de segurança, 38
  de reação em cadeia pela polimerase (PCR), 61
  e práticas de laboratório, 4
Temperatura(s)
  do ar, 49
  extremas, 48
Tipo de atividade, 50
Transporte interno, 77
Tratamento, 77
Trauma acústico, 55

U

Ultravioleta, 54
Umidade, 58
  relativa do ar, 49
Uso e manutenção de equipamentos, 89

V

Vazamento de gás
  com fogo, 154
  sem fogo, 153
Velocidade do ar, 49
Vias de exposição, 112
  das IALS, 111
  mucocutânea, 112
  percutânea, 112
Vidrarias utilizadas em laboratórios de pesquisa, 10